对话最伟大的头脑

| 大问题系列 |

全球 100 个伟大头脑坐在一起，解答关乎人类命运的 1 个大问题！

《那些科学家们彻夜忧虑的问题》

《世界因何美妙而优雅地运行 》

《人类思维如何与互联网共同进化》

《哪些科学观点必须去死》

《那些让你更聪明的科学新概念》

《如何思考会思考的机器》

| 大思考系列 |

   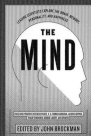 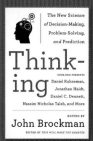

《生命》（Life）　《宇宙》（Universe）　《文化》（Culture）　《头脑》（The Mind）　《思维》（Thinking）

湛庐文化
Cheers Publishing
mindstyle

物理宇宙│生命科学│人工智能│认知神经学│心理学│网络趋势

雪莉·特克尔
麻省理工学院社会学教授
(Sherry Turkle)

贾雷德·戴蒙德
生物地理学家
(Jared Diamond)

丹尼尔·丹尼特
哲学家、认知科学家
(Daniel Dennett)

马丁·塞利格曼
积极心理学之父
(Martin Seligman)

丽莎·兰道尔
国际理论物理学权威
(Lisa Randall)

理查德·道金斯
顶级进化生物学家
(Richard Dawkins)

史蒂芬·平克
世界顶尖语言学家、认知心理学家
(Steven Pinker)

威廉·庞德斯通
超级畅销书作家
(William Poundstone)

"对话最伟大的头脑"声音专栏

湛庐文化创始人韩焱

带您认识世界上最顶尖的科学家和思想家
洞悉最复杂最聪明的头脑正在思考的问题

一场智识的探险，一次思想的旅行！

收听方式：扫描二维码或到各大应用市场下载"湛庐阅读"APP，搜索"对话最伟大的头脑"即刻收听！

Life

The Leading Edge of Evolutionary

Biology, Genetics, Anthropology,

and Environmental Science

生命

进化生物学、遗传学、

人类学和环境科学的黎明

[美] 约翰·布罗克曼（John Brockman）◎编著

黄小骑◎译

浙江人民出版社
ZHEJIANG PEOPLE'S PUBLISHING HOUSE

Life
The Leading Edge of
Evolutionary Biology,
Genetics, Anthropology, and
Environmental Science

各方赞誉

伟大头脑的伟大之处，绝不在于他们拥有"金手指"，可以指点未来；而在于他们时时将思想的触角延伸到意识的深海，他们发问，不停地发问，在众声喧哗间点亮"大问题"和"大思考"的火炬。

段永朝
财讯传媒集团首席战略官

建筑学家威廉·J. 米切尔曾有一个比喻：人不过是猿猴的 1.0 版。现在，经由各种比特的武装，人类终于将自己升级到猿猴 2.0 版。他们将如何处理自己的原子之身呢？这是今日顶尖思想者不得不回答的"大问题"。

胡　泳
博士，北京大学新闻与传播学院教授

"对话最伟大的头脑"这套书中，每一本都是一个思想的热核反应堆，在它们建构的浩瀚星空中，百位大师或近或远、如同星宿般璀璨。每一位读者都将拥有属于自己的星际穿越，你会发现思考机器的100种未来定数，而奇点理论不过是星空中小小的一颗。

吴甘沙

驭势科技(北京)有限公司联合创始人兼CEO

一个人的格局和视野取决于他思考什么样的问题，而他未来的思考，在很大程度上取决于他现在的阅读。这套书会让你相信，在生活的苟且之外，的确有一群伟大的头脑在充满诗意的远方运转。

周 涛

电子科技大学教授、互联网科学中心主任

作为美国著名的文化推动者和出版人，约翰·布罗克曼邀请了世界上各个领域的科学精英和思想家，通过在线沙龙的方式展开圆桌讨论。"对话最伟大的头脑"这套书就是活动参与者的观点呈现，让我们有机会一窥"最强大脑"的独特视角，从而得到思想上的启迪。

苟利军

中国科学院国家天文台研究员，中国科学院大学教授
"第十一届文津奖"获奖图书《星际穿越》译者

未来并非如我所愿一片光明，看看大师们有什么深刻的思考和破解之道，也许会让我们活得更放松一些。

李天天

丁香园创始人

与最伟大的头脑对话，虽然不一定让你自己也伟大起来，但一定是让人摆脱平庸的最好方式之一。

刘 兵
清华大学社会科学学院教授

以科学精神为内核，无尽跨界，Edge 就是这样一个精英网络沙龙。每年，Edge 会提出一个年度问题，沙龙成员依次作答，最终结集出版。不要指望在这套书里读到"ABC"，也不要指望获得完整的阐释。数百位一流精英在这里直接回答"大问题"，论证很少，锐度却很高，带来碰撞和启发。剩下的，靠你自己。

王 烁
财新传媒主编，BetterRead公号创始人

术业有专攻，是指用以谋生的职业，越专业越好，因为竞争激烈，不专业没有优势。但很多人误以为理解世界和社会，也是越专业越好，这就错了。世界虽只有一个，但认识世界的角度多多益善。学科的边界都是人造的藩篱，能了解各行业精英的视角，从多个角度玩味这个世界，综合各种信息来做决策，这不显然比死守一个角度更有益也有趣吗？

兰小欢
复旦大学经济学助理教授

如果每位大思想家都是一道珍馐，那么这套书毫无疑问就是至尊佛跳墙了。很多名字都是让我敬仰的当代思想大师，物理学家丽莎·兰道尔、心理学家史蒂芬·平克、哲学家丹尼尔·丹尼特，他们都曾给我无数智慧的启发。

如果你不只对琐碎的生活有兴趣，还曾有那么一个瞬间，思考过全人类的问题，思考过有关世界未来的命运，那么这套书无疑是最好的礼物。一篇

文章就是一片视野，让你站到群山之巅。

郝景芳

2016年雨果奖获得者，《北京折叠》作者

布罗克曼是我们这个时代的"智慧催化剂"。

斯图尔特·布兰德

《全球概览》创始人

布罗克曼是个英雄，他使科学免于干涩无趣，使人文学科免于陈腐衰败。

杰伦·拉尼尔

"虚拟现实之父"

1981 年，我成立了一个名为"现实俱乐部"（Reality Club）的组织，试图把那些探讨后工业时代话题的人们聚集在一起。1997 年，"现实俱乐部"上线，更名为 Edge。

在 Edge 中呈现出来的观点都是经过推敲的，它们代表着诸多领域的前沿，比如进化生物学、遗传学、计算机科学、神经学、心理学、宇宙学和物理学等。从这些参与者的观点中，涌现出一种新的自然哲学：一系列理解物理系统的新方法，以及质疑我们很多基本假设的新思维。

对每一本年度合集，我和 Edge 的忠实拥趸，包括斯图尔特·布兰德（Stewart Brand）、凯文·凯利（Kevin Kelly）和乔治·戴森（George Dyson），都会聚在一起策划"Edge 年度问题"，而且常常是在午夜。

提出一个问题并不容易。正像我的朋友，也是我曾经的合作者，已故的艺术家和哲学家詹姆斯·李·拜尔斯（James Lee Byars）曾经说的那样："我能回答一个问题，但我能足够聪明地提出这个问题吗？"所以，我们要去寻找那些可以启发不可预知答案的问题，那些激发人们去思考意想不到之事的问题。

现实俱乐部

1981—1996 年，现实俱乐部是一些知识分子间的非正式聚会，通常在中国餐馆、艺术家阁楼、投资银行、舞厅、博物馆、客厅，或在其他什么地方举办。俱乐部座右铭的灵感就源于拜尔斯，他曾经说过："要抵达世界知识的边界，就要寻找最复杂、最聪明的头脑，把他们关在同一个房间里，让他们互相讨论各自不解的问题。"

1969 年，我刚出版了第一本书，拜尔斯就找到了我。我们俩同在艺术领域，一起分享有关语言、词汇、智慧以及"斯坦们"（爱因斯坦、格特鲁德·斯坦因、维特根斯坦和弗兰肯斯坦）的乐趣。1971 年，我们的对话录《吉米与约翰尼》（*Jimmie and Johnny*）由拜尔斯创办的"世界问题中心"（The World Question Center）发表。

1997 年，拜尔斯去世后，关于他的世界问题中心，我写了下面的文字：

> 詹姆斯·李·拜尔斯启发了我成立现实俱乐部以及 Edge 的想法。他认为，如果你想获得社会知识的核心价值，去哈佛大学的怀德纳图书馆里读上 600 万本书，是十分愚蠢的做法。在他极为简约的房间里，他通常只在一个盒子中放 4 本书，读过后再换一批。于是，他创办了世界问题中心。在这里，他计划邀请 100 位最聪明的人相聚一室，让他们互相讨论各自不解的问题。
>
> 理论上讲，一个预期的结果是他们将获得所有思想的总和。但是，在设想与执行之间总有许多陷阱。拜尔斯确定了他的 100 位最聪明的人，依次给他们打电话，并询问有什么问题是他们自问不解的。结果，其中 70 个人挂了他的电话。

那还是发生在 1971 年的事。事实上，新技术就等于新观念，在当下，电子邮件、互联网、移动设备和社交网络真正实现了拜尔斯的宏大设计。虽然地点变成了线上，但这些驱动热门观点的反复争论，却让现实俱乐部的精神得到了延续。

正如拜尔斯所说："要做成非凡的事情，你必须找到非凡的人物。"每一个 Edge 年度问题的中心都是卓越的人物和伟大的头脑，其中包括科学家、艺术家、哲学家、技术专家和企业家，他们都是当今各自领域的执牛耳者。我在 1991 年发表的《第三种文化的兴起》(*The Emerging Third Culture*) 一文和 1995 年出版的《第三种文化：洞察世界的新途径》(*The Third Culture: Beyond the Scientific Revolution*) 一书中，都写到了"第三种文化"，而上述那些人，他们正是第三种文化的代表。

第三种文化

经验世界中的那些科学家和思想家，通过他们的工作和著作构筑起了第三种文化。在渲染我们生活的更深层意义以及重新定义"我们是谁、我们是什么"等方面，他们正在取代传统的知识分子。

第三种文化是一把巨大的"伞"，它可以把计算机专家、行动者、思想家和作家都聚于伞下。在围绕互联网和网络兴起的传播革命中，他们产生了巨大的影响。

Edge 是网络中一个动态的文本，它展示着行动中的第三种文化，以这种方式连接了一大群人。Edge 是一场对话。

第三种文化就像是一套新的隐喻，描述着我们自己、我们的心灵、整个宇宙以及我们知道的所有事物。这些拥有新观念的知识分子、科学家，还有那些著书立说的人，正是他们推动了我们的时代。

这些年来，Edge 已经形成了一个选择合作者的简单标准。我们寻找的是这样一些人：他们能用自己的创造性工作，来扩展关于"我们是谁、我们是什么"的看法。其中，一些人是畅销书作家，或在大众文化方面名满天下，而大多数人不是。我们鼓励探索文化前沿，鼓励研究那些还没有被普遍揭示的真理。我们对"聪明地思考"颇有兴趣，但对标准化"智慧"意兴阑珊。在传播理论中，信息并非被定义为"数据"或"输入"，信息是"产生差异的差异"(a difference that makes a difference)。这才是我们期望合作者要达到的水平。

Edge 鼓励那些能够在艺术、文学和科学中撷取文化素材，并以各自独有的方式将这些素材融于一体的人。我们处在一个大规模生产的文化环境当中，很多人都把自己束缚在二手的观念、思想与意见之中，甚至一些公认的文化权威也是如此。Edge 由一些与众不同的人组成，他们会创造属于自己的真实，不接受虚假的或盗用的真实。Edge 的社区由实干家而不是那些谈论和分析实干家的人组成。

Edge 与 17 世纪早期的无形学院（Invisible College）十分相似。无形学院是英国皇家学会的前身，其成员包括物理学家罗伯特·玻意耳（Robert Boyle）、数学家约翰·沃利斯（John Wallis）、博物学家罗伯特·胡克（Robert Hooke）等。这个学会的主旨就是通过实验调查获得知识。另一个灵感来自伯明翰月光社（The Lunar Society of Birmingham），一个新工业时代文化领袖的非正式俱乐部，詹姆斯·瓦特（James Watt）和本杰明·富兰克林（Benjamin Franklin）都是其成员。总之，Edge 提供的是一次智识上的探险。

用小说家伊恩·麦克尤恩（Ian McEwan）的话来说："Edge 心态开放、自由散漫，并且博识有趣。它是一份好奇之中不加修饰的乐趣，是这个或生动或单调的世界的集体表达，它是一场持续的、令人兴奋的讨论。"

约翰·布罗克曼

在 Edge 网站里，既有访谈、约稿，也有由演讲转录的文章，其中大多数都附有视频。在这本书中，我们将呈现其中 18 篇文章。

就像 20 世纪中叶的现代综合进化论（Modern evolutionary synthesis）将孟德尔主义的基因研究与达尔文主义的自然选择结合起来，从而给生物学带来了革命性的转变那样，生物技术的兴起同样是一个转折点，它让我们重新认识了自己是谁、将往何处去。生物技术的一个典范，就是开始于 20 世纪最后 10 年，在 2003 年最终完成的"人类基因组计划"。过去 20 年里所取得的成就，不仅缓解了我们这个星球上的疾病困扰，还让我们开始参与到自身的进化中去，这也是我们必须承担的责任。

这本书集合了一些 Edge 最优秀成员的研究成果，包括基因科学家、理论生物学家、理论物理学家和生物工程师。他们是目前这场变革的先驱，他们引导我们去审视人类基因组计划的前因后果，在激活现代生物学的对话与争论中，将这场变革展示给我们。

这本书以 2015 年的一次演讲开始，主讲人是进化生物学家理查德·道金斯（Richard Dawkins），他为自己将达尔文主义的自然选择视作"自私的基因"进行了辩护，他还猜测，宇宙中其他地方的生命，其基因也是自私的。随后是进化遗传学家和理论家戴维·黑格（David Haig），他谈及了基因组内的冲突与解决冲突的方式，这些基因组拥有来自母系和父系的印记。在进化生物学领域中，罗伯特·特里弗斯（Robert Trivers）像是一只精明又孤独的狼，他讨论了自我欺骗和"在意识和无意识之间有偏见的信息流"。再后来是恩斯特·迈尔（Ernst Mayr），他是 20 世纪现代知识大综合的设计者，他对 Edge 谈起了从那时开始的进化生物学历程，并表达了自己对这个历程的赞同与不赞同之处。备受尊敬的遗传学家、研究蜗牛的生物学家史蒂夫·琼斯（Steve Jones）则评论了达尔文持续 150 年之久的世界观的鲁棒性。

爱德华·威尔逊（E.O.Wilson）回忆了哈佛大学里的一次思想分流，这次分流发生在形态学家、博物学家与新兴的分子生物学家之间；詹姆斯·沃森（James Watson）表现得尤为积极。理论物理学家弗里曼·戴森（Freeman Dyson）则在猜测，未来的生命会是模拟的还是数据化的？几年前，Edge 在康涅狄格州的伊斯托弗（Eastover）农场组织的一次聚会上，戴森在一场自由讨论里联合了生物技术专家和企业家克雷格·文特尔（J.Craig Venter）、遗传学家乔治·丘奇（George Church）、天体物理学家迪米特尔·萨塞洛夫（Dimitar Sasselov），还有量子工程师塞斯·劳埃德（Seth Lloyd），他们探讨了生命的起源与前景，包括地球上的生命与其他地方的生命。这是这本书里篇幅最长的部分，也是这本书的核心。本书的主题和发散的论点都是在这场讨论中产生的，讨论有时候充满智慧，有时候又变得剑拔弩张。一年之后，道金斯和文特尔就他们各自支持的理论，重新开启了这场对话，让导致他们产生分歧的论题又变得富有生机起来。

伦敦帝国理工学院的发展生物学家阿曼德·马里·勒卢瓦（Armand Marie Leroi）仔细探讨了人类族群里大范围的基因变异问题，而其他有些科学家不愿意去研究与"肤色"有关的问题，因为没人愿意触及与基因和种族差异相关的那些令人遗憾的漫长历史。考古人类学家丹尼尔·利伯曼（Daniel Lieberman）探讨了人类祖先留下的"生理上的遗产"，尼安德特人基因组的绘制者斯万特·帕博（Svante Pääbo）探讨了我们可能传承的尼安德特人的遗产。文特尔邀请发明家、未来学家雷·库兹韦尔（Ray Kurzweil）和机器人学家罗德尼·布鲁克斯（Rodney Brooks）加入了一场聚会，探讨基因组学和生物技术上的最新进展。生物工程师德鲁·恩迪（Drew Endy）则提供了充分的理由去关注合成生物学的工程学方面。

凯利·穆利斯（Kary Mullis）谈论了他目前在改善人类免疫系统方面的努力，他是 20 世纪 80 年代聚合酶链反应（PCR）技术的发明人，正是这项技术使得 DNA 测序和克隆成为可能。来自耶鲁大学的进化鸟类学家理查德·普鲁姆（Richard Prum）探讨了自然选择中美学的重要性，从而重启了达尔文与自然选择学说的联合提出者阿尔弗雷德·拉塞尔·华莱士（Alfred Russel Wallace）之间的争论。理查德·普鲁姆以这种方式告诉我们，鸭子是多么热爱生命，这种爱也许远远超过你的想象。神经内分泌学家罗伯特·萨波尔斯基（Robert Sapolsky）则向我们发出警告，关于弓形虫的寄生，它的原生机制相当独特和精巧。复杂系统领域的专家、理论生物学家斯图亚特·考夫曼（Stuart Kauffman）用一篇文章为整个文集作结，他探讨了宇宙是如何变得复杂的，以及是否存在一个规律，掌管着整个宇宙中所有的生物圈？

生命，特别是智能生命，一直被称作一种"涌现"现象。但它是怎样完全涌现出来的呢？既然我们就是"涌现"的一部分，那我们面前摆着什么样的机遇呢？在这个星球上，对这种持续的、部分是人为的进化，我们的责任有哪些？也许有一天我们会离开这个星球。我们应当扮演上帝的角色吗？就像有些反对者严厉地指控 21 世纪的基因科学家与生物科学家在扮演的角色那样？或者，我们只是履行义务，依靠我们作为人类的自然潜力过活？

约翰·布罗克曼

想观看雷·库兹韦尔、理查德·道金斯等作者的演讲视频吗？
扫码下载"湛庐阅读"APP，"扫一扫"本书封底条形码，
彩蛋、书单、更多惊喜等着您！

总序 /V
前言 /IX

01
可进化性 /002
EVOLVABILITY

Richard Dawkins
理查德·道金斯

02

基因组的印记 /016
GENOMIC IMPRINTING

David Haig
戴维·黑格

03

生物学的大风暴 /028
A FULL-FORCE STORM
WITH GALE WINDS BLOWING

Robert Trivers
罗伯特·特里弗斯

生命：进化生物学、遗传学、人类学和环境科学的黎明

04

进化是什么？ /044
WHAT EVOLUTION IS

Ernst Mayr
恩斯特·迈尔

05

基因加时间 /058
GENETICS PLUS TIME

Steve Jones
史蒂夫·琼斯

06

一门整合的生物学
A UNITED BIOLOGY /068

E. O. Wilson
爱德华·威尔逊

07

生命是模拟的还是数据的？
IS LIFE ANALOG OR DIGITAL? /080

Freeman Dyson
弗里曼·戴森

08

生命：这是怎样一个概念啊！ /088
LIFE: WHAT A CONCEPT !

Freeman Dyson
弗里曼·戴森

J. Craig Venter
克雷格·文特尔

George Church
乔治·丘奇

Dimitar Sasselov
迪米特尔·萨塞洛夫

Seth Lloyd
塞思·劳埃德

Robert Shapiro
罗伯特·夏皮罗

目录

09

以基因为中心的一次对话 /166
THE GENE-CENTRIC VIEW: A CONVERSATION

Richard Dawkins
理查德·道金斯

J. Craig Venter
克雷格·文特尔

生命：进化生物学、遗传学、人类学和环境科学的黎明

10

我们都是变异体
THE NATURE OF
NORMAL HUMAN VARIETY /188

Armand Marie Leroi
阿曼德·马里·勒鲁瓦

11

脑力加体力 /202
BRAINS PLUS BRAWN

Daniel Lieberman
丹尼尔·利伯曼

12

绘制尼安德特人的基因组
MAPPING THE NEANDERTHAL
GENOME /222

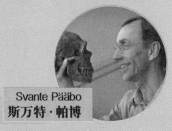
Svante Pääbo
斯万特·帕博

13

生物计算 /236
ON BIOCOMPUTATION

J. Craig Venter
克雷格·文特尔

Ray Kurzweil
雷·库兹韦尔

Rodney Brooks
罗德尼·布鲁克斯

14

生物工程 /264
ENGINEERING BIOLOGY

Drew Endy
德鲁·恩迪

15

在我吃了你之前吃了我
EAT ME BEFORE I EAT YOU:
A NEW FOE FOR BAD BUGS /280

Kary Mullis
凯利·穆利斯

16

性选择与审美进化 /290
DUCK SEX AND AESTHETIC EVOLUTION

Richard Prum
理查德·普鲁姆

17

弓形虫与神经生物学
TOXO /310

Robert Sapolsky
罗伯特·萨波尔斯基

18

相邻可能 /320
THE ADJACENT POSSIBLE

Stuart Kauffman
斯图亚特·考夫曼

译者后记 /331

目录

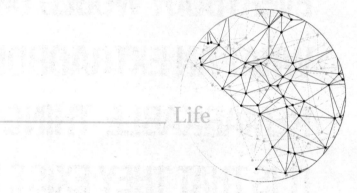

Life

IF YOU ASK ME WHAT
MY AMBITION WOULD BE,
IT WOULD BE THAT
EVERYBODY WOULD UNDERSTAND
WHAT AN EXTRAORDINARY,
REMARKABLE THING
IT IS THAT THEY EXIST, IN A WORLD
WHICH WOULD OTHERWISE JUST BE
PLAIN PHYSICS.

**THE KEY TO THE PROCESS IS
SELF-REPLICATION.**

如果你要问我有什么理想，那就是让每个人都能理解他们自身的存在本身就是一件多么非比寻常的事情，否则这个世界就只是一个平淡无奇的物理学世界。

这个过程的关键就是自我复制。

——《可进化性》

01

EVOLVABILITY

可进化性

Richard Dawkins

理查德·道金斯

进化生物学家，牛津大学教授，英国皇家科学院院士。
著有《自私的基因》、《道金斯传》（全2册）。

理查德·道金斯：自然选择是关于编码信息的不同生存能力的，这些编码信息有能力影响其被复制的概率，这也在很大程度上意味着，这些编码信息就是基因。不论何时，只要一个能够复制自身编码信息的"复制基因"（replicator）从宇宙中诞生，它就潜在地成为达尔文自然选择学说的基础。而这种现象一旦发生，我们称为"生命"的那种超凡现象就有机会出现。

我的猜测是，即使宇宙的其他地方存在生命，它也是达尔文意义上的生命。我认为，生命这种超复杂现象从物理规律中诞生的方式只有一种。那些物理规律就好像是如果你向空中抛一块石头，它就能画出一条抛物线似的，就是这么简单。而生物学不违背物理规律，却成就了最非凡的事情，它能够创造出可以奔跑、行走、飞翔、挖洞、在树丛中穿梭或者会思考的机器，还创造出人类的各种技术、艺术和音乐。所有这些的出现，都是因为在历史的某个时间点，大约 40 亿年前，一个能够不断复制的实体出现了。它不是我们现在所看到的基因，而是某种在功能上与基因等价的事物。它有能力进行复制，有能力影响其复制自身的概率，影响复制时出现的某些微妙的错误，所有这些过程创造了生命的全部。

如果你要问我有什么理想，那就是让每个人都能理解他们自身的存在本身就是一件非比寻常的事情，否则这个世界就只是一个平淡无奇的物理学世界。我们每个人存在的关键就是自我复制，也就是"基因"。许多研究证明，基因拥有不同的存活概率。能够存活的基因拥有高度精确的复制能力，这些基因也就是我们在这个世界上所知的基因，它们主导着世界上的"基因池"。对我而言，基因、DNA 是整个达尔文自然选择过程中绝对关键的因素。所以，当你面对"群体选择如何""更高阶的选择如何""不同层面的选择又如何"这些问题时，还是要回到基因选择的层面。基因选择是所有正在发生的事情的根本。

从根源上说，这些不断复制的实体原本会一直自由地漂流，并且在原始汤（primeval soup）里不断复制，不管这些实体到底是什么。但是，它们发现了一种技术，从而集结成了我们称为生物个体（individual organism）的大型机器工具。一个生物个体就是一个选择单位，复制基因也是一个选择单位，但它们的含义是不同的。复制基因作为一个选择单位，其意思严格说来就是，事物要么在数量上变得更多、要么变得更少。现在我们在基因池的意义上说数量更多或更少，那是现代的后达尔文式的语言。

但是，由于生物个体是如此不同寻常的单位，那些复制基因和其他基因联合起来，在生物个体内进行复制，所以生物学家会把生物个体视作一个选择单位。这个生物个体可能是拥有腿或翅膀的东西，它还可能拥有眼睛、牙齿，还有本能，而且也确实做成了某些事情。所以，生物学家在面对关于目的或伪目的的各种问题时，就会很自然地从生物体的层面去解释。他们看到生物体为了某些事情而挣扎，为了某些事情而工作，努力去实现某些事情。

生物个体到底要努力实现什么呢？当然，对达尔文来说，它在努力实现生存和繁殖。现在我们则会说，它在努力完成对其内在基因的复制。而这些之所以发生，其原因就像我经常说的那样："回头看看现在所有动物的祖先！"不论何时，对任何动物来说，个体的延续都起源于成功完成基因复制的祖先，个体也是通过这条完整的进化历程才得以成功地生存和繁殖。实际上这也意味着，它们成功传承了造就其自身的基因。所以，我们就是基因的"中转站"，我们只是暂时存活下来的机器。

生物学里所有的事情都可以用这种方式来理解，你可以说，正在发生的事情无非就是不同的存活的复制基因引发的结果。基因在基因池里存活下来，它们的运作方式就是控制遗传表型（phenotype）。那些遗传表型在实际中组合起来，进入相互并无关联的生物个体中。

如果有一组复制基因和一组普通基因，它们在一个可繁殖个体里把基因传递给下一代，人类所做的就是把基因通过精子和卵子传递给下一代，这也意味着，一个躯体，不管是哺乳动物的躯体、脊椎动物的躯体，还是有性繁殖的普通动物的躯体，里面所有的基因都具有相同的进入未来世代的期望。也就是说，基因的传递就是把当前的躯体引导到一个精子或卵子里。那也意味着，一个躯体里的所有基因都朝向同一个终点前进，它们的目标全都是一样的。

如果某个基因有不一样的目标，它很明显就是与众不同的，而且也不能与躯体内的其他基因合作。比如病毒就有不一样的目标，它们会导致宿主打喷嚏或呕吐等。但是所有基因都有一个共同的目标，就是以协作的方式，离开现在的躯体，进入下一个躯体。正是因为所有基因都在共同为同一个目标而努力工作，所以躯体的所有肢体与感知机能才会如此协调一致。因为构成躯体的所有基因都是通过同样的退出路径来进入新生代的。但像病毒这样的少数基因有不一样的退出路径，它们不会协作，它们可能会杀死你。

确实，绝大多数的"生存机器"都是独立的个体，但也未必一定是这样的，如果基因能够影响躯体外的表型，那它们就会这样做。这就是"扩展的表型"。扩展的表型中最简单的一类，就是一个由个体制造的工具，比如一只鸟的巢。鸟巢可以说是鸟的一个"器官"，它的意义和一颗心脏或肾脏一样，只是它恰好是在躯体外的，也恰好是由草木构成的，而非由包含基因的细胞构成而已，尽管如此，它依旧是一个表型，它是由动物的神经网络通过筑巢的行为产生的。鸟巢和身体里的器官所做的事一样，就像肾脏、肝脏和肌肉一样，它也通过鸟蛋和雏鸟的形式来保存鸟的基因。

我要说的下一类扩展的表型就是寄生虫的宿主，因为在这方面有很多引人注目的例子。比如说，寄生虫会影响它们当前的宿主，从而进入下一个宿主体内。对寄生虫的基因而言，宿主的躯体就像是一个鸟巢，它被寄生虫的基因所影响。我们通常会说，血吸虫的整体会影响蜗牛的整体，来让自己进入下一个宿主。但是，如果从基因层面考虑的话，其实是基因在影响血吸虫的表型，可以说，是基因在影响蜗牛的表型，进而便于血吸虫把基因传递给下一代。所以在血吸虫的躯体周围画一条界线，并声明"在界线之外，就不是真正意义上的表型了"，这是毫无理由的。你需要跳出固有的思维模式，在这个例子中就是跳出血吸虫的角色，从而领会基因与表型之间真正的关系。

接下来，我们可以通过另一个例子来进一步概括。鸟巢里的一只杜鹃会通过各种刺激方式来影响宿主，比如利用鲜红的喙或者喳喳叫之类的方式。①同样地，就像血吸虫通过影响蜗牛进行繁殖一样，杜鹃也会通过影响芦苇莺宿主来将自身基因传递给下一代。芦苇莺行为的改变就可以被视作杜鹃基因的表型。

① 杜鹃鸟是托卵寄生性鸟类，它们将自己的蛋产在别的鸟类的巢里，雏鸟靠养父母孵化和养育。——译者注

我对这个星球上生命的看法就是，所有事物都是从复制基因，也就是DNA分子扩展而来的。复制基因在这个世界中扩展，从而影响自身被传递的概率。它们大多不会比其所处的单个躯体扩展得更远，但这是实践上的事，而不是原则上的事。生物个体可以被定义为表型产品的集合，它们由单一的路径从母体（基因）进入世界，成为一个个单独的个体。杜鹃和芦苇莺是个例外，但对一般的动物来说确实是这样的。所以，生物个体就是基因复制的主要单位。在我称为"运载工具"的意义上来说，它还是一个选择单位（unit of selection）。

有两种选择单位，其中一种是复制基因，它所做的就是让自身被复制，从而让越来越多的复制品进入世界。另一种选择单位是运载工具，它不能让自身被复制，它所做的就是为复制基因工作。于是我们就有了复制基因和个体这两种概念，它们都是选择单位，但是意义不一样，理解这种差异很重要。

现在，由于生物个体是非常显著的单位，在达尔文之后的生物学家就习惯于将生物个体视作行动单位（unit of action），然后他们就会问："生物体在最大化什么？生物体最大化的数学函数是什么？"答案就是"适存度"（fitness）。所以适存度就被当作生物体最大化内容的数学表达式。适存度实际上就是基因的存活。很长一段时间以来，适存度的概念在人们心里就等同于繁殖，即有大量的儿女、孙辈、曾孙辈。英国进化生物学家威廉·汉密尔顿（William Hamilton）等人意识到，如果适存度实质进行的是基因传递的话，那么生育后代就不是传递基因的唯一方式。一个生物体还可以增强其兄弟姐妹、侄子、侄女、堂兄弟之类的存活与繁殖，由此来传递基因。为此，汉密尔顿还破解了这种方式的数学运算法则。

但不幸的是，尽管汉密尔顿意识到这个重要的问题，他却坚持把生物个体当作行动的实体。他提出了"整体适存度"（inclusive fitness）这个概念，并认为它是生物体最大化的数学函数，只要生物体在做的的确是最大化其基因的存活。这需要相当复杂的计算。要计算现实问题的话很困难，虽然不会导致某些敌意，但是会导致一定程度的怀疑，也就是质疑整体适存度是否是一个计算标尺，其实我也有这种怀疑。但对我而言，解决这种疑虑的方式是"忽略生物体，集中关注基因本身"。就像汉密尔顿所说的："问问你自己！如果我是一个基因，我会怎样来最大化我在未来的繁殖？"汉密尔顿就是这样做的，但是后来他做了错误的实验，其实严格说来，实验是正确的，但结果并没有用，因为他改问自己："如果我是一个个体，我会怎样将我存活的基因最大化？"其实这两种问法都是正确的，但它们正确的前提是你能够正确地计算出答案，不过其中一个问题的答案更难以实现。如果你尝试追求直觉上的达尔文主义，如果你想搞明白这个世界会发生什么，我想你最好这样追问自己："如果我是一个基因，我会怎么做？"而不是"如果我是一个基因的载体，比如一头大象，我会怎么做"。

这样说只是种修辞手法，没有人真的会认为基因或大象还要挠头思考："我要怎么做？"但是，当你想获得正确答案时，这会是一个有用的技巧。如果你要使用"我会怎么做，如果我是……的话"这个句式，你可以要么写"如果我是基因的话"，要么写"如果我是一头大象的话"。如果在省略号部分填写基因，你就会关注自我复制，如果填写大象的话，你就会关注基因的载体，这两种情况你都会获得正确答案。所以，在表达达尔文主义的实质时，我们获得了两种等价的逻辑方式。这两种方式汉密尔顿都用过。我想，关于最近冒出来的汉密尔顿的某些反对者，他们意识到整体适存度并不是完成计算的现实方法，因为这太难计算了。而我的建议是放弃整体适存度，我也确实这样对汉密尔顿说过，再代入上述基因的拟人化，这样你就能获得正确答案。

乔治·威廉斯（George C.Williams）在 1966 年的时候写过一本充满智慧的书《适应与自然选择》（*Adaptation and Natural Selection*），差不多同时，汉密尔顿也在做这项工作，他们二人都顿悟"自然选择的实质是基因的存活"这个真理。威廉斯的表达相当雄辩，他说："我们不知道苏格拉底有几个孩子，但是如果他真的传承下什么的话，那就是基因。"所以，不论何时讨论生物的目的性和伪目的，也就是我们在生命中可能会感到疑惑的，生物是为了什么？适应什么？谁获益？不论何时问这样的问题，你都应该从基因层面思考。威廉斯意识到了，汉密尔顿也意识到了。

可进化性

在《盲眼钟表匠》（*The Blind Watchmaker*）这本书里，我想要传达的观念就是，选择的累积会导致巨大的复杂性和急剧的变化。所以，我想给麦金塔计算机（Macintosh）写一个程序，使它可以在屏幕上展示一系列表型，就用我称为"胚胎学"的算法来创造这个系列，这实际上就是一个树状增长的算法，而树的形状是由基因决定的。在第一个版本里，用户会在屏幕中间看到由 9 个基因组成的"母体"，其他 14 个围绕"母体"的生物形态就是后代，它们都是由这 9 个基因创造的。通过少量增加或减少自身的赋值，基因就能发生突变。所以全部 9 个生物形态看起来有些微小的差异，但还是可以很明显地看出它们是从一个母体传承下来的。你可以用鼠标来选择哺育任何一个生物形态，被选中的就会滑动到屏幕中间，并繁殖出 14 个后代。这个过程可以一代代持续下去，这是一个很不寻常的体验：通过逐步的改变，你可以繁殖出大量不同的形态，它们就变成了昆虫、花儿等万事万物。

因为现在的苹果电脑不能像老版本那样运行程序，所以我可能确实会遗漏了一些形态。肯塔基州一个叫艾伦·卡农（Alan Canon）的人写邮件对我说，他想重新实现那些形态。所以我就把我所有的 Pascal 代码发给他了，这些代码可能已经不能运行了，但他正在努力让它们运行起来，对此我还是感到挺高兴的。

我还去参加了克里斯·兰顿（Chris Langton）组织的"人工生命大会"，我发表了一个主题为"可进化性的进化"（The Evolution of Evolvability）的演讲，我想那还是我第一次用"可进化性的进化"这种表达，现在它已经被用得很频繁了。

Pascal 是一种计算机通用的面向对象和面向过程编程的语言。——译者注最初的生物形态程序有 9 个基因，我后来将之扩展到 16 个。增加的那些基因具有"分段"的功能，可以把生物形态分段复制并连续排列组成一个躯体，像蜈蚣就有很多分段的部分，或者像龙虾，它也有很多分段的部分，而每一段又略有不同。除此之外还有各种对称形态的基因。所以，那些成功存活的生物形态就会急剧增加。增加的数量是有限的，但是不管怎样，结果是增加了。我突然想起一个很好的隐喻，来描述进化进程胚胎学领域中某些重要时刻发生的急剧变化。比如说我刚刚提到的分段。我猜测，最初的分段动物应该是发生了某些重要的突变，从而分隔出了 2 个可以进行分段的部分，也有可能是 3 个，但不会是 1.5 个分段，最少有 2 个。这些分段可以复制躯体里的所有东西。如果你观察一只蚯蚓或者蜈蚣的躯体，它们的躯体就像是一列火车，每一个车厢都和邻近的车厢相似或者完全一样。

在蚯蚓或者蜈蚣的祖先和脊椎动物的祖先发生分段之前，动物一定是作为一个单独的分段而进化的，当它们只有 9 个基因时，它们就以我在实验中演示的那样进化，然后第一个有分段的动物就出生了，它一定经历了一次重要的突变。而一旦第一个分段动物有 2 个部分（也许每个部分都一样），那它就可以继续分段了，因为所有完成一次分段的胚胎机器已经出现了。双倍分段也是一个重要步骤，但不管怎样所有机器都出现了。这不同于创造一个全新的器官，如一只眼睛，这没法轻易实现，而要经过渐进的累积选择才会发生，这也是我在《盲眼钟表匠》一书里想要传达的主要信息。一旦你拥有创造一只眼睛、一根脊椎或一颗心脏之类的机器，你就可以创造出 2 只。这就是分段的含义。

所以，当分段发生某些宏观突变之后，一些新的生物形态可能就会出现，脊椎动物、节肢动物、环节动物都具有这种分段的胚胎学技巧。我是用我设计的生物形态实验来证明的，当我在程序里为宏观突变增加分段基因时，屏幕上就会出现全新繁荣起来的形态。因为有了分段，你就能进化出更多具有不同形态的动物。对称基因也类似，我的程序里有些基因，它们负责在 2 个不同平面上做出某种镜像对称的形态，很快我就能繁殖出像花儿、蝴蝶这样美丽的生物。

所以，"可进化性的进化"就是进化本身的变迁，在胚胎阶段出现剧烈的转变，为之前不可能的进化打开了通往未来的闸门。分段是一个例子，性或许是另一个例子，软体动物的性逆转（torsion）①又是一个例子。这些都是重要的变化，而且我认为重要的变化并不多，这些大概发生在一亿年前。然后就有了普通的进化，也就是我们向大众传递的普通进化累积下来的渐进式的过程。但偶尔，我怀疑在这个过程中还是发生了一次重要的突变，从而打开了新的闸口，分段就是最好的例子。这引导我在最初的 9 个基因生物形态上增加了 7 个基因，这也是我在"可进化性的进化"那次演讲中提到过的内容。

我在《攀登不可能的山峰》（Climbing Mount Improbable）这本书里提到了"可进化性的进化"这些观念，虽然与《盲眼钟表匠》有一点类似，但这本的相关内容更多。在这本书里，我增加了更多基因，引入了各种颜色，所以现在在我们就有了彩色的生物形态。更有趣的是，我和苹果公司的明星程序员特德·克勒（Ted Kaehler）组成了一个团队，我们是在人工生命大会上认识的。从那之后，我们合作了一个新的项目，我称之为"Arthromorph"，它与生物形态有些类似，但是拥有完全不同的胚胎与分段，并且更多是基于特别的节肢动物分段的。这个"Arthromorph"项目不需要程序员去引发新的转折式的变化，也就是突变，带来全新的宏观变异，从而造就新的进化繁荣；所有这些改变在计算机内部发生，从而产生了宏观变异。对于我利用计算机来理解和教授进化理论而言，这可以说是向前迈进了一大步。

① 软体动物有部分是雌雄同体，一般只会表现出一种性别，而当另一种性器官被激发时，会表现出相应的另一种性别，这种现象称作性逆转。
——译者注

我有一个习惯就是，不对书籍作区分，比如志在畅销的书、志在为读者解释事物的书、志在为我和我的科学家同行解释事物的书。我认为，区分"研究科学"和"把科学流行化"这种做法已经做过头了，我发现，要给别人解释清楚某些事情之前必须先给自己解释明白，我自认为我还是很擅长此道的。比如那个生物形态程序，最初我是为给学生解释进化而写的，我也在学生的实践课里利用了这个程序，在这个过程中却又让我重新认识了自己，激发我去进一步理解进化，激发我去理解我之前并不理解的"可进化性的进化"。

没人知道宇宙里其他地方是否有生命存在，但我想也许存在。宇宙中大约有 10^{22} 多颗星星，其中大多数星星都拥有行星。如果我们人类是独一无二的，那就太令人惊讶了。这也会违反历史的教导，比如，我们并不是宇宙的中心等。科幻小说家也一直试图猜测其他地方的生命是什么样的。我可以提供一个结论：我想，不管其他地方可能存在的生命有多么怪异奇特，如果我们发现了它们，那一定是达尔文主义式的生命。

引导纯物理学转化为黄金般的复杂生命，我想只有一条通道，就是微分复制基因的存在，这也是最普遍意义上的达尔文主义。所以我坚持认为，当我们真的在宇宙中的其他地方发现了生命时，那就是达尔文主义式的生命，它也会以类似于 DNA 的方式，或是以其他东西为基础来进化，但是在高度精准的意义上来说，类似于 DNA 这种自我繁殖的加密体系能够创造出极丰富的多样性，这也就是 DNA 所做的。所以，我所说的宇宙达尔文主义差不多就是一条教义：对于任何地方存在的生命，我们唯一知道的事情就是，它是达尔文主义式的生命。

我曾在剑桥达尔文一百周年纪念会上做过一次演讲，主题为"宇宙达尔文主义"，我以此为基础来检视其他人可能提出的所有替代观点，比如拉马克主义、获得性特征的遗传、用进废退原则。我想说的与大多数生物学家说的相反，拉马克主义的错误不只在于它在实践中行不通，还在于获得性特征事实上并不能通过遗传获得。包括恩斯特·迈尔在内的很多生物学家都说过，拉马克的理论是一个好理论，但不幸的是，获得性特征并不是可遗传的。我的观点是，就算它是可遗传的，拉马克主义也不是一个有足够包容性的、可以产生出复杂的适应性的理论。拉马克主义的理论依赖于用进废退：我们越使用肌肉，肌肉就会变得越强壮。确实是这样，但你能够把你更强壮的肌肉传承给你的孩子吗？我的论点是，就算拉马克主义是正确的，它的原理也不能创造出真实有趣的生物进化。

肌肉这个例子很好，当你经常使用肌肉，肌肉确实会变得更强壮。但是像眼睛这样的器官，眼睛精准的聚焦机能、眼睛的透明性、大量的感光细胞、三色编码，这些并不会用进废退。你用眼越多，眼睛并不会变得越好，当光子穿过时晶状体并不会变得更加透明。眼睛变得更好，是因为每一个微小的变异改善了眼睛。就像达尔文所说的，自然每时每刻都在仔细审查世界。所以每一个微小的变化，不管它被内在细胞的生物化学机制埋藏得多么深，只要它能对生存和繁殖有用，自然选择就会把它挑选出来。拉马克主义的原理只在简单粗糙的增长上起作用，比如你用的越多就越强壮的肌肉。

当环顾这个世界时，我们看到的是各种复杂的人造机器，比如照相机、录音机、计算机、汽车、轮船和飞机。它们并不是直接由自然选择创造出来的，而是由人类的天赋创造出来的，由人脑合作创造出来的。没有任何一个人可以单独创造出一架波音 747 飞机。因为要完成这项合作事业需要很多人的努力，还需要很多电脑。这是达尔文主义式构架的一个奇特的延伸。所以说，一架飞机、一辆汽车这样强大设计的原理，它们都是从人脑而来，但这并不是最终的解释。人脑本身又不得不从达尔文主义式的自然选择而来。所以，如果我们要去探索其他星球并发现极端复杂的技术，这技术会是达尔文主义式选择的直接产物，最终，这技术会是对大脑的达尔文主义式选择的产物，无论在那个星球上对此有怎样的称呼。

有些事情还是有争议的，比如像达尔文主义是否在人类技术中起作用这类事情。例如，当一位人类设计师在画板上创作时，他设计出一些东西，但是并不满意，就揉成团扔进垃圾桶，重新拿张纸，做出与之前略微不同的设计，等等。这或许有达尔文主义的元素在里面。但我的重点是完全不同的新型设计，或者至少有些不同的新型设计面世，它是人脑进行天赋训练，特别是社会性天赋、文化天赋的结果。但是，这最终极的源泉是不断进化的大脑，而进化的大脑不得不经由某种版本的达尔文主义式选择，在其他星球上或许很不一样，但是我推测，甚至敢打赌它依旧是达尔文主义式的。

🕐 2015年4月30日

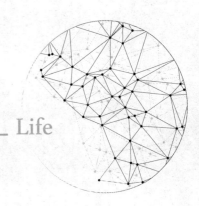

Life

可进化性

本文作者理查德·道金斯唯一自传《道金斯传》(全 2 册)，独家讲述道金斯成长经历，零距离接触道金斯人生中的温情故事。此套书已由湛庐文化策划，北京联合出版公司出版。

We are evolved beings and therefore our psychology will have to be understood in terms of natural selection, among other factors.

我们是进化而来的生命，因此我们的心理也不得不用其他因素里自然选择的术语来理解。

——《基因组的印记》

02

GENOMIC IMPRINTING
基因组的印记

David Haig
戴维·黑格
哈佛大学有机体与进化生物学系教授。

戴维·黑格：过去 10 年，我的工作主要就是关注生物个体内部的冲突。在进化生物学里，潜在的隐喻是生物个体就是一台机器，或者更具体地说是一台把适存度最大化的计算机，它试图去解决某些问题。我感兴趣的是，个体内部会发生冲突，因为个体自身内部有各种不同的代理者，这些代理者的适存度函数各不相同，由相互冲突的利益导致的内部政治也不一样。

我对分子生物学里"基因组的印记"这个新的现象，投入了很多精力，在某些情况下，一个 DNA 序列可以拥有条件性行为（conditional behavior），这些行为取决于它是从母系的卵子遗传而来，还是从父系的精子遗传而来。这个现象被称为印记，因为其基本思想就是，DNA 上产生的印记有些来自母体的卵巢，而有些来自父系的睾丸，DNA 因此被标记为母系的或者是父系的，并且影响了其表达模式，也就是基因在下一代将如何表现，在雄性和雌性后代身上都会受此影响。

这是一个复杂的过程，因为印记可以被擦除和重新设置。比如说，当我把身体里的母系基因遗传给我的孩子时，它们会变成父系基因，并表现出父系的行为。即使我的女儿从我这里获得了父系基因，但当她把父系基因遗传给她的孩子时，这些基因又会变成母系基因遗传给她的后代。分子生物学家对理解那些印记的本质，和以某种方式修改 DNA 这个过程是怎样发生的特别感兴趣，因为这既可以遗传而又可以重新设置。我一直对为什么这种奇特的行为会发生进化感兴趣。在某些情况下，有利于遗传自母系基因的东西，和能让遗传自父系的基因的适应性最大化的东西不同，我一直在寻找这样的情况。

要理解这些深层理论，最好的方式是利用一件著名的逸闻趣事来讲解，这件事来自于约翰·霍尔丹（J.B.S. Haldane），他是一位伟大的英国遗传学家，据说他声称愿意牺牲自己的生命去拯救两个溺水的亲兄弟或 8 个以上溺水的堂兄弟。这里的逻辑是，如果霍尔丹只是考虑如何把自己的基因遗传到下一代，这样做是正确的。平均而言，他身体里的一个基因有 1/2 的概率会出现在他亲兄弟身上，如果他要牺牲自己体内的一个基因的复本去营救 3 个亲兄弟，从基因的角度而言，他就是在营救 3 个亲兄弟体内的一个半的基因的复本。但是对于堂兄弟而言，每一个堂兄弟身上携带霍尔丹体内随机一个基因的可能性只有 1/8。为了从他自己牺牲的一个基因复本中获得利益，他需要营救 9 个或更多的堂兄弟。这个思想被威廉·汉密尔顿形式化地表达出来了，并融入了他提出的整体适存度理论中。

对于我自己提出的理论，可以通过改述霍尔丹的问题进行说明，同时提出问题："霍尔丹会为了 3 个同母异父或同父异母的兄弟而牺牲自己的生命吗？"为了这个故事的完整性，我们就假设这是 3 个同母异父的兄弟。对这个问题传统的回答是"不会"，因为如果你从霍尔丹身上随机挑选一个基因，这个基因在一个同母异父的兄弟身上出现的概率是 1/4。因此，一个随机基因的期望值是拯救出 1/4 的复本，但霍尔丹要失去一整个复本作为代价。但是，如果前面提到的印记的说法是可能的，基因也许拥有关于其父系起源的信息，这样情况就不一样了。

从霍尔丹身上遗传自母系的一个基因的视角来看，那 3 个同母异父的兄弟都是他母亲的后代，所以遗传自母系的基因有 1/2 的概率出现在每一位同母异父的兄弟身上。平均而言，牺牲自己身上一个基因的复本，霍尔丹可以拯救 1.5 个遗传自母系的基因。在这种情况下，母系起源的基因的自然选择会倾向于这种牺牲行为。

但是，从霍尔丹身上遗传自父系的一个基因的视角来看，情况就大不相同了。那 3 个同母异父的兄弟的父亲和霍尔丹的父亲不是同一个人，从这方面来看，他们完全没有亲属关系。如果这种计算基因遗传的概率可靠的话，那就不需要牺牲，不管多小的牺牲都是没必要的。因此，在这个例子里，起源自父系基因的自然选择就会阻止霍尔丹做出任何牺牲行为。

上述内容说明了在一个个体内部，不同的选择力量会在不同的基因上起作用，这些力量会把个体拉向不同的方向，从而导致内部基因之间的矛盾。我怀疑这些冲突的解决方式事关历史、基因政治，而且还需要知道整个系统的细节。从社会科学中可以获得很多见解，政治科学专门处理由社会内部利益导致的各种冲突，社会总是随着不同团体与派系的形成而变化，我相信，如果个体内部存在各种冲突，你也可以发展出一门类似的内部政治学。

关于我上面说到的霍尔丹的故事，我对在现实世界中寻找可以应用的情况，即一个个体内部有潜在的相互冲突的选择力量非常感兴趣。到目前为止，我一直在说父系起源和母系起源基因之间的冲突，但是还有些冲突，可能会发生在不同的性染色体的基因之间、在细胞核里的基因和线粒体里的基因之间、在我们的基因遗传与文化传播之间。我一直尝试发展出一系列理论和工具去解决这些问题。

基因组印记是一个神奇的现象，并且衍生出一个有趣的问题：如果上一代关于母系或父系性别的信息可以通过基因组印记传递，是否存在其他的从环境中植入的历史信息能被传递到现在这一代，并影响其基因的表达？如果我的曾祖母经历过饥荒或者战争，这些信息是否有可能也会印记在基因组里，从而影响我体内的基因表达？

我对基因组印记产生兴趣，源起于我在悉尼麦考瑞大学完成博士学业。从那时起我开始研究植物生态，特别是火灾之后的植物生态是如何重建的。我在灌木丛中漫步，观察各种植物，但是我其实心不在焉。幸运的是，我获得了一个对植物生命周期的进化做理论研究的机会，就是把由罗伯特·特里弗斯发展出来的关于亲子冲突的理论（亲缘选择理论）应用到植物上。其实我在听说基因组印记现象之前，通过思考种子内部发生的事情，就已经萌生了关于基因组印记的想法。

在 1974 年一篇关于亲子冲突的论文里，特里弗斯指出一个普遍隐含的假设是，对父母有益的东西，对后代也是有益的。用基因遗传的话说，就好像后代是父母在未来的赌注，所以父母应该为了后代而做到最好。但是特里弗斯表明，父母会被选择去最大化后代存活的总数，这或许与最大化某单个后代的存活概率大不相同。他指出，这其中存在一个权衡：生育大量后代并对后代进行相对很少的投入，或者生育少量后代并对每一个后代都投入很多。特里弗斯认为，随着时间推移，后代会开始为了可用的资源与其兄弟姐妹竞争。反过来，手足之争会导致后代与父母之间的冲突，因为随着时间流逝，后代会被选择去从他们父母那里获得多于其应得的资源，也就是多于其父母所能供应的资源，同时，父母也会被选择在大量后代之间进行更公平的资源分配。特里弗斯的理论就是，上述情况会导致进化冲突。

我曾受邀在美国国立卫生研究院的一个研讨会上发表演讲，探讨基因组与人类疾病方面的问题。我演讲的目的是想表明，进化理论会如何在人类疾病的问题上提供新的见解。一个明显的案例就是人类的孕期，特里弗斯关于亲子冲突的理论可以解释，为什么怀孕经常与医疗难题联系在一起。从那之后，关注母体与胎儿的互动就成了我的另一个研究课题。

特里弗斯的理论有很多内容都是关于为什么在怀孕的过程中总是出现很多问题。如果我们观察一下大多数自然选择的产物，比如手、肝脏、心脏或者肾脏，让人感到惊讶的是，只有很少一部分可以良好运作 60 年或 70 年。但是为什么在怀孕的时候会有这么多问题呢？怀孕对于繁殖来说至关重要，所以我们可以说，这是由自然选择来完善的人类生理的一部分。但是这里存在一个很重要的进化上的差异，就是心脏的机能在怀孕时会发生很大变化。作用在心脏机能上的选择力量，是不存在进化冲突的。使心脏发育并正常运作的所有基因都属于同一个基因主体，在这个意义上，它们有着同样的基因上的利益，就是最大化个体的后代的数量。由于没有冲突，我们就可以简单地解决这个最大化问题，获得一个最优解。

根据特里弗斯提出的亲子冲突，在母亲与胎儿之间会出现冲突。后代被选择从母亲那里获得一部分，而母亲被选择抵抗后代的一部分需求。这些选择力量会表现出相反的目的，从而相互抵制。

怀孕期间一个重要的过程就是亲子之间信息的交流。亲子间身体内部的信息交流，并不会产生冲突，因为自然选择会让细胞以尽可能低成本且有效的方式传递信号。但是在这个过程中就存在一个信息可靠性的问题，因为它们的利益是不一样的。在某些情况下，在交流过程中存在一种进化上的激励，导致信号发出者发出误导的信息，同时，自然选择也会让信号的接收者不去信任所接收的信息。

怀孕期间还有一个问题，就是缺乏反馈控制和制衡机制。科学家提出了研究母体与胎儿关系的各种应用，并且他们喜欢用美好乐观的语言来描述这个问题，类似于描述为"是母亲与胎儿之间爱的交流"。这样的应用我读到过很多了，但是在孕期，有些胚胎会扎根于母体的腹腔内或者输卵管里（这是很不正常的现象，也就是宫外孕），并且独立自主地发育，不会收到任何来自母体的信息。我相信，在这种情况下母亲与胎儿之间极少会有交流。相反，你会看到胎儿为了自己的利益，而以各种各样的方式想要操纵母体的生理与新陈代谢功能。

在怀孕期间，母亲的激素交流系统处于母亲和胎儿共同的控制之下。胎儿会分泌一定数量的激素注入母亲体内，从而实现各种效用，特别是提高母体血液的营养程度。在人类怀孕的早期阶段，胚胎将自己嵌在子宫壁上，从母体血液里吸取营养，同时在母体的血液中释放激素，从而影响母体的血糖水平和血压等生理状况。母体血液的糖分和脂肪的水平越高，胎儿可以获得的营养就越多。胎儿产生的激素分子数量很少却可以产生巨大的效应，至少是在单个身体里发生交流，并且信号的发出者与接收者之间没有冲突的时候。但是，在孕期，当一个个体（胎儿）对另一个个体（母亲）发出信号时，就会存在潜在的冲突。自然选择倾向于增加后代产生激素的量去获得更大的益处，同时，自然选择也倾向于使母体的接收系统对被操控的趋势有更多的反抗能力。因此，有可能会出现进化升级，导致胎盘激素有时候会突然激增。据估算，每天有大约 1 克的胎盘催乳激素分泌进入母体的血液里，但胎盘催乳激素产生的效应相对较小。

我想"胎盘激素有可能激增"是母体和胎儿之间发生冲突的最佳例证。胎儿分泌激素进入母亲的身体里，是想要"说服"母亲去做她或许不想做的事情。我们可以试想着把胎盘激素当作广告邮件的等价物，这些邮件想要说服你去做某些事情，而这些邮件本身生产的成本很低，所以它们就会被大量地发送，但是只能取得相对较小的效应。它们有时候确实会起作用，但是这与在两个拥有共同利益的个体之间，你也许会采纳的那些亲密的建议是不同的。

在印记方面，我的观点在研究胎儿在孕期的成长中得到了充分的印证。这个观点就是，胎儿从父系那里继承的基因会生成更大的胎盘，从而使胎儿在母亲那里获得更多的资源。但是把这个理论的基本思想应用到任何亲属间的互动，我都称之为"非对称的亲缘"，也就是孩子在一个家庭里与母亲这边亲属的互动，多于与父亲那边亲属的互动，抑或反之。我怀疑，基因组印记理论是否真的有助于理解人们社会互动的进化。也有证据表明，基因组印记与某些类型的自闭症有隐蔽的关联。有些基因是在大脑里被打上印记的，我很乐于去弄清楚这些过程。

　　雪莉·蒂尔曼（Shirley Tilghaman）的实验室曾经检测过我的猜测，那是最令人激动的一次实证研究，还是在蒂尔曼担任普林斯顿大学校长之前。那是最早描绘有印记的基因的实验室之一。蒂尔曼的一个博士后保罗·弗拉纳（Paul Vrana）观察了两只种类不同的老鼠的杂交情况，其中一只拥有很多不同的伴侣，幼崽的父亲可能都不相同（称作 A 组），同时，另一只只有一个伴侣，也就是一个父亲是一窝所有幼崽的父亲，而且雌鼠有 80% 的机会一直与雄鼠在一起并生产出下一窝幼崽（称作 B 组）。研究者预测，A 组的老鼠比起 B 组的老鼠，父系与母系之间的基因组会发生更强烈的冲突。事实上，当你比较这些老鼠时，你会在它们出生时的体重上看到戏剧性的差异。

　　如果一只老鼠幼崽的父亲是 A 组的那一族群的后代，其父系基因组就会更强烈地选择从母体那里获取更多资源。父系基因组会去匹配而不会强烈反抗父系需求的母系基因组，按照这种方式杂交，其后代会比标准的后代个头儿更大。如果在互惠性的杂交里，父系基因组来自 B 组的族群，而母系基因组来自 A 组的族群，后代就会比标准的后代更小。由此保罗·弗拉纳能够说明，这种差异主要是由于这两个族群的有印记的基因而产生的。这也说明，印记基因之间的区别可能会对物种的形成过程产生影响，特别是社交系统与匹配系统的变迁会引起印记表达的变化。这也会导致姊妹种之间的生殖隔离。

　　下一项工作是在杜克大学医学中心的肝脏肿瘤实验室里完成的，那里也在研究基因组印记。兰迪·杰托（Randy Jirtle）和基思·基利安（Keith Killian）出于好奇，他们观察了袋鼠和一种卵生哺乳动物鸭嘴兽，为了看看基因组印记是如何产生的。他们发现，在鸭嘴兽身上看不到基因组印记，至少在他们观察的基因上没有看到，但是在袋鼠身上看到了。因此，在袋鼠与鸭嘴兽共同的祖先之前，基因组印记的出现与生命诞生的源头或多或少地保持了一致性。这类研究里确实有一些让人兴奋的领域。

　　最近另一个令人好奇的观察还需要理论解释。比如说，在老鼠的实验中有证据表明，父系基因特别倾向于下丘脑的发育，而母系基因特别倾向于新脑皮层的发育。我已经说过，有些母系－父系基因组之间的冲突可以在一个个体内部被观察到，因为大脑的不同部分对不同类型的行动有不同的偏好。对于老鼠体内发生的事情，我还没有找到很好的解释，但我很想知道。在一个更开阔的层面上，也许上述一些理论在一定程度上说明了内在冲突的主观体验：为什么有时候我们很难调整好自己的心智状态。如果心智只是一台最大化适存度的计算机，而且只有单一的适存度函数，那么我们经常感觉到的难以抉择的麻痹状态就毫无意义了。如果我们被迫做出一个艰难的决策，甚至会耗费我们一整天的精力，即使我们还有可能以这种或那种方式做出更好的决策。也许这可以解释为一个政治辩论，在同一心智中有着不同工作事项的代理人之间的辩论。但是这样就变得很有投机性了。

我想在未来重新回到植物问题上，其实我已经在植物生命周期上投入了大量工作，我在撰写博士论文的过程中所做的工作看起来只产生了很小的影响，所以我想重新思考那些想法。我一直想写一本《植物社会学》（*Sociobotany*），把特里弗斯、爱德华·威尔逊和道金斯对动物的研究方式引入对植物的研究中。植物学现在开始关注植物生命周期的不同阶段，和在不同阶段一棵植物会与其他植物合作的情况。特里弗斯提出的亲子代际冲突有助于理解种子发育的某些奇怪特征，以及植物的胚胎学。对于这类奇特现象，我最喜欢的案例之一是松树及其亲属的种子。这种种子包含很多种卵，可以被很多种花粉管受精，这种花粉管的功能等价于精子。在一颗种子里，有很多胚胎，这些胚胎会相互竞争，最后只有一个胚胎可以在种子里存活下来。这样就出现了同胞之间激烈的竞争，甚至会引发同胞之间的互相残杀。由于植物繁殖的奇特性，创造出那些胚胎的卵子在基因上与其他卵子是完全一样的，所以，发生在胚胎之间的竞争其实是来自于父系基因，这些父系基因来源于不同的花粉管。因此，我期待在松树的胚胎里发现基因组印记。

另一个有趣的案例是在千岁兰身上发现的，千岁兰这种奇特的植物生长在纳米比亚的沙漠里。又一次因为植物基因的奇特性，导致每一个卵细胞的基因都不相同，千岁兰也是在种子里相互竞争去创造胚胎。卵子并不是等着花粉管来到卵子里，而是在管里生长以迎合花粉管。这其实就是一场，让花粉管正好落在卵子上的竞赛。发生受精后，胚胎又会争相回到种子里，争取第一个获得种子里储存的食物。这种不可思议的奇怪行为只是植物胚胎学家的一次观察而已，但是我想，利用不同基因个体之间冲突的思想，可以给出让人满意的解释，解释为什么会在卵子基因全部相同的千岁兰身上观察到这种现象。

这里有些思想还与进化心理学家的工作有交集。尽管我不是每天都与他们交流，但是他们喜欢我的工作，我也会跟踪他们的工作进展。一位真正的心理学家一定会是一位进化心理学家。在进化心理学名下的每一个理论是否可以经受进化的检验，这又是另一个问题了，但是把这个问题换一个说法：达尔文理论是否与理解心智和人类行为有关，那么进化心理学家就能够明白并可以正确回答了。我们是进化而来的生命，因此我们的心理也不得不用其他因素里自然选择的术语来理解。

🕐 2002年10月22日

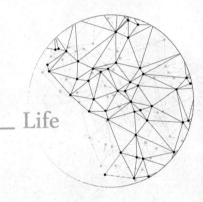 Life

我们在潜意识里掩盖事物，更准确地说，是为了更好地向其
他人掩盖事物，所以导致这种情况的关键互动就是欺骗。

——《 生物学的大风暴 》

One simple logic is that we hide things in our unconscious precisely to hide them better from other people, so the key interaction driving this is deception.

03

A FULL-FORCE STORM WITH GALE WINDS BLOWING

生物学的大风暴

Robert Trivers
罗伯特·特里弗斯
罗格斯大学进化生物学家和社会生物学家。

罗伯特·特里弗斯：过去 10 年到 15 年中，我一直试图理解自然界的某些现象，在这些现象里，单个生命个体里的基因之间存在分歧，或者说，生命个体内的基因是按照相冲突的方向被选出来的。这是一个庞大的话题，但在 20 年前，这个话题看来却像一个影子那样微不足道。就像在 100 年前，后来的相对论在当时只是物理学里两个小小的影子而已，这两者后来都狂飙突进发展成了重要的理论。在基因研究领域，这样说是公平的，20 年前我们视野中的云层就是我们知识的边界，各种生物种族里所谓自私的基因的元素，它们以更大的生物体作为代价去繁衍自身。那时只是视野中的云层，现在已经演变为聚集所有力量的风暴。

围绕"自私的基因"这个主题的大量工作如大雨般倾盆而下，这不是一个稀有的特例，在所有生物体内，包括我们自身，"基因是自私的"只是一个很小的现象。现在，从逻辑和实证的角度看，它已经变成了整个基因系统进化里一个很重要的问题：如何控制和阻止这些自私的元素进一步扩散。在这些自私元素与生物体内其他部分之间存在一种动态关系，或者用基因理论的话说就是，这个其他部分指的就是生物体内所有没有关联的基因，这些基因被选择来阻止那些自私元素，然后也会从那些元素里挑选出一部分，来提升进化生存的技巧。

我们在这个问题上研究得越多，就越会发现它类似于在一个群体内部不同个体之间的社会互动。我们发现在社会互动的语境里有些术语也很有用，比如"合作性的、自私的、恶意的或者利他性行为"，这些术语也可以应用到个体内相互冲突的基因互动上。可以有恶意的基因、完全自私的基因，也有合作的基因，还有狭隘的只帮助自身的复本的利他基因。这是一个深刻且重要的主题，我们最终可以看到一个统一的整体。

基因研究极为艰难，但很值得。从孟德尔量化豌豆比例开始，你可以从基因研究中获得精确性。它是一门量化的精确科学，很优美，但也难以掌握。我们拥有漫长的奇妙传统，也就是为了不同有机体的基因系统，去研究这些无穷无尽的事实，这些事实有时还令人难以置信。关于自然选择到底是怎样为基因系统工作的，我们那时还没有一条清晰的进化逻辑。这也是这个问题主要的解决思路。

在20世纪70年代，对于我所研究的人种基因的社会理论，有些人提出了最尖锐刻薄的反对，这是对我个人的讽刺。我希望他们可以平等地对新进展抱以失望的心情。当然，这只会让我自己更加满足。

很偶然地，由于这个研究主题太棘手，我不得不找一位合作者共同来完成，在12年前我很幸运地找到了奥斯汀·布尔特（Austin Burt），他是一位充满智慧的加拿大进化遗传学家，现在他在伦敦帝国理工学院工作。

我已经完成了那项基因研究工作，现在我想在心理学领域做点事情。这里所蕴含的时代精神就是，我们正处于整合一门进化心理学的进程中。在这个阶段经常出现的现象就是有人到处去宣扬："进化心理学的时代到来啦！进化心理学的时代到来啦！"但是这些人不会真正做出多少工作去实现这一口号。现在，我们正在从事越来越高质量的实证工作，用进化理论去诠释人类心理。

我感兴趣的一个正在发展的子领域就是，用意识和无意识之间有偏向的信息流来说明心智的结构，还有一个特殊的事实是，人类会在很多情境里对有意识的心智歪曲事实，同时在无意识里准确地保存其对意识所歪曲的内容。这看起来很反直觉并需要一个解释。你可能会这样想，自然选择经历过40亿年的磨砺，创造出可以察觉微妙差异的眼球，如眼睛可以看到颜色、运动方向，看到的颗粒度上的细节等微妙之处，你已经拥有完美的器官去诠释现实，而且它们也不会系统性地扭曲你所接触到的信息。这看起来像是用一种奇特的方式设计铁路一样。

自我欺骗这方面的功能与欺骗他人密切相连。如果你试图马上看穿我，如果我正在对你其实很在意的事情撒谎，不严谨地说，你在一开始看到的是我有意识的心智及其行为的效应。你可以感觉到我部分的心情和倾向。当我试图欺骗你时，我的音质也许发出了紧张的信号。但是更困难的是，你要搞清楚我的潜意识所做的。你不得不对我的行为进行一番研究，就像一位妻子经常对她的丈夫所做的那样，很多时候你的研究结果会让你大吃一惊。

一个简单的逻辑就是，我们在潜意识里掩盖事物，更准确地说，是为了更好地对其他人掩盖事物，所以这种情况的关键就是欺骗。我通常以同样的口吻谈及欺骗与自我欺骗，因为如果由于看不到自我欺骗而导致欺骗别人的话，你就不能正确地看待自我欺骗。同样地，如果你在谈及欺骗时没有参考自我欺骗的话，那你就是在无意识地将自己的认知局限在有意识的欺骗上，这样你就会忽视无意识的欺骗。若不能将这二者联系起来就会限制我们对这个问题的理解。

在个人欺骗里还有一个新领域，关系到指向他人的自我欺骗的概念，但是我们还没有从细节上搞清楚这个概念。有一个关于母系基因和父系基因的非凡的发现，我们分别从母亲和父亲那里遗传的基因，有可能会相互冲突，每一方都表现出要增加母亲或父亲的利益，以及他们亲属的利益。你可以看到一种内在欺骗的形式，母亲这一方会过分代表母亲这一边的利益，而不考虑父亲一方的利益，反之亦然。

出于某些原因，我从小时候开始就对欺骗和自我欺骗抱有浓厚的兴趣。当然，这先于我了解关于进化逻辑的知识。我记得我母亲曾在我面前摇晃着手指说道："你要记住，不评判别人，才不会被他人所评判！"我是在基督教长老会的教区里长大的，这句话当然就是出自《马太福音》，马太记下了耶稣的话："你们不要评判别人，免得你们被别人评判。因为你们怎样评判别人，也必怎样被别人评判；为什么看见你周围的人眼中有刺，却不想自己眼中有梁木呢？先去掉自己眼中的梁木，然后才能看得清楚别人，并帮助你周围的人去掉眼中的刺。"这是一则关于自我欺骗的寓言。你总是忙着说别人这不对那不对，其实你自己才是个伪君子。首先要摆脱自身的错误，而不要把自身的错误投射到别人身上。这是我母亲送给我一生的沉思，所以我的行为里应该有某些沉淀。

伟大的进化论者恩斯特·迈尔有可能会对我说："你对自我欺骗感兴趣，这很好，因为你自己就有很多自我欺骗的经历。"一开始我不知道该如何回应，但是随后我意识到，期待在那些与自我欺骗作斗争的人身上发现一些有趣的问题，并且期望在这个问题上研究出点什么的人，比起那些不被这个问题困扰的人的洞察力和追求完善自身的渴望都要高。

我记得，在我童年时期，有一家卖儿童玩具的商店里有件珍贵的物品，是一把匕首，它的价格是6美元。我通过整理庭院从我父亲那里获得零花钱，我存了6美元，再加上2美分的税费。我走进那家商店给了他们6.02美元，然后柜台后的男人说它的价格是7美元。

我说："怎么会呢？"他回答道："它的价格是7美元，展示窗里的标价就是这么写的。"我说："胡扯！标价上写的是6美元！"

我们走出去，他给我看那个标价，上面写的是 6.98 美元，但是".98"写得很小。我记得我和他争论起来，我问他，用两美分来扭曲价钱有什么意义，还要去找零钱。他说这很常见。我记得我迷茫地到处转悠了几圈，看着那些标价签，思考它上面的数字。很多时候你不得不加上那两美分，因为它确实重要，就像我自己这个悲伤的经历一样。我不知道这件事是否改变了我的一生，但是这件事令我很早就强烈意识到欺骗的代价，还有自我欺骗的重要性。

当我去哈佛读书时，一开始我是读数学专业的，但是最后却以美国历史专业毕业。我带着绝望和耻辱离开数学专业，我打算成为一名律师，所以学习美国历史。那是在 20 世纪 60 年代晚期，越战带来的灾难开始显现雏形，而且灾难就是肯尼迪内阁里的哈佛人创造的。我们要读《美国》(America)、《为民主而战的天才》(Genius for Democracy) 之类的书，你甚至都不用去读这些书，只要看一眼书名就能知道它的内容。所有这种美国历史实际上都是自吹自擂，我不能想象要把一生投入到这项事业里。

大三时我经历了一次精神崩溃，所以从大四开始学习心理学。我不敢相信，心理系的人竟然假装他们拥有一门科学！那时他们所谓的科学不过是对人类成长方式中一系列相互竞争的猜想。那里有学习心理学家、深层心理学家或弗洛伊德学派心理学家，还有社会心理学家。这不是一门统一的学科，它没有统一的范式，它也不能与潜在的科学联系起来，比如说生物学。就像生物学建立在化学的基础之上，而化学建立在物理学的基础之上一样。这种种现象令我对心理学感到很失望，所以我又放弃了心理学。之后我学习了进化逻辑和动物行为学，我被指派为小孩子讲解，这时我意识到心理学的基础就是进化逻辑，动物行为的价值就是把网撒得更大。

因为精神崩溃的状态，我没能进入耶鲁法学院，我将弗吉尼亚大学作为我的第二志愿，但是这个问题在我进入弗吉尼亚大学的过程也制造了麻烦。我不喜欢这个学校处理医疗记录的方式，当时校方坚持要我的医疗记录，所以最后我放弃了这个学校。然而我却碰巧获得了一个写作的工作，主要是把新兴的社会科学及其相应的新兴数学和物理学编写成儿童书，当时正值 1957

年苏联发射第一颗人造卫星之后。当时我们的目标是在科学和社会科学上赶超苏联。你可能从未听说过这些书，因为整个系列丛书被一些南方的国会议员"枪毙"了，因为他们认为，我们在教性教育（我们画了动物交配的图画），并且还把自然选择的进化当作事实（但这确实是事实），还涉及了文化相对论，也就是尊重其他文化。这些书虽然都没能"存活"，但是却把我带向了进化逻辑领域。

回过头来看，给我提供写作工作的公司是一家很好的初创企业。那家企业允许你坐在办公室里大量阅读书籍，去学习你所需要的知识。针对我的情况，他们给我指派了一位生物学家比尔·德鲁里（Bill Drury），他来自马萨诸塞州奥特朋协会（Audubon Society）。他需要把图书馆里某些主题的论文挑选出来，并且将他对这些论文的评论拿给我看。当时公司给他的报酬是每小时75美元，相当于现在的至少200美元或300美元每小时。对于奥特朋协会的学者或会长而言，这笔钱相当可观了，所以我就拥有一个理想的工作状态，我可以尽情利用这位老师两个小时的时间，而没有任何负罪感。我相当于拥有一位生物学上的私人导师，而我的老板为我付了两年的学费。

比尔·德鲁里带我去看望恩斯特·迈尔，并试图说服我去做研究生。我是数学专业出身的，在数学领域，如果你在23岁的时候还没有成果，那你就不太可能成为一名数学家。我想，要成为一名生物学家，我必须从4岁开始就要研究昆虫，但是德鲁里会说，其实没必要准备得如此充分，因为不论何时你问生物学家一个有趣的问题，他都不知道答案。

当德鲁里带我去看迈尔时，我看到他的秘书有一个比他还大的办公室，我立刻就喜欢上了迈尔这个人。其实他在其他地方还有自己的办公室，但是作为比较动物学博物馆的馆长，他只占有一个小空间，而秘书拥有更大的空间。之后他跟我讲了迪克·埃斯蒂斯（Dick Estes）的故事，迪克在38岁时才重回学校研究生物学，而且前不久刚完成一篇很好的关于牛羚的论文。迪克的这个故事相当鼓舞人心，然后就出现了一个有趣的时刻，迈尔问我："你想和谁一起工作？"

我当时对任何人都不了解，我说："康拉德·洛伦茨（Konrad Lorenz）。"他仔细揣摩了我的个性，说道："对你而言，他太专制了。这不行。还有别人吗？"

我说："尼科·廷伯根（Niko Tinbergen）怎么样呢？"他说："他现在只是在 60 年代重复述说他已经在 50 年代说过的东西。"

我还算是一个思维相对敏捷的学习者，所以我说："那迈尔教授，您有什么建议呢？"我永远忘不了他回答时的手势，他在空中画了一个大圈："哈佛怎么样呢？"

他问我哈佛怎么样？！他是认真的吗？哈佛拥有一座非常了不起的博物馆，那里有各种化石和昆虫标本。哈佛没有任何动物行为学家，但是我的老师德鲁里恰好就是一位行为学专家，这让我觉得如果我真的去了哈佛，这是一个优势。他说："你要学习田野方法论的课程，学习怎么把一条带子绑到一只鸟身上，这些你可以从一位老师那里学得更好。你真正想要学习的其实是进化生物学。"狄摩尔（Irv DeVore）[1]本来同意我直接去做人类学的研究生。如果这么做的话，我就不用借钱去学习一年生物学的课程了，但是我知道那将会是一个短视的决策。我清楚地知道生物学里所有的思想和其中蕴含的力量，那才是我应该学习的。

我还没学过化学，所以迈尔建议我去波　士顿大学的夜校学习化学，因为哈佛的这门课太难了。迈尔告诉我的东西，我都照做了，那个时候每天 5 点我就骑车去波士顿大学，我学了一个学期的化学。第二学期，我获得一个机会，要么完成这门课，要么去北极

[1] 狄摩尔是一位人类学家和进化生物学家，是本文作者特里弗斯的指导老师。——译者注

观察一个月的北美驯鹿。我想，如果我想得到长期进步的话，这样一次旅行比起第二学期的化学课更有价值，然后我就彻底放下了化学。我是国内少有的几个没有学过有机化学的生物学博士之一，因为在美国，没有有机化学课的学分你就拿不到生物学学士学位。所以我没有生物学学士学位。

当到了哈佛大学时，我做了一系列的迷你测试，总共有 16 个，包括物理学、数学、植物学、化学等。意料之中，我没有通过测试。当训导委员会开会的时候，在座的全都是一群进化论学者，迈尔是领头的。他坚称，委员会不仅规定我要通过有机化学的考试，也就是说，除非我在有机化学考试里拿到 B，不然我拿不到博士文凭，他们还规定我要学习生物化学的知识，因为这是要学习有机化学课程所必备的知识。他们争论得很热烈，我还想要去讨价还价，直到他们对我说："这不是你能决定的事。闭嘴，坐回去！"最后迈尔说："我发自内心地同意你的观点！我不应该设置有机化学课，除非我们也设置生物化学课，既然我们不设置生物化学课，那么我们也就不设置有机化学课了。"他提出进行投票表决，最后的结果是选择不设置有机化学课和设置课程的比例是 5∶2。那就像是天堂打开了大门，而上帝微笑着对我说："你是我的选民。"然后迈尔穿过桌子过来说："但我们还是强烈希望你去上有机化学课。"我说："迈尔教授，我已经注册这门课了。"我确实注册了。

因为我从未学过生物学，所以我最初到哈佛时是一个特别的学生。那年秋天，我上了一门细胞生物学的课、一门无脊椎动物生物学的课，还有一门植物学课程。我习惯晚上坐在床上带着这些生物学书本，还有一本词典，我努力想把这些知识搞懂。一连几个月里，我经常会做"单词沙拉"的梦，比如"一个苹果的花粉的肠细胞的刺丝细胞"之类的。两三个月后，这些我做梦的主题又更清晰地分化为它们的子主题，其实这样也并不坏。

真正让我正确地集中精力的人是美国进化生物学家理查德·列万廷（Richard Lewontin），他还是一位遗传学家，并且他非常排斥我所做的基因工作。他让我确信，哈佛并不会在我需要的时候立刻授予我终身教职，列万廷是在 1969 年来到哈佛的，那时我还是一年级的研究生，当时他发表了一次关于同工酶工作的新方法的演讲,这是约翰·胡比（John Hubby）研究出来的。那是第一项 DNA 技术,让你可以对父系身份进行分析,但并不能完全确定真实父亲是谁。这是一件很令我们生物学家激动的事,但前提是,你可以量化自然界里基因变异的程度。有人介绍我认识了领先于时代的爱德华·奥斯本·威尔逊,但是列万廷却将一些罪名全都扣在了我头上,就因为我写了一篇谈及某些数理生态学家的烂论文。我立刻对他产生了反感,他做事的风格相当傲慢,我当时希望他会给自己一个巴掌。迈尔介绍列万廷做了一次很精彩的演讲。让我觉得好笑的是,我总是会想象最后他会把粉笔抛向空中,然后装进自己胸前的口袋里。其实他并没有这样做,但是他的做事风格就是会让我莫明其妙地觉得他做过。在他演讲过程中,所有事情都被安排得井然有序,包括有知识含量的内容和他超凡的演讲才能。

在列万廷演讲的过程中,我突然意识到一个现实,尽管我不喜欢列万廷,而他确实正在做一件伟大的工作。我迅速地思考了一下,意识到我写的关于数理生态学的那篇负面论文是没有前途的。在数理生态学这个主题上我没有正面的想法,我也没有天赋能够让数理生态学支撑我的一生,所以我决定不再做那方面的工作。但总是有人诱导我写下去,因为哈佛的教授想要通过我去攻击他们不喜欢的人,但是我决定不在这个事情上再浪费任何时间了。在列万廷演讲的时候,我很清楚,如果关于数理生态学的工作真有我在论文中写的那么糟糕的话,那么我的批评,即使发表出来,也会消失在他们工作的视野中,就像一头巨鲸身上的一只小藤壶那样容易被忽视。

如果你有某些积极的事情可以做,重要的是把自己的兴趣与能力匹配起来决定自己的工作,这样你的工作才会产生价值。经常让我感到困惑的是,有多少在数理生态学上已经花了 5 年或 10 年时间的科学家会因为他们一篇论文里某些意外错误而放弃研究。他们从来不会真正去看他们在其中奔跑了30 年的"树林"长什么样,而且对自然界设计方法的任何用途也没有一种敏感的直觉。我也是太懒惰而没有学习新的数学知识,但是我被一些心理学和社会的见解所护佑,而且我从早年开始就对心理学和社会议题一直怀有兴趣。如果我现在准备坐下来写社会理论,那我就也好比是"奔跑在树林里 30 年"

的人了。

我曾问我自己："你有什么值得进一步发展的思想？"我开始思考那些显而易见的观念："如果你给我挠背，我就给你挠背。"我也开始思考，如何使互惠性利他主义以进化的方式运转，而不用将论据局限在人类的范围里。这个问题就值得投入些时间了。

比尔·德鲁里是一位鸟类学家，他曾要我去观察鸽子。通过每晚对它们的观察，我知道鸽子有一个双重标准。在白天，雄鸽会担心其他雄鸽有可能去和它的雌鸽待在一起。但同时，只要有机会雄鸽也会欺骗其他雌鸽。从中我发展出一个一般性的理论，就是性别差异的进化和父母在性别选择上的投资。从中发展出的那篇论文已经被引用超过 4 000 次了，因为有关性别差异在角色、风格和其他行为要素上的研究工作的最初阶段很适合参考这篇论文，尤其是当他们引用父母投资这个概念的时候。实际上，这篇论文现在比起刚开始的那几个月被引用得更加频繁。

人们问我进化生物学里关于欺骗与自我欺骗的关系。当然，我首先关注的是欺骗。在这个问题上我的老师德鲁里给了我很多帮助。如果我碰到一位有误导性的指导的老师，他没有意识到其他动物欺骗的程度，那我也许就像一些生物学家那样，会误认为我们人类是唯一会欺骗的生物，而语言是人类特有的交流工具，从而把这个特点与欺骗联系起来，这样的话，研究就会出现很大偏见。我很早的时候就知道欺骗其实在很多生物种类中都普遍存在，也许我就是从德鲁里那里学到的这个认识。

人们向我指出，在我关于互惠利他主义的第一篇论文里，有一个论证提及把感受保存在无意识里，从而不让它被察觉。我最初意识到这点是我在和狄摩尔在印度和非洲做田野调查的时候，他是哈佛大学里有名的养狒狒的人。我曾在几周之内经历了一次头脑风暴，而后在医院里住了 10 天。我只是在思考亲子间的冲突以及欺骗与自我欺骗，其他的什么都没想。回过头来看，把弗洛伊德映射到亲子冲突以及欺骗与自我欺骗问题上来，并没有什么效果，更有效的做法是不顾弗洛伊德的思想，重新开始思考，从而那些迷信弗洛伊德的门徒的观点也就不在考虑范围之内了。

发生在我身上一件好玩的事儿是，我自始至终也没有完成这篇关于欺骗的论文。我想，那是在伦敦皇家学会 1978 年的一次会议上，我提交了《关于自我欺骗的逻辑》这篇论文。我写了一个摘要，后来还出版了。过了好几年以后我才想起，然后说道："我想读读那篇论文。"回想那时，我还很年轻并且身体很健康，可以在受邀演讲 8 个月之前就写下摘要，但我只是写了一个大概的框架，并没有完成那篇摘要里某些论断的细节。这篇论文一直被搁置，我从未提交那篇论文，部分原因是当时我的妻子即将生下一对双胞胎，但更特别的原因是皇家学会要我飞到英国去。我猜测当时皇家学会的人认为，一旦你去了那里，你就不会想离开了。我当时对学术上的财务剥削相当敏感，但这种情况很普遍。当然在哈佛大学，我们都是报酬极低的大学教师，所以财务安排的我不喜欢的事情，我从来不想做。

我没有去英国，也没有发表演讲，更没有完成那篇论文，这让我感到很惭愧，因为深思熟虑一个问题直到可以以某种程度完成，有个优点就在于，这篇论文可以反过来为你作出论证。如果你一心沉浸于研究，并且完成一篇关于互惠性利他主义的论文，尽管关于这个主题已经出现了大量文献，并且后来出现的文章中也只有一部分内容参考了你写的那篇论文，但这也证明这部分内容就是你的论文的精彩之处，回过头来你还可以再从中学习。我经常想起那篇没有完成的论文，特别是在 20 世纪 90 年代末当我坐下来三下五除二写完一篇关于自我欺骗的论文，试图去更新这个领域的时候。我上一次关注这个主题还是在 20 年前，那时这个领域里的进展还很小，这 20 年里发展如此之快令我感到很惊讶。这就是从不写论文的代价，论文不需要是基础性的，或者与其他重要论文进行比较，但是你只要写下它，并让别人看到，就会产生一个回应。

列万廷曾经对着一群研究生，将我描述成一个学术投机分子。虽然他本意是对我的一个负面评价，但是我还是觉得很好笑。在这短暂的一生中还有其他什么比做一个学术投机分子更有意义的事呢？他说的没错，我就是一个学术投机分子。所有那些社会话题还没有被充分发掘，因为人类种族这一有利的"范式"就像毯子一样覆盖在这个领域上。互惠性利他主义、父母的投资、性选择、后代的性别比例、亲子冲突，所有这些话题就在那里等着被发展。而我只是正好抓住了机会，我还是很幸运的。

但是我不得不离开哈佛大学。从 1968 年到 1972 年，我是哈佛的研究生，然后从 1973 年直到 1978 年，我在哈佛教书。我并不是没有资格获得终身教职，我只是需要更多的钱来回报我所做的工作，比如对 530 个学生讲课，有 12 个研究生做助教，等等。哈佛大学里大多数年轻教师只要教本科生班级 15~20 个学生，在研究生班教 4 个学生。他们都是被学校剥削的对象。哈佛并没有支付给我足够的钱，来弥补我为工作消耗的精力。想不付足够的钱就从我这里获得高效的成果，想都别想！

导致这样的局面有两个要素。第一，没人了解我的工作，这样确实很好，每个人都不懂你在做什么，然后你发表了一篇自己知道很重要的论文，这感觉很棒！后来威尔逊出版了《社会生物学》（*Sociobiology*）一书，这本书里也包含了我的一些观点，但是这本书里暗藏的一些大家心照不宣的观点酿成了大乱，引发了政治上的争论。那时人们都很敏感，因为在 1975 年，越战还在继续，人们的意识和伪意识都很政治化。所以我就出名了。造成这种状况的罪魁祸首就是人们自我扭曲的心理。而那时我还在哈佛，哈佛有某种独立的自我扭曲的氛围，只是因为哈佛大学的教授总是忍不住自以为是。

我在坎布里奇市住了 17 年，其中 15 年是在哈佛度过的，如果为了让我的心情舒畅一些的话，我势必要离开哈佛，但加州大学圣克鲁兹分校并不是我唯一的选择，那也许是在美国同类学校中第二差的大学了。你可以想象，那是怎样一个地方！对我而言，那里相当不适合，那真是糟糕透顶的 16 年。谢天谢地，我现在又回到东部了。

我想从现在开始，把我的全部时间投入到研究欺骗与自我欺骗的问题上。至少 30 年来，我一直以进化论的方式思考这个问题。这些年来，我也零星发表过一些思考片段。我经常在起床的时候笑话自己，过去 30 年来我始终都在实践这个问题，而不是在思考这个问题。我再也不想在这个问题上开玩笑了。我想完全进入这个主题，我想要就这个问题写出一篇专著。我也不想只是为了学院里的人而写，因为这个主题无处不在。它就在每个人的生活里，每个人在别人和自己身上都意识到了。人们在看报纸的时候都会意识到在国家和国际事务上欺骗与自我欺骗的重要性。

我现在有了自由的时间可以做想做的任何事情，我可以以更谦逊的姿态工作得更好，人们基本都不认识我是谁，或者即使他们认识我也不会感到有什么特别的。我更没有被邀请去很多地方，否则我的时间就会被浪费。我可以全身心投入到这个主题上，而且我也打算这么做。

特别让我感到激动的是，几乎每个月《神经科学》都会出现与自我欺骗主题有直接关联的研究结果。心理学家已经创造出娴熟的新技术，可以认识潜意识或潜意识过程，这很让人兴奋。现在正在建立一个实证科学的世界从而可以约束和指导我们的思考，而这在 20 年前是不可能的。

我有时将欺骗和自我欺骗这个主题与基因做对比。就像我指出的，基因在本质上很难研究，但是它很精确。如果你有精力和时间去研究它，你就会从中获得回报，而且能真正认识到真实的事物，并能够向世人指出这一点，还能让世人明白自己所说的内容。欺骗与自我欺骗，就其本质而言，在人们的视野中是很容易被忽视的主题。因为它们很难被确定，即使按照你所定义的方式也难以确定。与基因相比，这是另一种知识难题。更容易的是去掌握人们已经知道的，因为用科学的话说，没有多少东西是被确定的。但是，如果按照上述逻辑区分方法来仔细思考的话，现在有了一个正在兴起的实证数据的框架，如我所言，这样可以约束并指导你的想法。如果你的想法不被约束，那么这个主题就太大了，可能性也相当多。你可能不得不说："由于这些实证结果，现实的一半或 2/5 的部分就被排除了，我们认为这些就是重要的事物，因为数据指出了方向。"

现在时机已经成熟，尽管 5 年或 10 年之后时机会更成熟。学术界总喜欢说这是最完美的研究领域，最完美的研究物种，或者是这本书最完美的时机。

当然，这并不是完美的时机，但是，至少它将指引人们进行相关的实证工作。这可以检验你实际思考了多少。就像其他所有事情一样，这个主题不是凭直觉或者几件有趣的逸事就可以获胜的。这个主题要求仔细的、系统的思考，我已经准备好了。

🕐 2004年10月18日

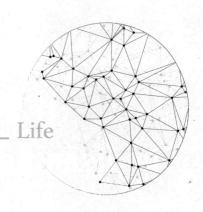

Life

**Evolution is so clearly
a fact that you
need to be committed to
something like
a belief in the supernatural
if you are at all
in disagreement with evolution.
It is a fact, and
we don't need to prove it
anymore.**

　　进化是如此明显的一个事实，如果你完全不认同进化论，那么你就得投身于像对迷信那样的信仰中。这是一个事实，我们再也不需要去证明它。但是我们必须解释为什么会发生进化，以及是怎样进化的。

——《进化是什么？》

04

WHAT EVOLUTION IS

进化是什么？

Ernst Mayr

恩斯特·迈尔
顶尖进化生物学家、分类学家和鸟类学家。

贾雷德·戴蒙德（Jared Diamond）的导言：

　　当我对独眼巨人山（Cyclops Mountain）上的鸟类进行第一次调查的时候，很难想象有人可以从 1928 年首次调查的重重困难中脱身。1928 年那次调查是当时才 23 岁的恩斯特·迈尔做的，那时他刚完成动物学博士的论文，在论文中他取得了出色的成就，同时他还完成了医学院的临床前研究。就像达尔文一样，他喜欢在户外充满激情地进行自然史研究，因此他得到了埃尔温·施特雷泽曼（Erwin Stresemann）的注意，施特雷泽曼是柏林动物博物馆著名的鸟类学家。在 1928 年，施特雷泽曼联合了美国自然历史博物馆的鸟类学家，还有伦敦附近的罗斯柴尔德公爵博物馆里的鸟类学家，他们共同提出了一个大胆的计划来"清理"在新几内亚遗留的很重要的鸟类学之谜，他们追踪了那片乐土上只有土著才会收集的所有令人困惑的鸟类标本，之前欧洲的收集者还未能去那些鸟类的故土追踪。从未离开过欧洲的恩斯特·迈尔就被挑选去完成这项令人生畏的研究项目。

恩斯特·迈尔的"清理工作"是调研新几内亚最重要的 5 座北海岸山脉的全部鸟类，现在看来，在当时那样的环境里，要完成这项任务简直是难于登天，至少现在的鸟类探险家及其田野助手不太可能会被当地土著伏击。恩斯特想要和当地部落的人交朋友，而当时官方还错误地报道他被当地土著杀害了，其实他从几次疟疾、登革热和痢疾等热带病里逃生，有一次还从瀑布上跌落下来，还有一次他乘坐的独木舟被掀翻导致他差点溺亡，最终他总算成功到达那 5 座山脉的顶峰，在那里收集了大量新种类及子类的鸟类。尽管他收集得很全面，但是结果证明，在那片乐土上的任何一种神秘的"遗漏"的鸟类都没有被囊括进去。这个让人震惊的负面发现给施特雷泽曼提供了决定性的线索去解决那个谜题：所有那些遗漏的鸟类都是现在已知鸟类的杂交，所以它们很稀有。

恩斯特从新几内亚去了太平洋西南部的所罗门群岛，作为"惠特尼南部海洋探险队"的一员，他参与了几座岛屿的鸟类调研。后来他收到一封电报，内容是邀请他在 1930 年去纽约的美国自然历史博物馆，去识别数万个鸟类标本，这些标本就是"惠特尼南部海洋探险队"在数十个太平洋岛屿上收集来的。恩斯特·迈尔在博物馆里对鸟类标本的探索，和他在新几内亚与所罗门群岛上的田野工作一样重要，这些经历逐渐形成了他自己对地理性差异和进化的见解。在 1953 年，恩斯特从纽约搬去了哈佛大学的比较动物学博物馆。对于研究进化和生物学历史与哲学的学者而言，恩斯特写下的上百篇文章以及数十本专著，长期以来都是标准的参考书。

除了通过他自己在太平洋的田野调查和对博物馆鸟类标本的研究来获得见解之外，恩斯特还与其他科学家合作，从其他物种的研究里获得见解，从苍蝇和开花植物到蜗牛和人类。其中一位合作者改变了我的一生，就像遇见埃尔温·施特雷泽曼改变了恩斯特的一生一样。当我还是一个十几岁的在校生时，我的父亲，他是一位研究人类血型系统的医生，和恩斯特联合发表了第一份研究结果，证明了人类血型系统的进化服从自然选择的规律。所以，我在我父母家里的一次晚餐上认识了恩斯特，然后他教我辨认太平洋岛屿上的鸟类，在 1964 年，我开始了 19 次鸟类远征探险的第一次，我去了新几内亚和所罗门群岛。在 1971 年，我和恩斯特合著了一本书，内容是关于所罗门群岛和新几内亚东北部的俾斯麦山脉上的鸟类，这项研究跨时 30 年，直到 1971 年才完成。就像现在很多其他的科学家一样，我的职业生涯证明了恩斯特是怎样塑造了 20 世纪许多科学家的生涯的我们都受益于他的思想、他的著作、他的合作者、他的案例与他持续一生的温暖友谊和鼓励。

以下是 Edge 对恩斯特·迈尔的访谈：进化是什么？

Edge： 在何种程度上，进化生物学的研究就是对进化生物学思想的研究？进化生物学是思想的进化，还是事实的进化？

恩斯特·迈尔： 这是一个很好的问题。由于历史上对进化论由来已久的抵抗，现在的神创论者用文本去证明这种抵抗，进化论者就被迫去界定进化，试图去证明这是一个事实，而不是一个理论。当然，对进化的解释和对其基础思想的寻求，在某种程度上一直都是负面的，而我想借我的新书《进化是什么》（*What Evolution is*）去改变这种状况。我想在这本书里解释进化。就像我在这本书的第一部分所讲的那样，我不需要去重新证明进化是如此明显的一个事实，如果你完全不认同进化论，那么你就得投身于像对迷信那样的信仰中。进化是一个事实，我们再也不需要去证明它。但是我们必须解释为什么会发生进化，以及是怎样进化的。

在研究生物学的哲学时，我发现，谈及物理科学时，任何新理论都是建立在自然法则上的。对此，我感到很惊讶。但是就像极为顶尖的哲学家所说的那样，在生物学里没有像物理学里那样的定律。我也认同这种说法。生物学家经常使用"定律"这个词，但是要成为一个定律，它就必须没有例外情况。一个定律必须超越空间与时间的界限，因此它就不能太具体。但是，在生物学里，每一个普遍真理都是很具体的。生物学的"定律"被限制在生物世界里的一部分，或者在一定的局部情境里，而且它也受到时间的限制。所以，我们可以说，除了在机能生物学中，生物学里没有定律，如我所说，这门学科更接近于物理学，而不是进化的历史科学。

Edge： 那我们就把这称为"迈尔定律"吧。

恩斯特·迈尔： 好吧，在那本书里，我创造出好几个这样的定律。不管怎样，问题是如果科学理论是建立在定律基础上的，而生物学里没有定律，那么，你怎么说自己拥有理论？还有你怎么知道你的理论都还不错？这是一个极好的合法性问题。当然，我们的理论是建立在各种概念上的。如果你仔细检查进化生物学的理论，你就会发现，它们都是建立在这些概念上的，比如自然选择、竞争、生存竞争、雌性选择、雄性支配，等等。有成百个这样的概念。实际上，生态学囊括了所有这些基本概念。有人又问："你怎么知道它们是真实的？"答案就是，你只能通过临时的不断检验来得知，你必须回到使用历史叙事和其他非物理学家的方法，这样你才能确定，你的概念和结果是否可以被证实。

Edge： 生物学是一门建立在我们的时代和世界观基础之上的叙事吗？

恩斯特·迈尔： 这完全取决于你在哪个特定的时代的知识界提出这个问题。比如说，当达尔文发表《物种起源》的时候，当时剑桥大学顶尖的地质学家是亚当·塞奇威克（Adam Sedgwick），他对达尔文的书写了一篇评论，并且问道：每个人都知道是上帝控制着这个世界，达尔文怎么这么不科学地就把偶然因素应用到他的论证里去了呢？现在来看，达尔文和塞奇威克，谁更科学？那是在 1860 年，现在是 150 多年后了，我们认识到了这个批评是如何被时代信念所影响的。对历史叙事的选择同样是受到时间约束的。一旦认识到这一点，你就不会问"它们有没有用"这样的问题了。有很多这样的叙事，就像谚语一样平常，但现在依然有效。

Edge： 达尔文现在前所未有地高大。这是为什么？

恩斯特·迈尔： 我探讨的一个主题是，达尔文改变了整个西方思想的基础。他挑战了一些被所有人接受的观念，现在我们知道他是对的，而与他同时代的人是错的。让我举一些例子。有这样一个观念可以追溯至柏拉图的时代，达尔文宣称：对象种类的数量是有限的，而且每一个对象种类都有固定的定义。同一种类的事物之间，任何差异都只是偶然的，现实世界是一个绝对王国。

Edge： 这与达尔文有什么关系呢？

恩斯特·迈尔： 因为达尔文表明，柏拉图这种本质主义的分类法是错误的。尽管当时达尔文还没有意识到，他其实创造出了生物种群（biopopulation）这个概念，这个概念的内容是，任何集聚的生命有机体都是种群，在这个种群里，每一个个体都是不同的，这就与种族主义这样的类型学概念完全相反了。达尔文把这个种群观念一致应用到对新的适应性情形的发现中去，尽管当时还没有解释新物种的起源。

达尔文驳斥的另一个观念是目的论，这又回到了亚里士多德身上。在达尔文生活的时代里，目的论概念还很流行，或者说利用终极目标作为解释自然现象的方式。在康德写下的《纯粹理性批判》（*Critique of Pure Reason*）里，他把自己的哲学建立在牛顿定律上面。当他想把同样的方法应用到生命界的哲学时，就没有成功。牛顿的定律并不能帮助他解释生物现象。所以，康德在《判断力批判》（*Critique of Judgment*）里引用了亚里士多德的目的论的最终因（final cause）概念。但是，用目的论的观念来解释进化和生物现象是彻底失败的。

简单说来，达尔文很明确地指出，你并不需要亚里士多德的目的论，因为把自然选择应用到具有独特现象的生物种群上去，就可以解释所有令人困惑的现象，之前想要解释这些现象还要求助于目的论的神秘过程。哲学家威拉德·范奥曼·奎因（Willard Van Orman Quine），或许是美国多年以来最杰出的哲学家，他在去世前一年告诉我，他认为，达尔文最伟大的成就是，他指出了亚里士多德的目的论观念，也就是所谓的"第四因"并不存在。

Edge： 这是"奥卡姆剃刀"的一个例子吗？

恩斯特·迈尔： 某种程度上可以这么说，但关键在于，某些可以仔细分析的东西，如自然选择，可以给你答案，而不需要去求助于你无法分析的东西，比如目的论意义上的力量。

现在说说达尔文第三个问答的贡献，他用世俗的科学取代了神学和迷信。当然，拉普拉斯早于达尔文50年就这样解释过了，当时他向拿破仑解释世界。他解释完后，拿破仑问："在你的理论里，上帝在何处？"拉普拉斯回道："我不需要假设存在上帝。"达尔文的解释是，万事万物都有一个自然的原因，而不必信仰一个创世的高贵心灵。达尔文创造了一个世俗世界，比起他之前的人，他做得更彻底。当然，在同一个方向上会有很多种力量靠近，但是达尔文的工作平地起惊雷般地带来了这个思想，从这点开始，整个世界的世俗观实际上就逐渐普及开来了。

所以达尔文有一种令人感到惊奇的影响，不仅只是对进化理论，还对人们日常思想的很多方面产生了影响。我有一个坚定的信念，世界史上的每一个阶段都有一个特殊观念集，也就是那个时期的"时代精神"。是什么导致出现了这种时代精神呢？通常的答案是，有一些重要的书影响了每个人的思考。当然，这些书里排第一的就是《圣经》。然后在很多年里，答案又是马克思写的《资本论》。曾有一个短暂的时期，弗洛伊德被提及，但我想除了弗洛伊德学派的人，其他没有谁会提起他。下一本毫无疑问就是我心目中的达尔文写的《物种起源》，它不仅只是世俗化的科学，带给了我们进化的故事，而且还创造出了基本理论概念的主干，比如我说过的"生物种群"，还有对目的论的驳斥。在达尔文之前，没有谁能够如此有力地引入或推荐这些观念。

Edge：甚至进化生物学家之外的科学团体也没有？

恩斯特·迈尔：没有。他们只是隐约带来了这些观念，尽管像托马斯·亨利·赫胥黎（T. H. Huxley）这样的科学家可能感觉到了，但就像他说的那样："我怎么这么愚蠢，竟然没有想到！"

Edge：那你怎么解释，在这个国家里，尽管达尔文主义对科学群体里的很多人有影响，但还是有越来越多的人畏惧上帝，并且相信六天创世的说法？

● **恩斯特·迈尔：** 我们都明白，对这个问题，无法给出一个礼貌的答案。

▌**Edge：** 在这里，我们欣赏不礼貌的、不考虑政治正确性的答案。

● **恩斯特·迈尔：** 最近有人对一群在校女生进行了一项调查。问题是：墨西哥在哪里？你知道吗，大多数小孩完全不知道墨西哥在哪里。我说这个例子只是想表明这样一件事实，请原谅我这样说，普通的美国人出乎意料地对所有事情都很无知。如果你不接受进化论，那么大多数生物学事实都是没有意义的。我无法解释整个国家为何可以如此无知，但事实就是这样。

▌**Edge：** 我知道有一本达尔文的《物种起源》第一版（1859 年）的重印本。

● **恩斯特·迈尔：** 是的，这是一个有趣的故事。达尔文的重要性是慢慢被大众认识到的。甚至在 50 年前，达尔文只是大家所知道的众多重要的名人中的一个而已。

事实就是这样。那时没有人读他的书。但是，1963 年，我在哈佛大学出版社出版了一本相当成功的书，这让我鼓起勇气去找哈佛出版社的主管汤姆·威尔逊（Tom Wilson），我告诉他："汤姆，我有一个很大的愿望，一个发自内心的渴望，就是看到《物种起源》第一版的重印。我们有全部经典著作的重印本，但是我们没有给达尔文重印一本。"他说："没错，我们会实现你这个愿望，就算我们有可能赔钱。"他们在 1964 年发行了重印本。在那个时候，我猜头几年里，每年只能卖出几百本，但是让所有人惊讶的是，销量并没有下跌，所有图书馆都买了这个重印本，这样出版社就重拾了信心。后来，他们一年卖了 1 000 多本，大概六七年前，哈佛出版社的人告诉我，他们那时可以达到一年卖出 2 500 本了。两年前我看到了一个报告，他们一年卖了 3 000 本。这就表明，世人对达尔文的兴趣是如何稳定地逐渐提高的，尽管还是有很多无知的人存在。人们开始想知道达尔文到底说过什么，这对我来说绝对是一个奇迹般的发展。有一件事你可能会感兴趣，第一版的《物种起源》里面没有一处印刷错误。这是对 1859 年工匠精神的多么重要的证明啊！

Edge： 你认为在下一个 50 年里，达尔文主义将怎样发展？

恩斯特·迈尔： 其实，达尔文主义不需要再发展什么了，因为它已经很好了。在过去 50 年里，自从 20 世纪 40 年代的进化论统一之后，达尔文主义的基本理论就没有什么变化了，也许出了一个例外，就是自然选择的靶向问题。一个选择行为的目标是什么？对达尔文来说，虽然他对这个问题也没有更好的见解，但他说过选择行为的目标就是个体，事实证明他说得对。

一个个体，不管有没有生存下来，不管有没有繁殖后代，不管有没有成功地繁殖后代，能够成为一个个体就已经成功了。有少数人的观念是，基因是选择的目标，但这个想法完全不切实际。自然选择对某一个特定基因是视而不见的，在基因型里，它总是与其他基因处在一个情境里，与其他基因的互动会对某个特定基因要么更有利，要么更无利。实际上，比如特奥多修斯·杜布赞斯基（Theodosius Dobzhansky）研究了一点儿所谓的致命染色体，这种染色体可以高度成功地合作，但对另一个组合有致命影响。所以，像英国的道金斯这样的人仍然认为基因是自然选择的目标，从证据上来看，这就是错误的观念。在 20 世纪三四十年代，广为大众接受的一个观点是，基因是自然选择的目标，因为这是唯一可以用数学来表达的方式，但是我们现在知道，自然选择的目标是个体的整个基因型，而非基因。除了这个轻微的修改，基本的达尔文主义的理论在过去 50 年里并没有发生改变。

Edge： 威廉·汉密尔顿、乔治·威廉斯和约翰·梅纳德·史密斯（John Maynard Smith）这一代人处于怎样的地位呢？

恩斯特·迈尔： 汉密尔顿从来没有否认过个体的首要地位。而关于威廉斯，我不得不下个不愉快的结论，他在畅销书《适应与自然选择》里提出的很多建议都是没用的。

Edge： 所以说，达尔文主义在 50 年里没有发生改变，但是写下这个主题的人却一直在变。

恩斯特·迈尔： 每一年，总有一两本关于达尔文主义的书面市。其中的大多数都写得很好，这很不错；但是还有些人想要改进或者修改达尔文的原创思想，并称之为所谓的新理论，这永远是彻底的废话。

Edge： 我可以想象得到，你是怎么思考进化心理学的了。

恩斯特·迈尔： 不一定！说实话，我对进化心理学了解得不多，但是我听说有一个领域叫作进化认识论。他们使用一个简单的达尔文主义式的公式，可以用一句简单的话就说清楚了进化论。如果你有很多变异，多到你无法处理，也只有最成功的那个可以保留下来。事实就是这样。在认知论和无数其他领域内都存在变异和淘汰。

Edge： 在那个领域内谁最值得关注呢？

恩斯特·迈尔： 只有极少数人，但是我不能立刻想到他们的名字。我有充足的理由可以说，比起美国，在德国和奥地利有更多的进化认识论学者。

Edge： 在我看来，如果与美国相比较的话，达尔文似乎在英国知名度更高。在英国，关于达尔文的书卖得很好，人们也会讨论这些问题。而在美国人的精神生活里并不一定包括阅读和欣赏达尔文。

恩斯特·迈尔： 有一件有趣的事就是，在英国，如果你在大街上随便拉一个人问，谁是现在最伟大的达尔文主义者，他就会回答是理查德·道金斯。在向大众普及达尔文主义这项工作上，道金斯确实做出了了不起的贡献。但是道金斯的基本理论是，基因是进化的目的，这完全不是达尔文主义式的，我不会称他为最伟大的达尔文主义者。甚至梅纳德·史密斯也不是。梅纳德·史密斯是学数学和物理学出身的，在第二次世界大战中，他是一位飞机工程师。在很大程度上，他的思维方式依然是数学家和工程师的方式。他对进化生物学最大的贡献是，他把所谓的博弈论应用到进化论上去。现在我所说的也许会招致大量批评，但是我也顾不得那么多了，我一直对应用博弈论感到有些不快。哪个动物在与其他动物对抗时会说"现在，先让我搞明白是显得胆怯更有利还是显得勇敢更有利"？这不是有机体的思考方式。你要获得一个精确的结果，总有人要用数学方法计算出来，我不能计算，因为我不是数学家，如果你有一个种群，这个种群里每个动物的行为都是胆怯与勇敢的不同组合。曲线的一端是非常胆怯而只有一丁点儿勇敢的动物个体，曲线的中间是胆怯与勇敢恰当混合的动物个体，曲线的另一端是很勇敢的动物个体。在一个给定的环境里，有一个给定的敌人和竞争者的集合，在曲线中的某个地方就是这两种倾向的最佳组合。你用博弈论也可以获得同样的结果，但是在我看来，更好的解决方式是多一点生物学的达尔文主义式的方法。

Edge： 怎样让人类道德的进化与达尔文主义协调一致呢？难道自然选择不总是青睐自私的吗？

恩斯特·迈尔： 如果个体是自然选择的唯一目标，这确实是一个不可避免的结论。但是，与其他群体竞争的小社会群体，比如我们人类祖先里的狩猎－采集者，他们是一个群体，也是自然选择的目标。这种群体成员之间积极地相互合作，表现出更多互惠性的帮助，比起那些不会这样合作和做出利他行为的群体而言，在生存竞争中有更大的优势。因此，任何有利他倾向的基因都会在包含社会性群体的种族里被选择。在一个社会性群体里，利他主义会增加适存度。宗教和哲学的奠基人会在这个基础上建立他们的道德体系。

Edge： 还有什么重要的问题我还没问到你？

恩斯特·迈尔： 有一个很难回答的问题就是，达尔文主义的框架是否有足够的鲁棒性，可以保持很多年？我想答案是肯定的。真正的问题是，现在进化生物学里的燃眉之急是什么？为了回答这个问题，你必须回到机体生物学（functional biology）。比如说，选择一个特别的基因，这个基因可以制造氨基酸来决定一个卵子的哪一边是幼虫的前端，哪一边是后端。我们知道它做了什么，但是它是怎么做到的，我们完全不得而知。这就是最大的问题之一，但这是在蛋白质和机体生物学领域的问题，而不是 DNA 和进化生物学领域的问题。

在进化生物学里，我们可以看到像马蹄蟹这样的物种。马蹄蟹的化石记录可以追溯到两亿年前，它的进化过程基本没有什么重大变化。所以很明显，它们拥有一个不变的基因组类型。真的是这样吗？错！它们的基因组类型并不是不变的！通过研究一系列的马蹄蟹基因型，你会发现，它们其实发生了大量的基因变异。发生了这么多的基因变异，它们又是怎样在两亿多年里没发生什么改变的呢？在这个生态系统里生活的两亿年前的其他成员要么绝迹了，要么进化成了其他物种，为什么马蹄蟹没有发生改变呢？这是目前令我们感到困扰的一类问题。

有些问题，除了极少数生物学家，没有人可以完全弄明白。比如原核生物，也就是没有细胞核的细菌，为什么它们不同于真核生物？真核生物是有细胞核的，这个过程又是怎么发生的？真核生物是有性繁殖的、能遗传重组的，它还有形态完整的染色体，但是这几种特性原核生物都没有。根据自然选择的原理，为了生存下去，它们必须发生基因变异，那它们又是怎样发生基因变异的呢？答案就是，原核生物会和另一个原核生物进行单边交换，一个细菌把一个DNA集射入另一个细胞里，这真是一个让人惊叹的过程。基因当然也会利用这种其他所有细菌都会用来繁殖的老方式，从一个染色体进入到另一个染色体里。除了这些，我们确实不知道在更高一级的有机体内发生了多少这样的基因转换。

Edge： 几年以前，我和德国的一位出版商谈论一本关于达尔文主义的新书。他说："我不能出版这本书，因为这个主题太火了，我们很难处理。"用丹尼尔·丹尼特（Daniel Dennett）的话说，为什么达尔文这么危险？

恩斯特·迈尔： 我和一些德国年轻的并且相当优秀的进化生物学家有过很多接触，经常令我感到惊讶的是，他们怎么那么关注政治正确性！就是因为他们经历过一系列的政治变革，从魏玛共和国到纳粹时期、苏联占据、民主德国，最后有了一个统一的德国，经历过这个时代的变迁，每一件事情都与政治沾了关联。人们获得工作，因为他们是纳粹党，或者因为他们不是纳粹党，等等。他们不得不找到一个出路，从这个系统里清除这种影响。在德国，他们要仔细审查一个领域里的所有领头人，检查他们的档案，看他们是否曾经是纳粹，他们可能属于哪个纳粹组织，他们发表的论文或著作里是否暗示他们曾经是纳粹，等等。

　　德国人认为他们不得不这么做来"清理"科学，这样人们就不会说："你怎么没告诉我们，某某是一个纳粹。"科学家们不得不面对这样的问题。另一方面，把我的著作翻译成德语出版一直都很成功。实际上，其中有一本书尤其成功，以至于那家德国的印刷厂都耗尽印刷材料了，导致我不能说服出版社再版。出版社的人问，为什么当所有人都在阅读英文版的时候，他还要去出版这本书的德文版呢？到底怎么做才是正确的呢？

　　🕐 2001年10月31日

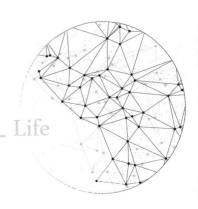

Life

Biology is not like physics;
Newtonian physics is,
in a deep sense, wrong,
whereas Mendelism and
Darwinism are in a deep
sense right.

生物学不同于物理学，在更深的意义上看，牛顿的物理学就是错误的，而孟德尔主义和达尔文主义从深层意义上讲都是正确的。

——《基因加时间》

05

GENETICS PLUS TIME

基因加时间

Steve Jones

史蒂夫·琼斯

伦敦大学学院人类遗传学荣誉退休教授。

● **史蒂夫·琼斯：** 我正在研究一个小问题，那就是蜗牛和果蝇的基因。我想我对这个主题也并没有多少兴趣，但它是一个更大问题的子集，这个更大的问题就是："生命是简单的吗？"而答案也许比你想象中的更加简单，因为进化的规则都是直白的，扭曲或修改规则最终大都被证明是不必要的。它确实就像达尔文的结论一样，或多或少是正确的。大多数新发现都与他的思想很吻合。到 20 世纪末，生物学看起来变得比 20 年前更加简单了，但让我感觉有点吃惊的是，对公众而言，生命从本质上看就是一团乱麻。当然，如果你只是关注细节的话，它们就会变得越来越复杂。DNA 的序列比任何人所能想象的还要麻烦，根本找不到任何头绪！但是，就像达尔文常说的，经过改变的继承（descent with modification），或者用我们现在的话说就是"基因加时间"，依然是生命的基础。生物学不同于物理学，从更深层次的意义上看，牛顿的物理学就是错误的，而孟德尔主义和达尔文主义从深层意义上讲都是正确的。

Edge：那你想要怎么说服公众呢?

史蒂夫·琼斯：我确实有这个胆量想要重写《物种起源》，也许有人会说我自大，我在我的新书《达尔文的幽灵》（*Darwin's Ghost*）里就曾表达过这个意愿。我的想法是，去掉达尔文所说的他的"冗长的论证"，并且用新时代的事实而非 1859 年的事实来重新构造这个理论。为了惹恼我的出版商，我说过："这或许是一本烂书，但它是个好点子，而且让我感到震惊的是，达尔文的论证是如此站得住脚。"我们想过，为了促销，可以在堪萨斯州发行一个用沥青浸染的版本，如果你不爱读，你还可以用它当燃料烧火，但是我们也很高兴地想到，一些神创论者在谴责这本书并把它扔进火里之前，他们或许会先读读。与反理性主义者争论的困难在于，他们不易被理性争论所影响。尽管像著名生物科学家史蒂芬·古尔德（Stephen Gould）这样的人，在试图应用理性争论上做出了引人注目的工作，但其实大多数反理性主义者不会被任何你所展示的事实说服。所以，我的书对他们而言可能没有任何影响。在堪萨斯州，还有这个州里整个的神创论运动，出现古怪的事情也没什么新鲜的。那些人总是假设，当《物种起源》出版之后，街道上就会血流成河，城市会化为灰烬，教堂会灰飞烟灭，成百上千的人会在绝望中自杀。

这当然都不是真的。后来在一群学者之间开展了许多场严肃的辩论，到了 19 世纪末，英国和美国的大多数宗教人士都设法和达尔文达成了和解。他们有两种方式，并且他们认为自己的方式都是合理的。其中一种方式是说，《创世记》里的故事是一个隐喻，其中的每一天都代表上百万年。另一种方式来自阿尔弗雷德·拉塞尔·华莱士，即创世那 6 天是真实的，但是在那些日子里，上帝特别给了人类一种后生物学的灵魂，这种灵魂是不需要基因的，也不会留下化石。大多数宗教界人士都乐于接受这个观点，教皇自己最近也发布了类似的声明。直到 20 世纪 60 年代，那些毫不妥协的神创论者才清醒过来，他们大多是美国人。我并不清楚为什么会这样。大多数神创论者都是右派，他们倾向于认为左派（自由党）对他们的反对里存在这样一个阴谋：如果左派的人劝说他们相信进化论，那么进化论一定是错误的。但是，任何一门科学都不是这样的，它无关乎谁相信与否，重要的是它正确与否。而我不得不说，进化论确实是真的，不必理会其他上百万人会怎么想。但我不理解的是，为什么会突然爆发出反抗理性的热潮。也许只有美国人才能理解吧。

Edge：进化论思想本身又是怎么进化的呢？

史蒂夫·琼斯：事实上，进化论只在一些并不必要的方向上进化了，因为如果你回过头去看最近 30 年里关于进化论的很多争论的话，随着知识的增长，它们现在都已经消失了。拿间断平衡论（punctuated equilibrium）来说，它曾是一个很有用的理论，它让生物学家对自己关于进化的理解没有那么沾沾自喜。还有，一直倍受争议的共生适应性（coadaptation），这个概念是说，基因并不是像单独的粒子那样工作的，而是和谐互动的整体，这样就降低了进化的速度，因为很难在整体上从一个状态进化到另一个状态。或者像休厄尔·赖特（Sewall Wright）伟大的想法所表达的那样，大多数进化都是偶然发生的，因为当你要解决一个个小瓶颈时，自然选择永远不会跳过这个瓶颈引起的不适应性，而从一个形态转化为一个新的形态。

我们现在可以看到，大多数看似不可解释的现象都可以用达尔文主义的理论来说明。从达尔文去世那天开始，人们一直都在寻找他理论的瑕疵。虽然发现了某些瑕疵，但他的理论基石还是可以很好地流传下去。那些大多数不断进化的进化论思想已经绝迹了，但是最初的思想依然全盛。在 1859 年提出的进化论里，唯一遗漏的一个重要的进化论思想片段就是遗传的机制，一旦补上了这一点，整个理论基石就变得非常完美，以至于我们争论的很多东西都变得无关紧要了。

Edge：那些可以对堪萨斯州和神创论者的思想有引导作用的公众理解，他们对科学是怎样看待的呢？

史蒂夫·琼斯：越是优秀的科学家，心智就越狭隘，这是一条很普遍的规律。科学就是这样，这是对所有狭隘的心智集合的一次"校勘"。有时候我们会看到更开放的思想家，我认为古尔德就属于这一类，他们可以看到那些想象力有限制的广教派（基督教中的一个流派）看不到的模式。对公众理解科学而言，最大的问题在于不以科学的方式去看问题，堪萨斯州和其他任何地方的人都有这个问题。对于你可以称之为科学语法的东西，人们完全没有想法，而科学语法正是科学的运作方式。很多人觉得，因为科学里充满了分歧，所以它就是错的。但是科学不同于宗教，宗教里充满了一致意见，至少对拥有同一个信仰的群体而言是这样的。而且，在科学领域我们不会对所认同的东西说得太多，而是集中关注那些难题。任何一门科学，如果所有人对它的所有东西都赞同的话，那么这门科学就没救了。比较一下在《圣经》里创世神话的信仰吧！

Edge：在英国，达尔文主义依然是一个大问题。关于达尔文的书也经常高踞畅销书榜首，而同样的书在美国却只获得了评论界很少的注意，基本上就是无声无息地上市下市。这是不是因为达尔文是英国本土出生的人，所以英国人更关注他？

史蒂夫·琼斯：有这样的因素。达尔文的头像被印在 20 英镑的纸币上，你每天都能看到他那张脸。他确实是英国人的老乡，在英国他是一个标志性人物。他确实影响了每一个人，不仅仅只是一个令人赞叹的科学家，还是一个有着令人激动的、有趣人生的人。每个学校里的小孩都可以告诉你"贝格尔号"（Beagle Voyage）是什么。而且，他给人如此有魅力的个性形象，这也有助于他的形象深入人心。这就是为什么有这么多关于进化论的最佳科普读物。如果古尔德或者史蒂芬·平克（Steven Pinker）写的是关于氯的化学成分这样的书，他们还会这么有名吗？我能肯定的是他们的书只是很有趣而已，但是就我所知，没有什么"氯之王"这样的人物，可以让你为他编织这么多故事。

Edge：您怎么看待正在兴起的进化心理学呢？

史蒂夫·琼斯：对于这整个领域，我感到有些失望，因为我发现这个领域里的很多东西都不过是对平淡事物的平淡述说而已。人类行为的某些方面，理所当然是从过去有修正性地继承而来的。大约有一半的基因要在大脑里启动，但是说这些基因与其他基因不一样，它们不能进化，这就太愚蠢了。很清楚的是，我们是从社会性灵长目动物起源而来的，所以单独囚禁被认为是仅次于处死刑的惩罚，就毫不奇怪了。如果我们是从本来就很孤单的猩猩起源而来的话，那么最严酷的惩罚应该就是逼某人去参加一个晚宴聚会了吧。所以，很明显，从这个意义上来说是存在进化心理学的。

但问题在于，把这种显而易见的东西伪装成一种见解。其实我们还有很多更重要的工作要做，比如，继母杀死她们的小孩的比率有多少？这才是有意义的社会科学问题。但是，我不得不说，对于比起继母，亲生母亲更爱她们的小孩我一点也不会感到惊讶。但是进化心理学家就会跳出来嚷嚷说，我们有了这个非常棒的发现，和发现双螺旋一样棒：母亲爱她们的孩子而已嘛！我会说："你说什么？"还有男人比起女人更有暴力倾向，等等。当然，我早就知道了。这些都没错，但是不够深刻。

而且有大量伪科学的阴影围绕在这个主题上。我想这也是某种新的神创论。在堪萨斯州，没有什么可以用进化论来解释。因为它就是错的，如此而已。但是，对大多数进化心理学家而言，人类社会的所有事情，如战争、和平、强奸、婚姻等，都可以用基因所承受的压力来解释。但是如果所有事情都可以被解释的话，那么就没什么可以被解释了。你不再需要任何实验，所有这些都写在伟大的"达尔文主义圣经"里了。我已经看到过借助进化论来解释痤疮、闲聊、在舞厅跳舞等很多事情了，这就是一个叫作"名字与解释"的室内游戏。就像对神创论者而言，所需要的就是信仰而已一样。那些幼稚的达尔文主义者已经陷入一个不能输的境地里了。如果你能在《圣经》或《物种起源》里找到万事万物，那么去做科学就没有意义了。

进化论之于社会科学家，就像雕像之于鸟儿，这是一个很方便的平台，可以把那些被误解的观念扔上去。关于进化心理学有一件很奇怪的事情，大多数公众都把它当作这门学科的中心，它差不多已经从进化本身的实践中消失了。也许在心理学会议上还会被提起，但是从来不会在进化论的会议上被提起。我参加过很多这样的会议。人们会争论化石记录、DNA、动物行为、亲缘选择、物种本质，所有问题都是开放的，但是在进化论者眼中，进化心理学也没那么有价值。我也从未在关于进化论的科学会议上看到任何支持者。有一种达尔文主义式的平行宇宙存在于艺术系中，但我不认为通过艺术系谈论科学有多大用处。

Edge： 你想用《达尔文的幽灵》一书实现什么目的呢？

史蒂夫·琼斯： 我写这本书的部分原因是出于塞缪尔·约翰逊（Samuel Johnson）博士所说的："除了为了赚钱，没有人会去写作。"但是，我这样做，也是因为这里有一个鸿沟需要被填补。关于进化生物学已经有很多好作品了，但是还没有任何一本关于进化的好书。古尔德关于化石的著作富有激情，也写得很好；道金斯写的是自然选择；平克谈论的是行为；戴蒙德写的是人类自身的生物历史。但是这些主题里的每一本书都只是进化故事的一小部分，都只是《物种起源》里的一个章节。

很多年前，一些同事和我都曾考虑过，我们或许可以写一本关于进化的教科书。关于如何去写这本教科书，我还想到了一个好主意，就是拿起《物种起源》说："这就是这个故事的内容；我们只要使用同样的逻辑，把现代的事实放进去就行了。"一旦我们开始这样做，很明显的是，这就不是一本书了，而是一座图书馆。它会极为庞大，从亚里士多德到动物园的所有东西都要写进去。所以，这个想法就被我抛诸脑后有 20 年了，然后我开始以小得多的规模去写，其中最大的问题是要知道省去哪些内容。但是，让我感到惊讶的是，最初的《物种起源》一书的结构太牢靠了，即使省去很多内容还是可以支撑起来。它拥有叙事般的流畅，还有一个稳固的构架，现在的所有发现不过是在它那非凡的城墙上打上一个螺栓而已。

Edge： 你看到最近的生物科学走到哪里了？

史蒂夫·琼斯： 最近是到了反省的时候了。5 年前，乐观主义者说，我们很快就能治愈基因疾病了。但在过去这 12 个月里，他们就明显沉默了，我相信未来两年里，他们还会变得更加沉默。那件伟大而不可完成的人类基因组测序工程，实际上并没有回答很多问题。反而是问题在问他们。想要立即获得回报这种希望也太乐观了。1540 年，心脏才开始被解剖；1670 年左右哈维发现血液循环；但是首例心脏移植是在 1966 年。我不会说，从人类基因组测序到基因的医学应用还要 400 年时间，但是这确实需要比任何人所希望的还要长久的时间。我确实感觉，现在生物学需要做的就是坐下来想一想。

Edge： 你自己的科学研究的下一步计划是什么？

史蒂夫·琼斯： 我会重新做回这个世纪里一个又出色又专业的头脑。古尔德和我的合作处于完美和谐状态的原因就是，我们两个人都是世界上研究蜗牛基因的最顶尖的 6 位专家之一，而且其他 4 个人也都同意。我计划重新回去研究比利牛斯山脉的陆地蜗牛的种群基因，这件事情比写书要有趣多了。

🕐 2000年3月26日

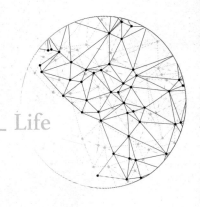

Life

对于社会行为是怎样组织起来的，以及怎么构建一个超级有机体这样的问题，我们开始获得了一些革命性的新想法。如果可以为超级有机体定义聚集的规则集，那么我们就对如何构建有机体有了一个模型系统。

——《一门整合的生物学》

We're beginning to get some revolutionary new ideas about how social behavior originated, and also how to construct a superorganism. If we can define a set of assembly rules for superorganisms,then we have a model system for how to construct an organism.

06

A UNITED BIOLOGY

一门整合的生物学

E. O.Wilson

爱德华·威尔逊

美国生物学家、博物学家，社会生物学奠基人，
哈佛大学比较动物学博物馆昆虫馆馆长。

史蒂芬·平克的导言：

大约 60 年前，DNA 的分子结构就被发现了，一门新的学术专业也应运而生。尽管它被称作"分子生物学"，但它不同于传统的"生物学"，也不同于人们听到这个词时通常所产生的联想。现在，这种划分非常普遍，很多大学都有分开的分子生物学系和传统的生物学系。

现在，没有人能比爱德华·威尔逊更能代表传统生物学了。他已经为了生物学的统一、恢复与留存而在公众视野里奋斗近 60 年了。公众或许会把"生态学"想象成一项浪漫主义运动，想象成是去拯救魅力非凡的哺乳动物，但实际上它是威尔逊教授对岛屿生物地理学的开创性研究，他使其成为一门严格的科学。现在大多数人认为，人类就像拥有历史一样拥有本性，而且对

物种的研究不能忽视进化生物学。但是，当 1975 年威尔逊最早提倡这个观念时，他付出了相当大的个人代价。现在，人们不会再震惊于这样的想法，即人类的全部知识都是在一个诠释网络里面连接起来的，威尔逊给了这个观念一个名字：大融合（consilience），并且成为其公开的辩护人。很少有人能够意识到，生物学的核心活动，也就是为物种分类并保存标本，已经被分子生物学这个不可抗拒的力量置于危险的境地了，而威尔逊是投身于拯救它的最引人注目的活动家。威尔逊也在呼吁人们注意，人类的生活离不开其他生物，他把这个思想当作保护生物多样性的一个关键论点。现在，生物多样性由于大量人为的原因而遭到破坏，很多物种频临灭绝。在这种背景下，威尔逊最专业化的对蚂蚁的研究活动已经为大众所知晓，有两部动画电影里蚂蚁形象的幽默感，就依赖于他研究出来的蚂蚁习性。

威尔逊对知识的追求不知疲倦，他也从未停止创造新的思想。2003 年这篇 Edge 访谈揭示了更多生物的本质，而它们都来自威尔逊这位科学的化身。

爱德华·威尔逊： 社会生物学之争开始于 20 世纪 70 年代左右。当时，生物学方法已经很流行了，但是，1975 年我出版了《社会生物学》一书，它所引发的社会科学家和政治上的意识形态论者的无知反应，是我始料未及的。它引起了一场实实在在的争论，揭示出广泛的（实际上，在某些地方几乎是全部的）对心智白板论（blank-slate mind）的信仰。心智白板论是指，那些可能引起社会行为倾向的基因因素或生物过程不会影响心智状态，特别是那些在某个方向上发展的社会行为。"心智完全是通过学习、经验和历史突发事件而发展起来的"，实质上，这种观点是社会科学里的信条。

20 世纪 20 年代，苏联放弃了优生学这个社会生物学的先驱，而转向了心智白板论的信条。20 世纪 50 年代，在美国学术界和美国的知识阶层里，这也是政治和学术的禁地，但是现在看来，它让我感到震惊的是，回过头来看过去的 1/4 个世纪，当时我写的东西可能会被当作异端。现在，当你读《社会生物学》这本书，它就像是很温和地预示着即将到来的前景。

不管心智白板论的要素有哪些，它们都已经在进化生物学和心理学里消失殆尽了，或者说本质上已经萎缩了，从那时开始，这就已经成为了一种趋势。如果现在社会科学和人文学科里还有心智白板论者（我猜依然有这样的人），也很难看到他们能在一场辩论里站住脚跟了，这种辩论包括我们实际上已经获知的大脑运作方式，以及儿童的成长过程。我们以进化论的视角诠释人类本质，这在很多方面都取得了相当多的成果。而心智白板论者只能完全排斥科学，并将他们的思想当作宗教教条一样遵循。

我大概 9 岁的时候就开始对蚂蚁感兴趣。曾有段时间，我对它们很着迷，只是因为我想参加探险队。我在亚拉巴马州和北佛罗里达州长大，但是有一段时间（1939—1940 年），我父亲在华盛顿特区做政府雇员。我们住的地方走路就可以去国家动物园和石溪公园，我也读《国家地理》杂志，当时我想，没有比参加探险队更好的事情了，那样我就能亲眼领略我在杂志上看到和听说的所有美妙的事情。

我 9 岁就开始经营自己的探险队了，带着装昆虫的罐子，在石溪公园里，我完全沉迷于其中。很快，我开始集中精力于蚂蚁和蝴蝶。后来我们重新回到了亚拉巴马州南部，在墨西哥湾沿岸，那里有壮观的动物群和植物群。这就像是把我带进了一个糖果店，我已经完全陷入其中无法自拔了。

后来我去了亚拉巴马州立大学，他们允许我尽情地去做自己想做的事情。我进入了生物学系，那里有一些非常优秀的、专注的教授。那还是在 20 世纪 40 年代末，他们对我投入了很多关注。我刚入校的时候，还是个 17 岁的毛头小子，19 岁那年，我毕业了。他们当时主要是让学生为进入医学院做准备，但那里有一位真正的胚胎生物学家，所以我获得了特别的关注，我还是大一新生时就拥有了实验室，那真是太棒了！

现在，我不确定谁还可以拥有这样的经历。现如今科学已经发生了翻天覆地的变化。对于想要鼓励孩子当科学家的父母，特别是生物学家和博物学家，如果学生自己也有这个意向的话，我就会建议他们去读文理学院，而不是专业的研究学院。他们要在文理学院学过 4 年之后，再去专业的研究学院，文理学院很看重生物学的一般训练，包括自然史，还特别强调生态学。过去几年，我参观过几家相当优秀的文理学院，如果按照文理学院能带给每一位学生的意义来看的话，它们与专业的研究学院，包括我所在的哈佛大学的区别很是令人震惊。

大多数科学教育都采用新兵训练营那样的方法，或者采用培养信徒的方式。那是因为大多数科学家都是出师的学徒，而不是大师。也就是说，他们都是"饱学之徒"，如果在一个专业的研究学院里，他们就可能在科学研究里一个很狭窄的门类里作出一些成就，但他们的思考基本就是学徒式的，他们也要去训练学徒。他们不会特别去横向地思考他们所研究领域的意义。当然，每一所大学和学院里都会有引人注目的例外，但大多数科学家都不过去学习和推进那些例外科学家的发现罢了。科学中的"金子和银子"就是原创的发现。他们知道他们必须参与到原创发现的活动中去，为了达到这个目的，就必须朝着一个很狭隘的前沿行进。

这个时代终将到来：为了每一个人，我们不得不将教育推进到更广阔的基础层面中。一般说来，那就要囊括远远超过现在所教授的科学。我在哈佛大学已经有了41年的教授新生的经验，不管是生物学专业还是非科学专业的学生我都接触过，所以我可以这样说，对待科学的最佳方式就是，把它从高高在上的地方拉下来。把那些大问题摆在学生面前，并且告诉他们，科学如何能或不能解答这些问题。

你要对着大一新生问这样的问题：性别的含义是什么？为什么我们不得不死亡？为什么人会衰老？所有这些问题的意义何在？你必须吸引他们的注意力。你要讲这些议题的科学探索过程，而且为了让他们更好地理解，你不得不去理解整个进化过程和身体的运行方式。你可以说，我们将要处理两大原理，它们是生物学的基础，而你们必须知道的是：第一点，身体里的所有事物，包括大脑和心智的行动，都遵循我们所理解的物理和化学定律；第二点，身体、物种和生命是作为一个整体参与自然选择的进化的。你从那里开始，并尽可能地对我们所能知道的科学作出解释，讲到这里依然有很多无法回答的问题。如果你明智地去问，生命的意义是什么？你就不必担心仇恨科学者和数学狂人了，那么你就成功了。最近，我又回到知识大融合这个大议题上来了，知识大融合这个观念是说，在物理学、生物学甚至还有社会科学的下游里，一个因果解释的大网，将所有科学统一起来了。最后，除了对系统的基本生物多样性进行研究之外，我还重新检视了社会生物学的基本理论和内容，社会生物学从昆虫开始，最后回到人类自身。

在社会生物学里，对社会性昆虫，如蚂蚁、蜜蜂、黄蜂、白蚁的分析、实验和理论都特别相融，我们可以从这类解释中找到各种范式，这类解释的范围涵盖了从基因组到有机体、到生物集群、到集群所处的生态系统。通过增加每一个生物层次组织的数据库，并且协调我们的数据增长情况来发展中间层次的理论，通过社会性昆虫进化成更高一级脊椎动物的社会性行为，我们可以获得一个更清晰、更快捷的图景。

通过思考蚂蚁、白蚁、黄蜂和蜜蜂如何集群成一个超级有机体，我们就可以定义其运作方式。一个超级有机体就是高度组织的个体集结成集群。在社会性昆虫的案例里，我们拥有一系列用来判断真社会性（eusociality）的标准，包含 3 条标准：第一条，有两种主要的"岗位"，一只"皇后"，有时是一只"国王"，担任了一个负责繁殖的岗位，这样"工人们"就不会进行繁殖工作；第二条，设置培养环境，成熟的成虫与其他成熟的个体生活在同一个群体里；第三条，由成熟的成虫去照顾幼仔。这 3 个要素是构成一个高级社会性集群的首要标准。

昆虫的"真社会的集群"是最高级的系统，大多数人认为其本质上很有意思。但是，对社会性生物的进化而言，它们也是最高级的研究对象。在过去 20 年里，出现了大量研究社会组织、分工、沟通和基因进化的实验，一次新的融合的时机已经到来了。我在 1971 年时就做过这样一次融合，我把那时我们所知的昆虫社会聚集起来，重新构造了群体生物学的解释体系。那就是社会生物学的开端。那时我把社会生物学定义为，系统地研究各式各样有机体的社会行为中的生物性行为，并且指出，真正建立这样一门科学的方式，要建立在对种群的生物学研究的基础上，并且认识到一个社会就是一个小种群。事实证明这样做很有效。我也和贝尔·霍尔多布勒（Bert Holldobler）在1990年写的《蚂蚁》（The Ants）一书里进行了一次新的综合，基于过去10年所学到的一些重要的事情，我们现在开始重新审视这本书里的所有内容。

对于社会行为是怎样组织起来的，以及怎么构建一个超级有机体这样的问题，我们开始获得了一些革命性的新想法。如果可以为超级有机体定义聚集的规则集，那么我们就对如何构建有机体有了一个模型系统。你怎样把一个蚁群聚集在一起呢？首先你需要一只蚁后，它可以在地里打一个洞，并开始产卵，再经历一系列操作来养育第一窝蚂蚁。第一窝蚂蚁又历经一系列操作去繁殖更多工蚁，经过很长时间，慢慢就有了专门的兵蚁、工蚁和掠食蚁，这样就得到了一个繁荣的集群。它们遵循了掌控互动、行为和物理发育的一系列由基因预定的规则。如果可以充分理解一个超级有机体怎样联合起来的话，我们就离一个有机体聚集方式的普遍原理更近了一步。这里有两个不同的层次：细胞聚集成一个有机体，以及有机体聚集起来构成一个超级有机体。现在我在检验我们所知道的，看看是否存在超级有机体聚集起来的规则。

作为一个实验对象，超级有机体更加优越，因为把一群蚂蚁作为实验对象效率更高。你可以拿一群蚂蚁，把它们分成10个部分，并且用这10个部分来做实验。这就好比我可以做一个实验，假设我是用你的手来操作的，我自己完全没有痛苦，也不会流血，切下你的8根手指，观察你怎么用两根手指工作，然后再把这8根手指接回去。你也可以利用一个蚁群来做这样的实验，而且还简单得多。你可以把工蚁从蚁群里分离出来做实验，然后再把它们放回去，等等。

在这个领域里我们进展得很快。将近50年前，在发现DNA结构之后，詹姆斯·沃森（James Watson）来到了哈佛大学，他是新兴的朝气蓬勃的最初的分子生物学家之一。

那时沃森和我一起做助理教授，并且一起陷入了一次文明的冲突里。当然，沃森领导了分子革命，而我暂时是有机体生物学里明显占上风的更年轻

一门整合的生物学

的领袖。从那几十年后，分子生物学独自发展着，从发布一些调查报告蔓延到细胞生物学，现在蔓延到了有机体生物学，凭借真正重大的新发现进入到基因组的研究层面，进而进入到了更广阔的领域内——蛋白质组学，研究蛋白质的聚集方式。

同时，进化生物学和有机体生物学也在持续有力地发展着，已经扩展到有机体之外去了。到 20 世纪 80 年代，我们开始学习基因组学，也就是分子生物学本身，结果就是，到了 80 年代末和 90 年代，现在依旧在持续发展，这两个原本遥远的层面渐渐开始连接起来了，人们可以在这两个领域里轻松地来回穿梭。越来越多对生物多样性的研究（生命的多样性及其组织方式），甚至开始吸引分子生物学家的注意力了。

在巩固这种新发现的统一体的精神之下，也就是不同层面的生物学，从生态系统、有机体和社会到基因的分子层面这种统一，还有对这些新发现的信心，生物学正在变成一门统一的成熟的科学。而且我们现在发现，原有的冲突已经消逝了。沃森和我很快将进行一场公开的对话，一方面讨论 DNA 和分子内的重大发现之间的关系，另一方面讨论对这个世界的生物多样性的探索。我希望这会是一次有趣的对话。至少这会是一个象征，象征着过去半个世纪里生物学中发生的事情，自从我们开始在哈佛生物学系成为对手时开始。

但同时，生物学还远远没有成为一门成熟的科学。一门成熟的科学是，我们可以在其中全面地思考下面这些重大的开放性问题：

一个是意识和心智的本质。这些是生物学主题，这些现象也不仅局限于人类身上，因为我们可以在其他脊椎动物那里看到意识和心智最初的起源，特别是灵长类动物身上。

生物学里另一个还未被广泛探索的主要领域是，生态系统的聚集和维持。生态系统（就是植物和动物的聚集）在一个不确定的时间内是怎样保持稳定的？最初它们是怎样聚集起来的？特定物种是怎样进入这个社会的？它们是怎样生存的？这个生态系统是怎样聚集起来，并提供稳定性的？

我们在这些议题边缘一点点地前进着，但是社会生态远未走出它的婴儿期。这依然是一个具有根本重要性的开放性问题，不仅只是对整体的生物学而言，而且对资源的可持续利用、对以科学为基础的对话来拯救其他生物而言也是如此。

从概念上来看，一门整合的生物学的发展，当然还包括我们所说的蛋白质组学。这关系到一个问题，在蛋白质经过根本的改写和塑形之后，基因是怎样开启和关闭的？基因出现之后做了一些事情，有一部分是归因于情境、地点和事先存在的蛋白质。它需要 10 万或者 20 万种各种各样的蛋白质来构造一个细胞。

蛋白质到底是怎样聚集起来的呢？大多数分子生物学家现在都在关注这个领域。现在我们到达了这样一个层次，上百种物种的基因组已经被相当全面地解码了。一旦更多地理解了上千种物种的基因多样性，我们将看到，当基因创造蛋白质和蛋白质聚集成细胞时，基因遵循什么样的策略，构成对环境的适应性的进程中遵循什么样的进化路径。

这就把我们带到了关于生物多样性的整个问题面前，这个问题也是我现在最关心的。我们大概知道，以最基本的方式，只有不超过 10% 的植物、动物和微生物的物种被赋予了科学的命名。但有 90% 的物种依然未知，特别是细菌及类似的生物，还有那些被称为太古时代有机体的东西。我们一直在探索这个星球上的生物多样性。

我承担着的一个项目是"全物种项目"（All-Species Project）。大约在两年前，我们在哈佛大学举办了一次峰会，聚集了想要看到这个项目实现的人，并且他们都相信，如果我们有此志向的话，这个项目可以在 25 年内实现，就像人类基因组计划那样。我们在主要的议题上达成了一致：新的技术手段将使得这个项目的实现成为可能。我们准备构建世界生物多样性探索的系统学，我们会努力完成它，从而为生物学和环境管理作出重大贡献。

我们和各种组织建立了友好的伙伴关系，不管是政府的还是非政府性的组织。尽管经济下滑导致我们的研究基金不足，但依然有些跨国大企业，在各个大陆的层面上做这样的工作，或者它们准备在全球层面去做，所以，在相对较短的一段时间内，我们会看到这些努力开始融合起来。我刚放下电话，积极评价了一个机构发起的一项筹款，并获得 900 万美元的资助。他们拥有雄心壮志，也有说服力，我相信这一天终将来临，只是时间的问题而已。"全物种项目"只是一个名称，它描述了我们完成地球探索的这个全球运动。

如果不认识 90% 地球上存在的有机体，我们怎么能知道这大多数有机体对我们的意义呢？有很多压倒性的论据来支持这个项目。这将意味着我们第一次认识这个世界上所有的细菌。我们将理解潜在的病原体，还有生态系统里基础的细菌要素，这种原始但又基本的有机体构成了生态系统大部分的基础。现在，我们甚至还不知道绝大多数有机体在做些什么。为世界上所有物种编目分类之后，我们就会拥有巨大的知识储备，那样才能为农作物的转基因变迁绘制基因图谱，进而带来制药业的新发展。

这也将大力拓展生物学。要牢记在心的是，生物学主要是一门描述性科学。它设计了物种的独特性及其对环境的适应性。尽管生物学建立于物理学和化学原理的基础之上（至少包括这些原理），它实际的内容是一种描述，它描述了上千种独特的生物体，最后会有上百万种生物体，每一种都有其独特的历史，在很多情况下，它们都有上百万年的历程了，在一定环境里，它们精确地适应并互动着，但我们并不知道其中大多数的情况。支持"全物种项目"的努力，不仅背后存在一个逻辑使得生物学更快地走向成熟，而且还预示着巨大的实践应用。

我在 2002 年初次面世的《生命的未来》（*The Future of Life*）一书里讨论过一些议题，也获得了一些成功，但是必须发起一场文化上的变迁。这种变迁完成的方式是打开科学共同体、政府和非政府组织的双眼，从而让他们认识到，努力完成对物种层面的多样性的完整编目，将带来巨大的成本效应和潜在的收益。

过去 20 年，我对大多数主要的全球性保护组织的董事会或咨询委员会的服务，还有我所在的这个领域内的研究里，始终存在一个问题：比起拯救工作和帮助穷人的重要性，如何去权衡拯救生物多样性的重要性呢？毫无疑问，拯救其他生命和拯救并改善人类命运是相融合的。事实上，推进其中一项就意味着推进另一项，让一个人过好就意味着让其他很多人过好。

长久以来，重要的全球保护组织就在它们的项目里强调了经济发展，还有现场实验项目，以及在可持续基础上，对有高度保护价值的地方进行改善经济的融资。事实证明，这样做行得通。我可以用几个小时来讲具体案例及其经济原理，等等，但是底线在于21世纪的两个伟大目标：第一个，帮助这个世界上的人过上体面的生活，特别是80%生活在发展中国家的人；第二，尽可能保护好其他生物，让它们和我们共处。如果可以做到的话，我们就能获得一个更美好的世界，每个地方的人们都相信，这是我们人类主要的目的。

这个目标是有可行性的，如果按照全世界的生产总值来看的话，它一点儿也不昂贵。比如说，两年前国际保护组织召开了经济学家和生物学家的大会，估算保护其他的生物多样性的成本有多高。最后证明，为了保护世界上最热的25个热点地区，包括对大量物种的整个生态系统具有最大危险的地方，再加上保护刚果、亚马逊和新几内亚热带雨林的成本，最后算下来是280亿美元。

这项成本大约等于全世界生产总值的千分之一，也就是全世界年均经济产出的1%里的1/10！这样相对小的一项支出，就可以拯救地球上我们所知的70%的动物和植物物种，所以说这是可以实现的目标。这样做的效果，一部分是改善一些地方的经济，而这些地方正是主要的生物多样性所处的地理位置。

🕐 2003年5月26日

在以信息为基础的现代经济里，数据所向披靡。所以，在很普遍的条件下，很难预料模拟生命比数据生命更有可能存活下去。

——《生命是模拟的还是数据的？》

In the modern
information-based
economy, digital wins
every time.
So it was unexpected to
find that under
very general conditions,
analog-life has a better
chance of surviving
than digital-life.

07

IS LIFE ANALOG OR DIGITAL?

生命是模拟的还是数据的？

Freeman Dyson
弗里曼·戴森
理论物理学家、数学家，
普林斯顿高等研究院教授。

弗里曼·戴森：我最喜欢的一本书是埃德·里吉斯（Ed Regis）写的《伟大的曼波鸡与超人的条件》(*Great Mambo Chicken and the Transhuman Condition*)。这本书是一本故事集，内容是关于各种各样奇怪想法和人物的。"超人的条件"这个想法是机器人学家汉斯·莫拉维克（Hans Moravec）提出来的，它的模式就是，你的记忆和心智过程都可以从你的大脑里下载到计算机上，这样，计算机的电路系统就代替了大脑的神经轴突和神经突触。你可以把计算机当作一个备份，它可以保存你的人格，以防你的大脑在一次车祸中被撞坏，或者以防你的大脑患上阿尔茨海默病。在旧的大脑消亡之后，你可以把你的备份上传到一个新的大脑里，或者你也可以放弃使用你受损的身体，作为一个"超人"快乐地活在计算机里。超人甚至不用担心保暖，他们可以自己调节体温来适应周边环境。如果计算机是用硅制造的，超人的条件就是以硅为基础的生命。这样的生存方式是生命在冰冷的宇宙里可以采取的一种可能形式，不管是否还会存在以水为基础的生命，就像我们这样由血肉构成的。

另一种可能的形式是弗雷德·霍伊尔（Fred Hoyle）在他著名的科幻小说里描述的"黑云"（Black Cloud）。黑云活在真空里，它由灰尘颗粒构成，而不是由细胞构成。它从引力或者星光里获得能量，并从自然产生的星际尘埃里获取营养。黑云通过相邻颗粒之间电与磁的互动组合起来，它并没有神经系统或者电路系统，但它拥有一个广大范围的电磁信号网络，可以传输信息并协调活动。黑云类似于以硅为基础的生命，和以水为基础的生命不同，它可以任意地适应低温。随着温度降低，它对能量的需求也会减少。

以硅为基础的生命和以尘为基础的生命都是虚构的，而非现实。我用它们来做例子，是要证明一个抽象的论点。尽管例子取自科幻小说，但是这个抽象的论点却属于严谨的科学范畴。不管例子是不是真实的，这些抽象概念都有效。这些概念就是"数据的生命"和"模拟的生命"，它们是基于对生命更广阔的定义而来的。为了方便讨论，我把生命定义为一个物质系统，它可以获取、存储、运作和利用信息去组织自身的活动。放宽尺度来看，生命的本质就是信息，但是信息并不与生命同义。为了活下来，一个系统不仅必须拥有信息，还必须处理和使用信息。生命是对信息的积极利用，而不是消极存储，这才构成了生命。

有两种处理信息的方式，模拟的和数据的。一张黑胶唱片让我们听到模拟形式的音乐，一张 CD 唱片则让我们听到数据形式的音乐。黑胶唱片以模拟的形式，通过计算尺（slide-rule）完成乘除计算；CD 唱片利用电子计算器或计算机，以数据的形式完成这项工作。我们把"模拟生命"定义为，以模拟的形式处理信息的生命；把"数据生命"定义为，以数据的形式处理信息的生命。要可视化数据生命，我们可以把它想象成一个超人居住在计算机里。要可视化模拟生命，就想想黑云。接下来的一个问题就是，人类是模拟的还是数据的？我们还不知道这个问题的答案。人类身上的信息大多数是在两个地方被发现的，一个是在我们的基因里，一个是在我们的大脑里。我们基因里的信息当然是数据的，它们通过 DNA 的 4 个层次的字母表来加密，而我们大脑里的信息依然是一个很大的谜。还没有人了解人类记忆的运作方式，看起来记忆就存储在神经突触的不同强度里，这些神经突触把大脑里数十亿的神经元连接起来，但是我们不知道神经突触的强度是如何变得有差异的。有可能最后证明，我们大脑里处理信息的方式，一部分是数据的，一部分是模拟的。如果一部分是模拟的话，把人的意识下载到一个电子计算机里就会在一定程度上损失我们的内在感觉和质感。这并不是什么值得大惊小怪的事，当然我还不想在自己身上做这个实验。

还有第三种可能性：我们大脑对信息的处理是以量子形式进行的，这样大脑就成了一台量子计算机。我们知道量子计算机在原理上是可能的，而且在原则上，它们比电子计算机更强大。但是我们不知道怎么建造量子计算机，也没有证据证明我们大脑里有类似于量子计算机的东西。由于我们对量子计算所知甚少，就不在这里讨论这个问题了。

从 20 年前我就开始思考生命的抽象定义，当时我在《当代物理学评论》（Review of Modern Physics）上发表了一篇论文，探讨生命在一个逐渐变冷的宇宙里永久存活的可能性。在这篇论文中，最令我感到自豪的就是，我证明了对只使用有限存储的物质和能量的生物群体而言，这种存活是可能的。后来又过了两年，我在凯斯西储大学的两位朋友，劳伦斯·克劳斯（Lawrence Krauss）和格伦·斯塔克曼（Glenn Starkman）发给我一篇论文，题目叫《生命、宇宙和虚无》（Life, the Universe, and Nothing）。他们直截了当地说，永恒存活的生命是不可能存在的。他们还说，我发表在《当代物理学评论》的那篇论文里所宣称的一切都是错误的。当我读到他们的论文时，我很开心，因为被反驳比被无视要有趣得多。

在我读了那篇论文之后的两年里，克劳斯、斯塔克曼和我进行了声势浩大的争论，我们来来回回写了很多电子邮件，试图在对方的计算里找到破绽。这场论战至今还没有结束，但是我们的友谊长存。我们没有找到任何不可被修补的破绽。这场论战的结果最后慢慢变成了，如果他们的论证是正确的，那么我的论证也是正确的。我们可以都是正确的，因为我们对生命的本质做出了不同的假设。如果生命是数据形式的，那么就能证明他们是正确的，生命不可能永久存活；但是如果生命是模拟形式的，那么我就是正确的，生命可以永久存活。这个结论让我们感到出乎意料。在过去的 50 年里，人类技术所取得的发展让黑胶唱片和计算尺这样的模拟设备显得简陋而无力，而数据设备则压倒性地变得更加方便且强大。在以信息为基础的现代经济里，数据所向披靡。所以，在很普遍的条件下，很难预料模拟生命比数据生命更有可能存活下去。也许这就意味着，当时机来临，我们要去适应一个寒冷的宇宙，并且放弃我们习以为常的昂贵的血肉之躯，我们应该把自己上传到空间中的"黑云"里，而不是把自己下载到一个计算机中心的硅芯片里。如果我必须做出选择，我每一次都会选择黑云。

如果你熟悉可计算数和可计算函数的话，模拟生命的优越性是理所当然的。明尼苏达大学的两位数学家，马丽安·保尔（Marian Pour-El）和伊恩·理查兹（Ian Richards）在 20 年前证明了一条定理，他们利用数学的精确性，证明了模拟计算机比数据计算机更加强大。他们给出了一些数字的例子，证明用数据计算机不可以计算这些数字，但是可以用一种很简单的模拟计算机计算出来。模拟的和数据的计算机之间的本质差异就是，模拟计算机可以直接处理连续变量，而数据计算机只能处理离散变量。我们现在的数据计算机只能处理 "0" 和 "1"，而他们的模拟计算机是一个经典场，它随空间和时间增长，并且遵循一个线性波方程。遵循麦克斯韦方程的经典电磁场就可以解决这项工作。保尔和理查兹证明，场可以只聚焦到一个点，那个点的场的强度利用数据计算机是不能计算的，但却可以被一个简单的模拟设备计算出来。他们考虑的这种虚拟情境与生物信息无关。这条"保尔－理查兹定理"并没有证明模拟生命可以在一个冰冷的宇宙里更好地存活，它只是让这个结论变得不那么让人惊讶而已。

克劳斯和斯塔克曼的论证是基于量子力学的。如果任何一个物质系统，不管是活的还是死的，只要是有限的，它就只有一组有限的可访问的量子态。

这些量子态的一个有限子集与能量的基态精确地相等，而其他量子态则通过有限的能隙与基态分离。如果这个系统可以永久存活，那么温度最终会变得比能隙低得多，在这个差距之上的量子态就会变得不可实现。从这一刻开始，这个系统就不再散发或吸收能量。它可以在永久冷冻的基态里存储一定数量的信息，但是它不能传递信息。根据我们的定义，它最终就会消亡。克劳斯和斯塔克曼心想，他们的论证给了我的存活策略致命一击。但其实并没有，接下来就是我的反击。他们的论证只对这种系统有效：随着时间推移，这种系统存储信息的设备被限制在一个固定尺寸的体积里；任何以数据形式处理信息的系统，都以离散状态作为信息的载体。在数据系统里，随着温度降低，离散状态之间的能隙是固定的，当温度远远低于能隙，系统就会停止运转。但是这个论证不能应用到基于模拟的系统上去。比如说，想象一个像霍伊尔笔下的黑云那样的生命系统，它是由尘埃颗粒构成的，通过电力与磁力来互动。当宇宙冷寂下来，每一刻尘埃颗粒就将处于它的基态里，所以每一颗颗粒的内部温度就是零，系统的有效温度就是颗粒之间的随机运动的动态温度。因为电力和引力的能量与距离成反比，当自身的温度冷却时，黑云必须膨胀。一个简单的计算就可以证明，尽管温度下降，但每个颗粒的可行的量子态的数量在增加，是黑云整体的 1.5 倍的作用力。随着黑云膨胀，量子态的数目就变得越来越多。在这种模拟系统里，没有基态和能隙。

像霍伊尔笔下的黑云那样，一种模拟形式的生命会更好地适应低温，因为一团拥有有限数量颗粒的云可以扩增自身的记忆，而不用受限于自身的线性增长。对于量子化能量的论证不能应用到模拟系统里，因为量子态的数目是没有限制的。最后，量子力学就变得无关紧要了，这个系统的行为变成本质上是经典力学的。量子态的数目变得如此之大，这样经典力学就变得精密了。当模拟系统以经典力学的方式运作时，量子化的能量的论证就失败了。这就是为什么在经典力学的领域里存活下来是可能的，尽管在量子力学的领域里存活下来是不可能的。幸运的是，随着宇宙扩张和冷寂，经典力学就会占主导地位。但是克劳斯和斯塔克曼还是不情愿承认这一点。我依然期待他们带来新的论证，这样我就能尽全力去反驳了。

现在，于我而言，比起"终极的生命以什么形式存在"这个问题，"生命是模拟的还是数据的"这个问题更加有意思，也许还更加重要了。

🕐 2001年3月13日

想观看本文作者弗里曼·戴森的 TED 演讲视频吗？
扫码下载"湛庐阅读"APP，"扫一扫"本书封底
条形码、彩蛋、书单、更多惊喜等着您！

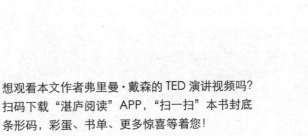

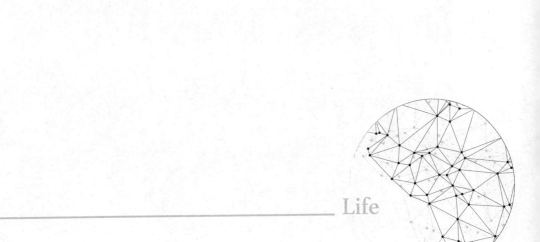

Life

美国科学家乔治·沃尔德（George Wald）曾经说过，如果你在地球上能学好生物化学，你也可以在大角星上通过考试。

——《生命，这是怎样一个概念啊！》

George Wald once said that if you study your biochemistry text on Earth, you can pass examinations on Arcturus,

08

LIFE: WHAT A CONCEPT!

生命：这是怎样一个概念啊！

Freeman Dyson
弗里曼·戴森
理论物理学家、数学家。

J. Craig Venter
克雷格·文特尔
基因组学家，"人造生命之父"，
著有《生命的未来》。

George Church
乔治·丘奇
哈佛大学遗传学教授。

Dimitar Sasselov
迪米特尔·萨塞洛夫
哈佛大学天文学教授，哈佛大学生命起源学会主任。

Seth Lloyd
塞思·劳埃德
麻省理工学院量子机械工程教授。

Robert Shapiro
罗伯特·夏皮罗
纽约大学化学系名誉教授和高级研究员。

John Brockman
约翰·布罗克曼
Edge创始人。

●   **弗里曼·戴森：** 首先，我想简单说一下生命的起源。对我而言，生物学里最有意思的问题一直都是，所有这一切是怎样开始的？这一直是我的一个业余爱好。在我看来，我们差不多都对它缺乏了解。

3 年前，我对卡尔·沃斯（Carl Woese）写的文章《新世纪的新生物学》（*A New Biology for a New Century*）里出现的早期生命图景感到震撼。他描绘了一幅前达尔文时期的图景，当时基因信息还是开源的，而且所有东西都被不同的有机体所共享。这幅图景正好符合我对生命起源的推测。

这本书的核心观念就是把新陈代谢从繁殖中分离出来。我们知道，现代生命同时具有新陈代谢和繁殖的功能，但这两项功能是由不同的分子群所执行的：新陈代谢仅仅由蛋白质和所有类型的小分子负责，而繁殖是由 DNA 和 RNA 负责的。这或许是一条线索，告诉我们新陈代谢和繁殖是分离的而不是融合在一起的。所以我推测，生命的起源就是，生命只是从新陈代谢开始的。

你们可以看到我建立的所谓的"垃圾袋模型"（garbage-bag model）。早期细胞只不过是某种细胞膜的"小袋子"，它可以是油质的或者是一种金属氧化物。在里面，你会看到一个随机的有机分子的集合，它们是由小分子组成的，并可以扩散进入细胞膜，但是大分子不能扩散出来。通过把小分子转化为大分子，就可以在内部浓缩成为有机体的一部分，这样细胞就会变得更加浓缩，化学物质的运作也会变得更加有效率。所以，这些东西就可以不通过繁殖而进行进化。这是一个简单的统计学上的遗传。当一个细胞变得足够大以至于可以分割为两半，或者由于暴风雨或环境的震荡被摇晃为两半时，它就会产生出两个细胞，这就是它的后代，我们可以勉强地称之为遗传，但这只是统计学意义上的内部的化学机制。在这些条件下，进化就可以发生作用。

○ **塞思·劳埃德：** 在这个过程中会出现脂质的膜状物吗？

● **弗里曼·戴森：** 当然会！我们会看到它们的存在。这个所谓的"垃圾袋"阶段是生命的一个阶段，进化确实会发生，但只在统计学意义的基础上。我想它可以被称作前达尔文主义，因为达尔文自己并没有使用"进化"这个词，他主要关心的是物种，而不是进化表述。

第二个阶段就是，在某些"垃圾袋模型"细胞里出现了 RNA。也许，在分子三磷酸腺苷（ATP）里的新陈代谢和繁殖之间存在某种联系。我们知道，ATP 有一个双重功效：它不仅对新陈代谢很重要，而且它实质上是一种核苷酸。所以，它给两个系统建立了连接。也许一个"垃圾袋模型"恰巧可以通过随机过程来产生 ATP。ATP 对新陈代谢很有用，所以那些细胞可以繁殖出很多数量的后代，并且创造出大量的 ATP。然后很偶然地，这个 ATP 构成了腺嘌呤核苷酸，从而聚集成 RNA。这样，就产生了在这些细胞内寄生的

RNA。这个过程是生命的一种分离形式，这是没有新陈代谢的纯粹的复制过程。RNA可以复制自身来增加自身数量，但它不能进行新陈代谢。

然后，RNA就开始制造病毒。RNA找到了一种方式，可以在一小片细胞膜里将自己打包，然后它就可以独立地穿行了。生命第二个阶段的"垃圾袋"依然是没有组织的，在化学层面上处于很随机的状态，当RNA在病毒的"小袋子"里进行复制时，也就把一个细胞里的基因信息带进了另一个细胞里。这就是我眼中的RNA世界。它也符合曼弗雷德·艾根（Manfred Eigen）所构想的生命起源，在我看来生命起源是第二个阶段。在RNA可以独立地生存、复制、穿行，并且在不同种类的细胞之间分享基因信息之后，就到了第三个阶段。我认为这个阶段是最神秘的，只有当两个系统开始合作时才会发生。它始于核蛋白体的创造，这于我而言是最核心的神秘之处。调查核蛋白体的考古学会有庞大的工作要做，我希望你们中有人会去做。

一旦核蛋白体被创造出来，那么RNA和新陈代谢两个系统就会融合起来，这样就有了现在所说的细胞。这就是第三个阶段，这个过程同样要有基因信息共享，这种分享大多是通过在细胞之间穿行的病毒来完成的，所以这是一个开源的遗传。就像卡尔·沃斯所描述的那样，进化速度可以变得相当快。

下面就是卡尔·沃斯所描述的大致情境：有了细胞之后，它的新陈代谢是由RNA或者DNA来指引的，但是没有任何私密的"知识产权"，所以一个细胞创造的化学物质可以被其他细胞分享。进化会在很多不同的细胞里同时进行，所以这个过程可以变得更快。参与这个过程的最棒的化学装置可以在不同细胞之间分享信息并且合作，这种方式也加快了进化的速度。这或许是化学进化最快的阶段了，因为很多基本的生物化学发明都已经齐备了。

第四个阶段就是物种分化与性的阶段，这是接下来两个重大的创造，这也是达尔文时代的开端，物种开始产生了。一些细胞认为保存自己的"知识产权"会更加有利，也就是只和自己或自己物种内的成员有性接触，因此就定义了物种。这就是接下来20亿年里的生命状况，也就是太古代和元古代。那是生命进化的停滞阶段，而且这个阶段持续了20亿年。

然后就是第五个阶段，多细胞有机体被创造出来，其中包括另一个重要的创造：死亡。

这之后就是第六个阶段。这是达尔文时代的终点，即文化的进化成为最重要的驱动力从而取代了生物的进化。"文化"意味着，人类开始通过传播技术和好的生活方式来改善生活条件，而不是通过繁殖。所以，比起传播基因，你会更倾向于频繁地传播思想。接下来就是第七个阶段。

但这样有什么意义吗？我想它有意义，但是所有模型都是短暂的，都会很快被更好的模型取代。

我要讲的另一件事是家用的生物技术，这是一个完全不同的主题。在过去的 20 年里，物理技术的发展带来了手机和我在桌上可以看到的那些东西，还有各种各样的个人电脑、数码照相机、GPS 导航系统。所有这些都是技术创造的奇迹，它们已经迅速地从高不可攀变得很平常，它们已经成为普遍家用的了。这是一个巨大的变迁，我们从未预测到这些。

我记得，当冯·诺依曼（John Von Neumann）在普林斯顿开发出第一台可编程的计算机时，我恰巧就在那里，关于计算机的未来，他说了很多，他预计计算机会变得越来越大并且越来越昂贵，所以它只能被大公司、政府和大研究室所拥有。他怎么也想象不到，现在计算机可以被 3 岁小孩拿着玩，并且变成儿童正常教育的一部分。据说有人问他美国需要多少台计算机？市场会有多大？他回答说："18 台！"但事实完全在朝相反的方向发展。

▶ **克雷格·文特尔：** 其实是在这两个方向上都前进了。

● **弗里曼·戴森：** 在某种程度上是的，但现在即使最大的计算机体型也没有当年那么巨大了，这已经很了不起了。我依然记得普林斯顿的第一台计算机，它是一个庞然大物，在这个帐篷这么大的房间里装满了机器。那是在1951 年、1952 年的时候，并且它顺畅地运行到了 1953 年。

▶ **克雷格·文特尔：** 但是它没有你的笔记本电脑那么强大。

● **弗里曼·戴森：** 确实差远了！普林斯顿第一台计算机的内存只有 4KB，但是冯·诺依曼对此已经感到相当惊奇了。特别是当时有一位数学家尼尔斯·巴里切利（Nils Barricelli），他竟用 4KB 的内存模拟了进化的过程。他构建了一个进化生物的模型，进化生物又组成了一个生态系统，这些模型证明了间断均衡与真实的物种进化方式完全一致。他可以从那台机器里获得这么多东西，实在令人震惊！

○ **塞思·劳埃德：** 问题在于，每两年半，计算机的速度就会提高一倍，但是计算机程序员用垃圾程序把计算机弄得一团糟，这使得每两年半它们的速度就会变得稍微慢一点。

● **弗里曼·戴森：** 因为冯·诺依曼认为他处理的是不可靠的硬件，这是他的另一个错误。问题其实在于怎样编写可靠的软件，从而可以处理不可靠的硬件。现在我们面对的是相反的问题：硬件已经出乎意料得可靠了，但是软件没有这么可靠。正是软件限制了你能做的事情。

我预测，未来 50 年内，在生物技术领域将发生同样的事情，也许在未来 20 年内，它就会实现普及。我拿费城举办的花展和圣迭戈的爬虫展举个例子，在那两个地方，我看到了大型市场的示范操作，这些市场是为精通动植物培育的人而设置的，他们也渴望通过自己的双手去使用新的生物技术。一旦这变得触手可及，我相信也会产生深远影响，就像计算机对于喜欢它的人来说变得触手可及那样。生物技术本质上是编写和解读 DNA，你可以在家里用你的个人机器编写基因组，从而培育出各种新品种的植物。只需要你桌面上的一个小小的 DNA 读取器和一个小小的 DNA 编写器，你就可以用屏幕上的图片摆弄种子和卵子。

○ **塞思·劳埃德：** 让计算机变得无处不在的一个因素是摩尔定律，每两年计算机就会变得更快捷和强大一倍。那么生物技术里有等价的定律吗？

● **弗里曼·戴森：** 这很明确，同样的事情也会发生在 DNA 身上。摩尔定律会像我们所说的那样通过读取和编写机器而运行。

○ **塞思·劳埃德：** 差不多以同样的速度吗？

● **弗里曼·戴森：** 当然。

○ **塞思·劳埃德：** 它会更快。我和戈登·摩尔（Gordon Moore）讨论过这件事，我说序列读取和编写会比摩尔定律变化得更快，然后他说："这没关系，因为你最终还是得依赖摩尔定律。"

● **弗里曼·戴森：** 我同意这种说法。

▶ **克雷格·文特尔：** 除非我们建造出生物计算机（biocomputer），因为现在最好的计算机就是生物计算机。

约翰·布罗克曼： 有一个17岁的孩子，他用两周时间就可以黑掉一台iPhone。现在我们谈论的可是DNA的编写和读取，那这个孩子简直可以创造出生命了。

● **弗里曼·戴森：** 没错，驱动力是父母，而不是科学家。生育诊所是一个极为庞大并且营利的医学分支，这就是生物技术的爆发点之一。毫无疑问，它会进入生育诊所。不论好歹，那都会发生。

约翰·布罗克曼： 但是，从我们对生命的观念来看，这难道不是一个分水岭吗？什么样的可能性会发生，它对社会的影响又将是什么？

● **弗里曼·戴森：** 并不是所有可能发生的事都会成真。我们对于用人类做实验有严格的法律规定。

约翰·布罗克曼： 黑掉一台iPhone也是非法的，沿着这些界限的有些活动本身就是非法的。

● **弗里曼·戴森：** 但医学上不同。如果你打破这些法律规定，你就会被扔进监狱。这其中有很多明显的相似之处，但是也有巨大的差异。当然事实上，会有人做有关人类的实验，我完全赞成。但是我想，社会将在这方面设立限制，这些限制有时也会被打破，但是限制还会在那里。

罗伯特·夏皮罗：我只想说一个区别，因为这两件事情已经开始互相介入了。对于计算机，我记得大概在 30 年前，一个叫作"Heathkit"的东西被提出了，它的中心思想是，当你可以在自己的地下室里制造一台计算机时，为什么还要购买一台计算机呢？当然，我还没有看到过，有人在地下室里制造出自己的计算机。如果你从戴尔或者 IBM 购买计算机，他们会为你组装起来，这很方便。但实际上，构造一台计算机的困难部分，还是需要在专业化的机构里完成，然后他们才能让产品上市。现在每个人都拥有一台手机，但是我怀疑，如果摔坏了它，大多数人是否能修好自己的手机。而新的生物技术，也就是 DNA 测序将会大规模进行，基因工程也会大行其道，新的器官也会被构建出来，但是它们也必须是在专业化的场所里完成的，只有产品会对大众开放。没有哪个孩子会走进他的地下室，装配必要的 DNA 合成器，或者做 DNA 测序，从而创造出自己的新器官。

弗里曼·戴森：你的想法很像冯·诺依曼，但我并不认同。你将卖给孩子的是整套工具，你不会卖给他们全部成套的设备，但是你会卖给他们一个可以玩乐的工具，就像你卖计算机给孩子玩游戏一样。计算机只是被用来玩游戏而已，而并没有被用来做计算。

塞思·劳埃德：事实上，在计算机的历史里有一个很好的类比。30 年前，从麻省理工学院来的新生会建造计算机，但很快他们就停止这一行为了。在 20 年前，或者 15 年前，新生们就知道怎么编写计算机程序了。但是现在，当新生过来上学之前，实际上他们很少有人会用 Java 这样的语言来编写一个程序。但是，他们用计算机用得更多了，他们是软件的大用户，他们自然而然地就知道关于计算机运行方式的很多事情，也知道他们可以用软件来做什么。这就是熟能生巧。如果有人可以让你能用软件做很多事，那你为什么还要去编程呢？当然，当你玩《侠盗猎车手》（ *Grand Theft Auto* ）这个游戏的时候，其实你也是在有效地在给计算机编程。所以我推测，戴森所说的是正确的：人们会使用这项新的基因技术，但是也许有类似于编程的东西让人们能够去建造新器官——它类似于软件，人们会变成这个软件的用户。

☐ **罗伯特·夏皮罗：**我看到有些孩子去购买蜥蜴，据说，那些蜥蜴可以在黑暗的环境里显现出绿色的荧光，但我并没看到过这些孩子在自己的地下室里制造出这些东西来。

● **弗里曼·戴森：**我想两种情况都会发生。

◆ **迪米特尔·萨塞洛夫：**也许问题在于时间。也就是说，到了某个时间点，技术真的会这样发展，我们也会变成不同的物种，那时，我们也不会像现在这么关心孩子能否任意修改一个人类的身体。因为我们将按照受管制的方式被修改得足够好，到那时，这个问题就没那么重要了。

● **弗里曼·戴森：**是的，没有人可以提前知道，最后，所有这些事情通常会被证明与你的预期不同。

○ **塞思·劳埃德：**事实上，这是一个如幽灵般缠绕在内心的恐惧。因为，如你所说，我们不被准许去修改人类，但是我们可以去修改老鼠。我们可能会快速地让老鼠发展出完全超越我们的能力，而我们却在黑暗时代里原地踏步。

约翰·布罗克曼：戴森，昨天晚上我问理查德·道金斯，他是否会去评论你在《我们生物技术的未来》（*Our Biotech Future*）一文里指出的"达尔文主义阶段的终结"？他给了我以下评论，并且提醒说，这是专门为了今天这次会议而匆忙作出的回复。他写道：

> 我先从戴森的文章里引用两句："卡尔·沃斯（Carl Woese）所说的达尔文主义的进化的意思是，达尔文本人所理解的进化，也就是基于非杂交繁殖的物种之间的生存竞争"。还有一句是"很少有例外，达尔文主义的进化需要已经诞生的物种灭绝，这样新物种才能取代它们。"这两句话构成了一个人们经常会犯的可笑错误，这是对达尔文主义的进化灾难性的误解。不仅像达尔文所理解的，还像我们现在用一种很不同的语言所理解的那样，达尔文主义的进化并不是基于物种之间的生存竞

争，而是基于物种内的生存竞争。达尔文会谈论每一个物种内部的个体之间的竞争，而我会谈论基因池内的基因之间的竞争。这两种表达方式的区别很小，而戴森的错误则比较严重，不过大多数普通人也会犯这种错误：我写《自私的基因》的部分原因就是想消除这种可笑的错误，我想我取得了很大成功，但是很明显戴森没有读过这本书！戴森认为自然选择是关于物种的生存或灭绝的。当然，物种的灭绝对于生命的历史而言相当重要，其中有些物种的灭绝原因也不完全是随机的（有些物种就是更容易灭绝）。尽管这在有些肤浅的意义上像达尔文主义的选择，但实质上并不是选择过程驱动了进化。而且，物种之间的军备竞赛构成了很重要的一部分，也就是驱动了达尔文主义的进化的竞争环境。但比如说，在捕食者与被猎者之间的军备竞赛，或者在寄生虫与宿主之间的军备竞赛，这种驱动进化的竞争也发生在物种内部。单只狐狸并没有与兔子竞争，而很多只狐狸之间在相互竞争着去抓兔子（我喜欢把这个例子转述成狐狸的基因池里的基因之间的竞争）。

戴森文章里的其他部分都很有趣，我最感兴趣的是他提到横向转移（horizontal transfer）的两个阶段之间存在一个间歇，我们知道细菌是以横向转移的方式行动的，并且在真核细胞间歇时的整个时间内都会这样行动。但是，其中的间歇并不是达尔文主义的间歇，它是细胞减数分裂／性／基因池／物种的间歇。在横向转移时期里，基因之间的达尔文主义式的选择依旧在进行。在30亿年的间歇期里所发生的就是，基因被限制在基因池里，仅限于与同一物种内的其他基因竞争。以前（现在依然在细菌里）它们自由地与其他更广泛的基因竞争（没有处于间歇之外的物种）。如果现在一个新的横向转移时期通过技术实现了，基因可能会再次自由地与其他更广泛的基因进行竞争。

戴森的文章里有很多令人着迷的想法。但是很遗憾，它的核心被这样一些基础错误破坏了。

● **弗里曼·戴森：**很好！对道金斯的回复，我有两个回应。第一点，我所写的不是一个可笑的错误，道金斯错了。而且我读过他的那本《自私的基因》。

物种一旦形成，就很少进化，进化中的大幅进展大多发生在物种形成的过程里，这样，拥有新适应性的新物种才出现了。原因在于，一个种群的进化速率大概与种群规模的平方根倒数成正比。所以，大幅进展更有可能发生于种群规模小的时期，这样我们才可以在化石记录中看到"间断平衡"。竞争发生于新物种之间，其中一个小种群会快速适应新环境，而拥有大种群的老物种会缓慢地适应。

第二点，认为群体选择没有个体选择那么重要，这种观点是荒谬的。比如说，想象两只毛里求斯的渡渡鸟 A 和 B，它们竞争去求偶和繁殖后代。以个体选择来衡量的话，渡渡鸟 A 的竞争力更强并且适应力也更强。渡渡鸟 A 会更频繁地进行交配，比渡渡鸟 B 拥有更多的后代。100 年后，渡渡鸟这个物种灭绝了，A 和 B 的适存度都降为零。在物种层面的选择胜过了个体层面的选择。物种层面的选择消灭了 A 和 B，因为这个物种忽略了保持飞行的能力，这对于它们从岛上的人类捕食者那里求生至关重要。这种情况不是渡渡鸟独有的，环境变迁引发物种绝迹，这在整个进化进程中都会出现。

在我看来，这两个回应都是有效的，但是第二点更直接地指向了道金斯和我的分歧。

▶ **克雷格·文特尔：** 我对一些基本术语的理解还存有疑惑。你对"物种"的定义是什么？最近在我们的研究里，我在这些问题上遇到了很大的困难。

● **弗里曼·戴森：** 是的，这确实是一个难题。物种被假设为仅仅是一个在内部而非外部养育后代的种群，但是，当然会有各种各样的例外。

▶ **克雷格·文特尔：** 生物学大多忽视了这一点。

● **弗里曼·戴森：** 是的，所以我不知道真实的定义是怎样的，但那是一个常规的定义。

▶ **克雷格·文特尔：** 这是一个人类的定义。

● **弗里曼·戴森：**这个定义很含糊。就像大多数事情一样。

○ **塞思·劳埃德：**对于有性繁殖的物种还好，但对细菌来说，这个定义有更多含糊之处。

● **弗里曼·戴森：**正是！

▶ **克雷格·文特尔：**而一旦涉及到决定物种的一两个识别分子，麻烦就来了。如果是基于杂交的话，就在精子上做识别位点。对吗？

● **弗里曼·戴森：**没错。

▶ **克雷格·文特尔：**然后，就那样决定了一个物种。

● **弗里曼·戴森：**当然，还有其他东西参与判定过程。

■ **乔治·丘奇：**还有染色体动力系统、形态学、行为方式等很多东西，这取决于一个有机体的复杂程度。

▶ **克雷格·文特尔：**因为分辨人和长颈鹿很容易，所以我们可以说这是不同的物种。

● **弗里曼·戴森：**让我受益最多的一本书是乔纳生·威诺（Jonathan Weiner）写的《鸟喙》（*The Beak of the Finch*），其中描述了进化生物学家彼得·格兰特（Peter Grant）夫妇在厄瓜多尔加拉帕戈斯群岛观察到的进化过程。了不起的是，他们年复一年地切实观察到，当条件好的时候，物种就会开始杂交，而当条件变差，物种就会再次分离。甚至在年复一年这样短的时间尺度上，你都可以看到物种界线并不是完全分明的。

○ **塞思·劳埃德：**不好意思，我不熟悉这项工作。照你这么说，当时机好的时候，物种就会杂交，而当时机不好，它们就分离成更小的种群。是不是这样它们就能更剧烈地进化？

● **弗里曼·戴森：**是的。因为在时机不好的时候，为了保证能够成功繁殖后代，就不得不限制更多条件。

▶ **克雷格·文特尔：** 就像在旱灾期间，存留下来的种子都是那些非常坚硬的一样，那些存活下来的鸟类就拥有强有力的喙。

● **弗里曼·戴森：** 不仅仅是那些。你还可以看到一个分离的种群专门吃小种子，所以它们的喙就小。由于地理因素，气候也会出现剧烈的变动。在厄尔尼诺期间，环境是潮湿的，而在厄尔尼诺之前，环境很干燥。所以自然选择是很残酷的，几乎每年都会有一半物种被淘汰。

▶ **克雷格·文特尔：** 曾几何时，我环球探险中的一个亮点就是在加拉帕戈斯群岛和彼得·格兰特夫妇相会，就在达芙妮岛上他们的小帐篷里。他们在这个岛上的小帐篷里住了三个月，那里没有淡水，一片荒芜。他们依靠瓶装水和金枪鱼罐头生活，我给他们带了一瓶冰镇的香槟。现在，那里变成了一个使人感到更幸福的生态系统。他们所做的事情很了不起。

● **弗里曼·戴森：** 他们所拥有的巨大优势就是那里的鸟儿都很温顺。你可以靠近一只鸟，然后在它腿上安一个环，它都不会飞走。这就使观测活动成为可能，他们知道每一只鸟的个体情况。

▶ **克雷格·文特尔：** 那些鸟不仅是温顺。如果你走在路上，鲣鸟就会啄你的腿，它们是在告诉你，这是它们的岛屿。不久之后，人类就变得没那么温和了。在你看来，拥有更大的喙的雀类是一个不同的物种吗？这是对物种定义里很重要的一部分。

● **弗里曼·戴森：** 是的，根据达尔文的说法，它们确实是不同的物种。实际上，它们在进行着相当广泛的杂交繁殖。

▶ **克雷格·文特尔：** 所以，基因组里两个碱基对的变动足以创造出一个新物种，人类足以创造 15 亿种。

● **弗里曼·戴森：** 是的。

▶ **克雷格·文特尔：** 我不确定是否每个人都会认同这个定义，因为这个定义会导致这样一个结论：你和你儿子是不同的物种。

● **弗里曼·戴森：** 真正的问题在于法律。《濒危物种法案》迫使我们必须对这些物种有合法的定义。

■ **乔治·丘奇：** 确实如此，我们都是濒危的物种。

○ **塞思·劳埃德：** 我推断，人类是没有基因多样性的物种。现在，拿这里树上的两只松鼠为例，它们在基因上的差异更大，比地球上任何两个人的基因差异都要大。所以，我们习惯于以己度人。

▶ **克雷格·文特尔：** 你这样说的证据是什么？

■ **乔治·丘奇：** 对黑猩猩来说确实是这样。但我不知道这对松鼠是否也同样适用。

○ **塞思·劳埃德：** 但是"智人"是一个很近的物种，智人的线粒体 DNA 也表明，我们从并不十分遥远的平常祖先那里起源而来，大概可以追溯到 10 万年之内。所以，如果把过去 10 万年的人科物种当作一个整体来比较的话，在人类物种中就存在一个在基因上很难解决的问题。这就使得我们没有像松树那样的多样化。

□ **罗伯特·夏皮罗：** 戴森所说的主旨是，如果我们基本接受他所说的话（我自己当然接受），那么像物种和杂交繁殖这样的概念在某种意义上就会消失。因为在新的时代，会出现这样的实验室，它们可以重新创造生命，或者把不同物种的性质融合在一起，这取决于设计者让它们在何种程度上杂交繁殖，或者与存在的何种有机体杂交繁殖。所以那是可以想象的，如果文明持续下去，我们将可以掌控什么样的物种能够产生，而什么样的物种不能。

○ **塞思·劳埃德：** 但这个真的重要吗？戴森，你说我们已经到了达尔文主义的进化终点，人类是地球上的主导物种，不能和人类共生进化的物种就会暗淡下去。但是这意味着，在这个达尔文主义进化的终点，基因不再如此重要，相反，可以涌现出很多思想。我敢说，像计算机和软件这样的东西会变得更加重要。你展望过这样一个时代吗？基因信息重新回到主导地位，就像它过去在地球上主导了数十亿年那样？

● **弗里曼·戴森：** 没有，我没有展望得很远。我很保守，只考虑人类社会。我们要明智地尽可能保存我们现在的存在方式，我希望我们会在这件事上取得成功。通过在人身上做实验，我们能创造出更好的人类？对此我没有抱很大希望。

约翰·布罗克曼： 这听起来更像是工程师的办法，而非一个思想家的办法。作为科学家，难道你不谈谈这个巨大的分水岭吗？想想它对人类的意义或者它对所有生物的意义？你能想象，意识形态派系或者宗教团体会怎么对待今天下午我们的某些言论吗？

○ **塞思·劳埃德：** 让人感到很讽刺的是，很多宗教就是观念的集合，很多宗教想做的一件事情，就是从基因上把他们自己隔绝开来。在一个宗教里守住基因池，阻止和其他信仰的基因杂交繁殖。你可以说，宗教几乎就是一种观念的尝试，它希望通过在小种群里进行基因工程的改造，回到原来急剧进化的美好岁月。

● **弗里曼·戴森：** 我并不熟悉文化正在毁灭的这种感觉。在我看来，上百万人正在博客或网页上创造你认为可以成为文化的东西。虽然质量良莠不齐，但是比起以前，现在确实更容易发表文章了，而这于我而言并不一定就是灾难，它也许是向前了一步。

○ **塞思·劳埃德：** 事实上，现在更容易保存信息了。在过去，文化的一个主要问题就是它会消失，因为只有一份备份。当只有一份备份的时候，事物就很容易被摧毁。当然，可能因为是在美国，我们并没有历史悠久的文化，所以我们也不用太担心失去文化。也许，担心全范围的基因复制与研究，会让人们看到复制与研究一般文化信息的危险。比如说，违反版权。尽管我通常会支持任何我能想到的信息操控，但我还是对试图操控人类基因组感到奇怪。当然，过去操控基因组的首要方式是通过培育，很久以来人们一直都在这么做。人们相当反感通过培育来操纵人类基因组，进而创造出完美的人类。

这是人们长久以来的恐惧，同时也是长久以来的诱惑。这很可怕。但是任何有趣的事情都是可怕的。

乔治·丘奇： 从历史的角度来看，基因组在很大程度上已经很开放了，即使在营利部门，他们也会发表论文，等等，而人类基因组计划早在收集到数据后的一周之内就想发表论文了。几乎每一个基因组你都有希望可以得到，包括有些东西，有人更希望它不是开源的，就像天花，还有1918年的流感病毒，但文特尔曾推动过人类基因组计划。所有这些都是开放的，我想这是一个趋势。

弗里曼·戴森： 很不幸，天花病毒是在开源范围里的。如果它没有被公布出来的话，这个世界会变得更加安全。

克雷格·文特尔： 在这一点上，我完全不同意你的看法。

弗里曼·戴森： 这是一个小例外，但作为一个基本原则，开放性更加可取。

克雷格·文特尔： 即使在天花这件事情上，我想我也可以令你信服开放更加重要。曾有两个国家资助了数量难以置信的秘密研究，就是美国和苏联。他们试图修改天花病毒，让它们变得更加危险。所以如果它不是开源的，那么只有这些国家拥有这些信息。如果它又变成威胁的话，那就没有其他途径去追踪它、理解它并创造更好的疫苗，等等。在合成生物学这方面，它也只有很小很小的威胁，因为DNA并没有传染性。这是一个假想的危险，有人会拿它来恐吓其他人，但实际上它并不是真正的危险。

乔治·丘奇： DNA没有传染性，但是你能在实验室里拿DNA制造有传染性的病毒吗？

克雷格·文特尔： 从假设上说可以，只是还没有人成功罢了。

乔治·丘奇： 用其他类型的痘病毒你就可以成功，所以这并不是假设的情况。

▶ **克雷格·文特尔：**世界上大概有几千种痘病毒，而且与能够轻易变成天花的物种联系紧密。我会支持新的开源。我自己个人的基因组信息就在互联网上，但是我会更有选择性地挑选和谁分享我的生物材料。这是双向开源的。

▢ **罗伯特·夏皮罗：**这确实是个有趣的论点，但是，基因隐私是经常引起争议的一个话题，个人拥有基因的隐私权，个人有权不把自己的基因组信息公之于众。

▶ **克雷格·文特尔：**但那是被恐惧驱使的，而不是被知识驱动的。

▢ **罗伯特·夏皮罗：**但是我说的是，基因隐私化也许是不可能的。我们假设文特尔并没有把他的基因组信息放在互联网上，而是想要保密。比如说，他去竞选公职，而他有一些可能导致心智不稳定的基因，因此他不想任何人得到他的基因组信息，但是有人想要得到。我所要做的就是偷取你的东西并和你握手。

▶ **克雷格·文特尔：**这就是我们要讨论的话题，我和戴森一直争论这个问题，这是对美国政府正在做的事情的反抗。前美国人类基因组研究中心主任弗朗西斯·柯林斯（Francis Collins）在建立数据库，你要进行视网膜扫描和指纹验证才能进去，而我们在互联网上公开我们的数据。所以，开源并不是任何方式的保证。我们希望人类基因组数据公开，人们会发现你所说的场景几乎不可能发生，你可以观察一个基因就说："这个人会有精神疾病。"连整个基因密码都不能提供这个答案，你必须了解环境，你还需要了解其他很多事情。也许从现在开始的 50 年后，我们会离预测更近，但我们不只是基因动物。我的危险想法是，我们可能是远远超过社会所能接受的基因动物。但是我们不完全是基因动物，所以我不认为这会像一些人所预测的那样。

▢ **罗伯特·夏皮罗：**当然，有些具体的事情可以预测。比如说，亨廷顿氏舞蹈症就是 DNA 里某些序列重复而导致的。

▶ **克雷格·文特尔：**是的，存在某些很罕见的例外。

罗伯特·夏皮罗： 通过计算那些呈现出来的重复序列，你甚至可以判断一个人在几岁可能表现出亨廷顿氏舞蹈症的症状。

克雷格·文特尔： 但是这个例外并不能构成一条规则。那是每一位遗传学家少有的几个早期成功案例，成功地在基因里发现单个基因的紊乱。

罗伯特·夏皮罗： 但是还有些案例，有些人自己并不想知道他们是否遗传了导致亨廷顿氏舞蹈症的基因，或者如果知道了，他们也不想确定自己是不是会病得很严重。但是如果外界的人想要知道某个人是否携带了这个基因，要阻止这样的人去获取信息几乎是不可能的。实际上你可能不得不搬去僻静之处，因为你所有的掩盖与伪装都在与人接触的过程中被揭穿了。

塞思·劳埃德： 这听起来很有意思，因为事实上，基因信息的数据本质，使得它更像是计算机里的信息，它可以按照那种方式被操纵，而且基因信息其实是 70 亿个可以轻易地被写入一台计算机硬盘里的比特。同时，很奇怪的是，我们的心智信息，也就是我们大脑里的信息，在形式上并不那么像数据，它们更难以被掌握。

而且这也意味着，由于这个信息已经被数据化了，它就会继续被数据化、被控制并且更加开放，怎么保证基因的秘密和隐私？这个问题很像如何保护你 iPhone 里的隐私。你允许怎样隐私地保存你在 iPhone 里的信息呢？你允许怎样隐私地保存你基因里的信息？因为这些信息会变得开放，这些信息也有可能被获取并被数据化，所以接下来的问题就是，你是否需要加密来保护你的基因密码？也许每个人都应该得到他们自己的公钥密码系统，而且只有他们可以获取自己的基因密码。

乔治·丘奇： 我们正处于一个变革状态，我们正在决定什么是正确的事情。比如说，想想我们的脸部。有些人将自己的脸部完全伪装起来；在大多数情况下，完全伪装你的脸部是被视作反社会的，比如，当你走进一家银行的时候。但是脸部是极为平常的一种展现，它会展示出你的生理状况、目前的健康状况、你和你正在对话的这个人的关系、你是愤怒还是开心，等等，这已经暴露你自己相当多的信息了。所以我们在社会中，对很多事情做出经过深思熟虑的决策时，我们不会保护隐私。我们确实有可能对基因组做同样的事情。我们在保护谁？这是一个开放性问题。

□ **罗伯特·夏皮罗：** 好吧，我们如此简单地掩盖住了基因，抛开脸部的问题不谈的话，如果有人想要你的基因组信息，你几乎不可能保护这个隐私。

■ **乔治·丘奇：** 我认同你的说法。我们都在变成"泡沫人"，活在没人可以进入的小小的密闭泡沫里。

○ **塞思·劳埃德：** 这么说，窃取我基因组信息的人就是在窃取垃圾，对吗？

────────────

▶ **克雷格·文特尔：** 劳埃德关于数据化的说法，基本就是我过去 15 年所研究的数据化生物学（digitizing biology）。那也是 DNA 测序所做的事情。我把生物学当作一个模拟的世界，而 DNA 测序已经把生物学带入了数据世界。我会用几分钟谈谈我们的一些观察，然后谈谈我们曾经能够读取基因密码的事实，而现在我们已经开启编写基因密码的阶段。当然，这将是达尔文主义的终结。

在读取基因密码这方面，你们中有些人可能听说过我们过去几年在"魔法师二号"（Sorcerer II）上的探险，我们在上面用霰弹测序法（shotgun-sequencing）为海洋微生物测序。我们用上了为测序人类基因组而使用的同样的工具，而且我们可以在任何环境下利用这些工具。我们可以挖出一些土壤，或者从池塘里取一些水，就能在人们甚至未曾想象的规模上探索生物学。

如我们渐渐所知道的那样，微生物学的世界建立在有 100 年之久的技术之上，我们来看看在这种文化里将生长出什么来。大约只有 0.1% 微生物有机体可以利用传统技术在实验室里培养出来。我们当时决定直接进入 DNA 的世界，用霰弹测序法来看看那里有什么，把简单的过滤海水的技术应用到不同尺度的事物上，并且对那上面的所有事物进行测序。

比如说，我们发现海洋上半部分的几乎所有微生物有机体都有光感受器，就像我们眼睛里的一样。我们知道那里有一两个和细菌一样的视网膜紫质，但是人们通常认为那是稀少的分子。事实证明，它可能是这个星球上最大的基因家族之一。它和我们眼睛里的基因家族一样，就像我们自己的视网膜紫质和视色素。只是这些有机体不仅会捕捉光线信息，它们还会将捕捉的光线转化为细胞能量，但这并不是光合作用，它是一个完全不同的机制。当我们准备去环绕百慕大的马尾藻海时，所有航海的微生物学家都告诉我们，那里什么都没有，那是一个荒漠，我们找不到多少有机体。而我们仅在一桶海水里就找到了成千上万的有机体。他们说他们找不到任何东西的理由是那里没有营养物，他们说："没有营养物，因此就没有生命。"事实证明，那些有机体并不需要营养物，因为它们的能量直接来自阳光。

○ **塞思·劳埃德：** 你是否想过，也许视网膜紫质最早的功能就是为了获取能量？

▶ **克雷格·文特尔：** 很有可能。而且它是为了适应视色素，因为它是识别光线的分子。另一方面，我们现在发现了数千种新的视网膜紫质，其中所有的蛋白质，都由单个氨基酸残基决定接收器能看到的光的波长。在基因密码里，单个碱基变换就能改变氨基酸，而氨基酸负责接收器能看到的光的波长。改变基因密码里的一个碱基，就可以改变被看到的光的颜色，比如说从蓝色改变为绿色。

当我们回过头来，看那些不同的视网膜紫质分子的分布时，我们发现，它们是完全基于海水的颜色分布的。在马尾藻海深靛蓝色里的有机体，其光感受器会看到蓝光。当你进入沿海水域，那里有大量的叶绿素，所以它们就主要看到绿色。于我而言，这是经典的达尔文主义式子的选择。单个碱基决定了在蓝色与绿色之间的转换，而且不论光的波长是多少，它很清楚地提供了那个环境里的生存优势。

只要看看种群数量，最后就能看出，在蓝色与绿色之间的转换至少出现了 4 次，并且来回往复。因此，一方面，这看起来像是达尔文主义思考方式的经典改善。另一方面，在每一类的 16S rRNA 下面，我们实际上拥有上百到上千种不同的细胞、不同的基因组，那么它们是不同的物种吗？

这就是我在研究的物种和正在探索的生命的各种定义，我最近一直把我的职业生涯投诸在这上面。最后证明，那些多样的有机体相互之间分享了大多数的基因内容，大多数基因顺序都保存得很好，但是序列的差异在不同的细胞类型中高达 60%。根据经典的达尔文主义，情况不应该这样，任何人都没有预测到是这样的结果。事实应该是，一个或者几个物种存活下来，而其他所有物种灭绝。

最终，事实证明，有很多古老谱系的生物平行地存在着，实质上它们是相互等同的，但也没有完全等同。

也许它们拥有相同的碱基变换，只是一个可以看到蓝光而另一个可以看到绿光。我们看不到这些，因为我们不知道所有其他分子转换变动的含义。我被迫用"物种"这个术语，因为没有更好的常用词了，但是"物种"是一个很模糊的术语。这是一种存在紧密联系的有机体的群体，就像人类种群是一个紧密联系的有机体的群体一样。如果有一个新物种，它有一个碱基变换，它可以看到蓝光而不是绿光，这就是表型的差异，一种生存上的差异；它与有性繁殖无关，但是它与基因信息的变化顺序大致相同。

我要更多地以基因为中心来思考生命，而不是以基因组为中心，尽管它是一种振荡。当我们讨论移植工作时，"以基因组为中心"变得比"以基因为中心"更加重要。从"魔法师二号"中 1/3 的探险来看，我们差不多发现了 600 万种新基因，这差不多是我们几个月前放进公开数据库里的两倍。现在我们在这座星球上发现的也就是冰山的一角。我们现在处于基因发现的线性阶段，也许是在独特生物实体的线性阶段，如果你称之为"物种"，我想最终我们可以拥有含有整个星球上全部基因的数据库。但有一个问题是，我们是否可能从这个数据集里回溯推断，然后描述我们最近的共有的祖先呢？我并不认为我们只有单个的祖先。这种观点对我而言是反直觉的。我想我们可能有上千个共有的祖先，但这些祖先并不一定有很多共同之处。

生命：这是怎样一个概念啊！

你可以综合起来考虑的另一件事情是：有的有机体可以从长时间飞行中存活下来。它们可以承受数百万拉德的离子化辐射，它们可以完全脱水，当接触到一个水源，它们就修复基因组并且开始重新复制。因此，如果生命可以在宇宙里穿行的话，你就可以潜在地看到一个持续 60 亿～80 亿年之久的进化事件，而不是 30 亿～40 亿年的进化事件。当我们将其他星球和星系上可能存在的生命考虑在内的时候，就给事物增加了很多维度。我们每年和火星会交换大约 100 公斤的物质，同时我们也在交换生物物质和生物信息。对我而言，在火星上发现生命只是时间问题。这是不可避免的。但它不会告诉我们，这个生命是源于火星还是源于地球，它们将会进行很平常的交叉重叠。我们还不知道那些问题的答案，是因为我们不知道我们整个星球上的全部基因，我们还处于整个探索的最初阶段。对此，有进化方面的事情，也有生命起源方面的事情，这就很令人好奇了。

我的事业早期的内容是，试图创造出神经递质接收器的定向位点的基因突变，改变单个碱基对，并研究在新改变了的蛋白质里的功能变化。现在，你只要去我们的基因集数据库里，就可以看到单个基因的 35 000 个变异，这些基因是我们已知存活下来并还在自然界里工作的。用另一种视角看世界，你就会改变实验方法。这个新数据集给予了我们一个神奇的新的基因编目，只要你将那些基因看作未来设计的组成成分。

对我来说，这些都是从 1995 年开始的，当时我们给最初的两个活体基因组测序。其中一个是流感嗜血杆菌，另一个是生殖支原体。生殖支原体只有 550 多个的基因，流感嗜血杆菌有 1 800 个。这是我们第一次对活的有机体进行比较基因组研究。我们开始提出一些简单的问题，比如说，如果一个物种需要 1 800 个基因，而另一个需要 550 个，这些物种可以凭借更少的基因存活下来吗？你能给生命定义最小的基因操作系统吗？我们可以在基因层面定义生命吗？很明显这些都是很幼稚的问题，但是科学共同体对生物化学和基因组学的看法也很有限。比如说，当我们发布了流感嗜血杆菌的基因组时，斯坦福大学一位著名的生物化学家说，很明显我们组装错了，因为它并没有一个完整的三羧酸或者柠檬酸（TCA）循环，而每个人都知道所有有机体都有一个完整的糖酵解途径和一个完整的 TCA 循环，而流感嗜血杆菌只有半个。

◻ **罗伯特·夏皮罗：** 所以说它不是一个有机体？

▶ **克雷格·文特尔：** 不是，他们因此假设我们在测序和组装上犯了一个错误。现在我们看到了世界上所有的基因编目，比如说，我们测序的第三个有机体是首个古生菌，是和卡尔·沃斯一起做的。这个古生菌是詹氏甲烷球菌，它既没有三羧酸循环也没有糖酵解途径。它的所有能量是通过甲烷生成的；它用氢做能量源，把二氧化碳转变为甲烷。二氧化碳是细胞里所有碳分子的碳源。

戴森说可以把新陈代谢与繁殖分开，他的说法当然没错，而且我们插入了至少 20 种不同的分子来进行新陈代谢。没有一个普遍适用的基因密码可以作为一个操作系统；它可以在生产甲烷、葡萄糖代谢或者无氧代谢中做出一个选择，或者在无氧代谢、氧化代谢和其他方法中做出选择。所以幼稚地假设我们可以定义一个操作系统，很明显这是白费功夫。最初我们尝试减少生殖支原体里的基因，来看看我们是否可以获得一个最小的基因组。我们一次只能减少一个。按照一次减少一个的速度，我们减少了 100 个基因，但是这并没有告诉我们答案，当你减掉 100 个基因后，你得到的仍然是一个活的细胞。但是我们还学到了其他东西：比如说，生命的本质其实是一个相对的说法。我们可以获得在一个环境下对生命至关重要的基因，但它在其他环境里却不是至关重要的。我举的最简单的例子是，生殖支原体里有两个进行糖分转移的基因：一个是左旋糖，一个是葡萄糖。作为媒介，这两种糖都有，而如果你减掉其中一个转移基因，你就可以说它们不是至关重要的基因了，因为细胞依然活着。如果你只有葡萄糖作为糖分媒介，而你减掉葡萄糖的转移基因，这个细胞死掉了，你就可以说："这是一个至关重要的基因！"所有这些都是定义性的，是基于基因密码和环境的。

现在，我们的关注点都集中在基因密码上面，因为它是我们可以定义的事物，而环境有如此多的量级，要定义环境就复杂多了。但是对于只有 100 个基因的细胞，我们依然有这种困难。作为人类，我们有 100 万亿个细胞，其中有约 23 000 个基因，还有无数个组合，所以比起定义单个细胞的环境，要去定义我们自己的环境就要复杂得多。我们认为，回答这些问题的唯一途径就是去制造一个合成染色体，去理解最小的细胞生命。

在 1995 年，我们做了一些简单的实验去制造 φX174 病毒基因组。在这个实验里，我的同事哈姆·汉密尔顿·史密斯（Ham Hamilton Smith）发现了限制性内切核酸酶，从而让他在 1978 年获得了诺贝尔奖，还有克莱德·哈奇森（Clyde Hutchison），他在费雷德里克·桑格（Frederick Sanger）的实验室里测序 φX174，他也是定位诱变的发明者之一。我们想我们只要合成一组重叠的小寡核苷酸，用一个复制酶使它们一起被核酸退火后能与互补的核酸结合，这样我们就能获得完整的基因组。我们决定从 φX174 开始做，因为它的历史价值，还因为它里面只有几个碱基对可以变异，并且依然能获得一个功能病毒。我们想这将是一个真实的测试，因为你必须精准地合成，才能从中获得一个功能病毒。尽管我们可以根据传染性来选择，这给我们提供了 100 万到 1 000 万倍的选择，而且我们还有完整长度的基因组分子，但是没有一个能存活。

我把"切实可行"这个词用到病毒身上，其实这并不精确。我们还不清楚一个存活的细菌是什么样的，但是它一定可以感染一个细胞，并且能够开启复制机制。同时，我们决定，如果唯一的方法就是去合成一个基因组然后去修改它，我们想去创造新的生物体或者前所未有的物种。

你可以减掉一个基因，在分子生物学中，一个碱基对差异就足以产生新事物是很常见的，除非，我们可以尝试从中设计新事物。所以我们邀请了宾夕法尼亚大学的阿瑟·卡普兰（Arthur Caplan），带着他的医疗伦理团过来看看我们的实验，他的团队有各个主要宗教人士，请他们来看看在实验室里合成生命是否可行。基本上，经过了一年半的研究，没有一个宗教团体反对这件事，因为他们在圣典里找不到任何不能这样做的字眼。事实上，他们大多数提出了与"玩弄上帝"相反的词，而在这个问题上新闻媒体总是说"玩弄上帝"之类的事情。各个重要宗教基本都说，他们所宣扬的人道主义，你要努力利用知识去造福人类。1999 年，他们在《科学》杂志上发表的报告指出，我们所做的事情以及我们的方法都是合乎情理的，而且我们应该对其进一步推进。对生物恐怖主义者来说，我们的研究存在的唯一危险是，恐怖分子会试图利用我们的技术制造生物武器。

○ **塞思·劳埃德：**这很有意思。所以实际上你们是从建造一个人造有机体的视角，去进行人类基因组测序的。

▶ **克雷格·文特尔：**它们是平行的路径，两条路并不相关。我不希望你做出这种思想上的跳跃。

○ **塞思·劳埃德：**但是你们在尝试合成生命啊，为了测序你就要停止这样做。

▶ **克雷格·文特尔：**没错！所以基本上是从 2002 年开始，我们去全面寻找合成基因组的方法。我们重新回到 φX174，哈姆和克莱德又带来了新的方法来纠错和改善合成。DNA 合成是一个变性过程，你创造的分子越长，其中的误差也越多。在化学合成器之外进行合成并得到确实很精确的分子，这在目前看来几乎是不可能的。

但这对我们来说是一个令人兴奋的跨越：当我们确实可以创造出这个染色体，并且将它注入到大肠杆菌里时，大肠杆菌就开始利用这个合成基因组产生出 φX174 病毒颗粒，然后这个病毒又杀死了大肠杆菌。很清楚的是，这个人造的一小片 DNA 化学软件，现在正在建造自己的硬件。合成生物学和合成基因组学很令人兴奋的一个方面就是，它是可能的。这里有两个真实的要素或者说问题，当你想象其中的含义时也许会有更多要素或者问题。一个是，你能创造出那些大的分子吗？答案是绝对可以，我们可以创造出一整个 DNA 里染色体大小的高分子。当我们在思考合成的时候，我们是在思考，我们怎么在一个细胞里启动这个染色体？在这个过程中，我们最初想："好吧，你就像一个幽灵般的细胞，只有核糖体和其他胞质成分在里面，但是缺乏染色体"。于是我们尝试了很多种办法去消除一个细菌细胞里的染色体。然后哈姆·汉

生命：这是怎样一个概念啊！

密尔顿·史密斯指出："也许我们并不需要消除它；我们只需要把这个新的染色体放进一个细胞里，当细胞分裂的时候，也许这个化学制造的染色体将会进入一个子细胞，而另一个染色体就会走其他出路。"事实上这要复杂得多。

不久之后，我们在《科学》杂志发表了一篇关于基因组移植的论文，我们从一个物种里提纯出一个染色体，确保它完全没有任何蛋白质，然后再把这个染色体放进另一个细胞物种里。从根本上来说这就是偷换身份，因为我们放进去的这个新的染色体完全掌控了这个细胞，这个细胞完全变成了由这个新染色体支配的细胞。我们把一个抗生素选择性标记基因放那个移植的染色体里，这样那些细胞就能用新染色体来进行选择了。关于这个选择是怎样发生的，以及为什么一个染色体可以存活下来的故事，实际上要有趣得多，并且它是进化中一个重要的组成部分，但是无须赘言，新的染色体控制了一切。所有蛋白质都向它转变，包括细胞的表型，所有东西都改变了，从一个旧物种转化为一个新物种。

弗里曼·戴森： 那需要多少代？

克雷格·文特尔： 这还不清楚。它可以在最初的一代中就发生。直到有足够的细胞让你可以看到并且做生物化学实验时，它们已经经历了数十代了。最好是做停流实验，去看看在初始阶段发生了什么。我们想用一台电子显微镜去观察是否存在这些染色体集的杂交细胞。但是我们没有发现任何杂交细胞的证据。你可以看到，为什么限制酶对细胞进化如此重要，因为物种形成过程会在吸收 DNA 方面碰到问题，如果不管谁拥有主导的基因组都能迅速掌控你的物种，并且把你转化为它们。在分子层面，这就是一个身份偷换。

塞思·劳埃德： 而你惊奇于，当你把它这样描述出来的时候，为什么人们会担心。我感觉我现在就开始担心了。

罗伯特·夏皮罗： 那么两个细胞在基因上有多大的差异呢？

克雷格·文特尔： 它们基本就等于是说人和老鼠之间的基因差异。它们与支原体紧密相连，事实证明，限制壁垒是主要的壁垒。日渐清楚的是，我第一次知道限制酶对进化有多么重要，因为其他 DNA 可以侵入并掌控整个细胞，很明显这就是你想要保护的。这就等价于限制酶是它们的免疫系统。为了在一个合理的范围内做基因组移植，我们必须克服限制壁垒。在行得通的情况下，我们移植的染色体都有一个限制酶去毁坏细胞里原有的染色体。若细胞里没有一个限制酶的染色体，就没有限制壁垒了。

◆　**迪米特尔·萨塞洛夫：** 你是否感觉没必要培育一个杂交世代，让你从一代基因世代上完全跳跃到另一代上？

▶　**克雷格·文特尔：** 我不知道。

◆　**迪米特尔·萨塞洛夫：** 但是你是否有这样的直觉？

▶　**克雷格·文特尔：** 基因表达和新的蛋白质合成可以快速发生。如果我们一直有一个新的染色体，它就会立刻开始转写，事情可以急剧发生。如果改变膜状物，它其中的物质也许会进行几次细胞分裂，经历几次基因世代。经过几个世代之后，我们就用二维凝胶给一些蛋白质做测序；每一个蛋白质都是由那个新的染色体支配的。

基因组移植试验是合成生命的关键一步，所以在这里定义很重要。我们没有人说起过从零开始创造生命，因为那不是正在发生的事情。我们采取了两个办法：我们采用了基因组移植的方法，我们也有一个团队致力于从细胞中分离每一个蛋白质，去看看我们是否可以用染色体和一些脂质把蛋白质聚集起来，从而自发地形成细胞和生命。

○　**塞思·劳埃德：** 你是说，这不太像是开源软件，而更像是微软？微软的软件就积极反抗和其他软件一起操作。

▶　**克雷格·文特尔：** 绝对是这样。不这样你就不能形成物种。

这些事情又回到了对生命的基本定义上来了。媒体行业喜欢谈论从零开始创造生命，但是当我们创造和培育新物种时，我们并不是在从零开始创造生命。我们是在谈论核糖体，我们是在试图创造合成核糖体，从基因密码开始去建造合成核糖体。核糖体是如此美丽不凡的复杂体，你可以创造出合成核糖体，但是它们还不能完全起作用。事实上，还没有人知道怎么用合成核糖体进行蛋白质合成。但是用一个完整的核糖体开始做，这不过是欺诈，对吗？就是说，这并不是从零开始建造生命，而是依赖于数十亿年的进化。

当从一个现成的蛋白质合成机制开始做时，我们能够创造出新的生命形式，我们可以创造出一个合成染色体，现在我们还能移植它，并培育出拥有独特性质的新物种。所以我们可以创造出人造物种，但是我们并不是从零开始创造生命。你可以启动一个系统，但是目前所有生命都是从其他生命体而来的。我们所做的事情其实不一样，因为我们只是把一个新的操作系统放入一个活体细胞里。

如果乔治·丘奇或任何其他人这样做，甚至可以用粗蛋白成分和脂质，并且激活一个细胞，让它活动起来，从化学分子变成一个活体细胞，但这是一个很大的还未解决的观念障碍。但这也是欺诈。看看米勒－尤列实验吧，它可以在一定环境下创造出化学物质，从基本的氨基酸和核酸开始，一瞬间你就能从中获得生命物质，这可能就是从零开始创造生命了。但我不认为我们在创造生命，我们是在做新的修改后的生命形态，我们应该能够在计算机中，从电子世界进入模拟世界，而且我们有一个团队就在做这样的项目，在计算机里设计生命。

那还是在我们可以制成合成染色体之后不久。事实上，我已经对各种赞助商说，我想要设计一个机器人，每天可以生产出一百万个染色体。因为那能使我们开辟出一块新领域，我称之为组合基因组学（Combinatorial Genomics）。我们无法回答这样貌似简单的问题：基因顺序是重要的吗？如果你扰乱同样基因的顺序，生命还会以同样的方式活动吗？我们知道，基因顺序和操作系统、操纵子都是重要的，但是在作为一个整体的基因组里，基因顺序也许不重要。这是人类基因组最大的神奇之处之一。像乙酰胆碱受体这样的多亚单位的蛋白质拥有 5 个亚单位，而它们的染色体都不一样。我们假设它们会在一条染色体上按顺序排列，也许只要所有部分都在那里，就是我们所需要的基因集和全部基因编目。在这次发言里，我们有很多可以进一步探讨的方向，也许我应该在这里打住了。

约翰·布罗克曼： 所有这些话题会导向何处呢？

克雷格·文特尔： 我不赞成这种娱乐的用法。谁关心鱼类里是否有绿色荧光的蛋白质？但愿这些荧光会快速退却。也许它们的重要性在于包含了生物学概念，但是还有紧迫得多的议题。

对我来说，最大的议题是（这也是为什么我们付出了最大的努力），我们所做的事是直接指向我们自己的环境和大气层的，我们攫取了数十亿吨石油和煤，并燃烧它们，从而产生二氧化碳进入大气层。我们正在我们的星球上做一个巨大的实验，这是自有人类生命以来前所未有的。这是一个危险的实验。我们只能估计由此导致的结果，但是我们不得不采取一些潜在的解决措施。当每个人都在物理学中寻找解决之道时，我一直强调生物学将在解决方法中扮演一个主要角色。而且这就是为什么我们开办了合成基因组（Synthetic Genomics）这个公司，目的就是试图设计基因组来创造新能源。

弗里曼·戴森： 30 年前我们在橡树岭国家实验室时就在做这个工作了。

克雷格·文特尔： 人们一直都在关注生物学，但他们是在寻找自然发生的有机体来做这个事。对吗？在第二次世界大战期间，那样做很有效。

弗里曼·戴森： 那时我们就很清楚，生物学是实现这个目标的正确方式。即使过了 30 年依旧如此。

克雷格·文特尔： 在一些美国能源部国家实验室里，一直都有人努力去寻找和利用自然的有机体去创造氢，或其他潜在的燃料，但是这种努力实质上已经陷入僵局，由于这个问题的规模，这些努力被限制住了。能源部一直在做斗争，到底生物学的重要性有多大？国会里的很多人都有一种幼稚的想法，认为只有在国立卫生研究院里才可以完成这件事。

塞思·劳埃德： 如果我们要摧毁我们以思想为基础的文化，只要提高海平面 100 米，我们就能正好回到达尔文主义的自然选择的美好往日时光里。回到第五个阶段，对吗？

克雷格·文特尔： 这在于我们是选择去改变环境，还是选择去改变人类基因密码的结构从而能在不同环境里生存下去。我们制造第一个单细胞有机体用了几个月时间，完成第一个合成的真核细胞用了不到 5 年时间，而多细胞系统就不是一个量级了，制作过程更加复杂。事实上，在某些方面多细胞系统更容易做出来，因为海洋就是一个多细胞基因组系统，不同的细胞提供不同的要素，使细胞可以松散地在这个环境下联合起来，但是实际上只有少数细胞可以为整个基因池提供固氮。这是一个合作性质的环境，有各种细胞会团结起来行动，如果我们想这么做的话，这并没有比改善某些干细胞结构的工作复杂多少。

迪米特尔·萨塞洛夫： 文特尔，我想把你所说的与戴森关于达尔文主义阶段的话联系起来。对我而言，如果从大图景的视角来看的话，戴森的想法并不是关于这个过程的终结的，而是关于一种新现象。难道你没有感觉创造那些物种，或者如你所想的称呼：合成生命，即使这并不是从零开始创造生命，也基本上是在这种宇宙里开启一种新现象？因为你要有一个复杂的化学结构来到达那个阶段，在那里会发生实际的变化，并产生出可以持续的复杂化学结构，即使没有它自身的存在。换句话说，如果我们不再继续作为一个物种而存在，而且我们的技术文明到达一个终结，那些物种也将持续在这个星球上存在，并可能转移到其他地方吗？

克雷格·文特尔： 是的，这是一个重要的概念转变。

塞思·劳埃德： 你甚至可以说，人类能够认为，现代文明的起点等同于改变农作物基因的能力，这样农作物就能大量生长，而且人们可以从狩猎者变成农民。很肯定地说，人类在过去上万年里，一直在基因上修改周围世界方面，采用了大量不同的方式，最初仅仅是从农作物里挑选出更容易去皮的农作物。最近发现的小麦或玉米的祖先，实在令人感到惊讶，因为那些祖先一点儿也不像我们现在所吃的小麦。过去几千年来，人类只是通过挑选他们需要的种类，就使得小麦成为我们现在所知道的形态。

克雷格·文特尔：我们一直在做盲目的基因实验，很长时间以来把整个基因组混合在一起。让人惊奇的是，过去一千年来，人们很少考虑农业实践，对吗？我们只是盲目地把所有物种混合在一起，如果它们混合起来了，就结束了。而且，如果你事先做了"明智的考虑"，这在某种程度上就更加危险了。

塞思·劳埃德：我猜测杂交最坏的结果之一，是被引进的物种能够很好地生长，导致消除了大量生物多样性，用少量种类取代了更多种类的小麦，而这少数种类的小麦更容易受各种枯萎病的侵害。

约翰·布罗克曼：文特尔，关于你们公司追求的目标，是什么驱动了它的决策？是可用的资金？你和你的同事所挑选的领域？你们能有机会成功的领域？还是你们在寻找的七大生命的定义？还有你的梦想是什么？如果你获得了你所想要的和需要的全部金钱，也不会被政府或媒体找麻烦，你会做什么？

克雷格·文特尔：实际上我是少数几个几乎每天都活在自己梦想里的科学家之一。在资金上，我所在机构的预算每年在 8 千万美元到 1 亿美元之间不等，其中大部分来自于联邦政府，但是有越来越高的比例来自这个国家里的富人，因特尔创始人戈登·摩尔与贝蒂·摩尔基金会（Betty Moore Foundation）就是一个例子。这表明拥有巨大私人财富的人把钱投回了科学里，并造福社会。这是这个国家独有的，我在世界上任何其他地方都没有看到。还有，利用我在塞雷拉基因组公司（Celera）和人类基因组科学公司（HGS）的股份，我自己也开始资助创造力科学里的新想法，而且我也并不奢望能在一两年之后得到回报。至少在我自己的例子里，我发现这是创造力科学里的关键：当我有想法又有能力做实验时，还能拥有资源。

塞思·劳埃德：我希望你别再说这件事了，因为如果你继续说的话，我有可能会离开这。对我而言，这太压抑了。

克雷格·文特尔：我们可以专门组织一个聚会，用来讨论在这个国家里，沉闷的新科学怎么获得资助。我们庆祝了这个突破，但是对我而言，它们只是应该发生的事情中的千分之一。但是我为我能够创造出我想要的环境而感到荣幸，所以我和我的同事是完全从学术观点的角度出发去做事的。而且我们把种子资金花在了这上面，然后我们还试图找到其他资金来源去资助下一个阶段。

约翰·布罗克曼： 有什么是你想追求，但太危险而不能追求的想法吗？

克雷格·文特尔： 在技术能力上，没有什么因为太危险而不能追求的事情。我们关于人类基因组的知识还是非常原始的，我们想要改变基因结构的想法是愚蠢的。但有希望的是，在 50 年或 100 年内，我们的知识是足以明智地去实现这些目标的。从长远角度来看，人类对基因的操控不仅不可阻挡，它还可能还是一个很好的想法。

乔治·丘奇： 关于生物学的过去和可能的未来，我们还没怎么听到有人讲起过，我想要把我讲的内容分为 4 个主题来详细阐述。说起过去和未来，我们从过去学到了什么？过去怎么帮助我们设计未来？我们想在未来做什么？我们怎么知道应该做什么？这听起来像是一个道德或伦理问题，但这同时也是实践问题。

我们从过去的经历里学到的一件事情是，多样性和分散性是好的。但我们该怎么把它引入到技术背景里呢？这就引起了第二个话题：如果关于我们想去的方向有了一些想法，我们要创造出什么样有用的构建呢？比如说，利用生物学。那些有用的构造会是什么？"有用的"这个词的意思是说，收益多于成本和风险。人类这个物种在评估某些风险的问题上一直有困难，这些风险会带来巨大的意料之外的结果。所以这样想是符合实际的。

这里有很多人担心生命是什么，有一种更普遍的解答：生命不仅是核蛋白体，还应该包括非有机的生命。如果我们看到它了，我们会了解它吗？尤其是，当我们去其他世界探索，当我们开始制造更复杂的机器人时，等等，去探知我们在哪里划界。我想那是有趣的。

最后，我们特别迷恋的生命类型（部分是因为以自我为中心，也因为某些哲学理由）就是智能生命。但是，我们要怎样谈论那种生命类型呢？

作为一条科学纪律，很多人一直随意地忽视智能设计，没有仔细去定义他们所说的"智能"是什么意思，或者去定义他们所说的"设计"是什么意思。科学和数学在证明事物上有很长历史，而非只是依靠直觉，就像费马大定理一直是没有被认证的，直到它被证明出来。而我想，我们在智能设计上有着类似的处境。戴森所说的是，我们正在进入一个阶段，它的不同之处不仅在于它像是 Web 2.0，我们所有人在上面分享我们的所有，就像我们习惯的那样，还在于更根本的一点，即我们正在开始进行一流的智能设计，而且我们需要理解它意味着什么，以及我们应该设计什么。

就实用性而言，在什么是正确的事情上，人们也许存在巨大分歧，即使同一个宗教里的人也会有分歧。你可以说"你们不能杀生"，同一个人几天之后也许又会说"你必须杀戮"。我们会同意哪一个？好吧，我们也许都同意，消灭宇宙中全部智能物种不是个好主意，即使你信仰来生。但你可能会说"好吧，我们不应该消灭来生"。有一些我们喜欢的基本事物，它与复杂性有关，与我们所说的智能的意思有关。我们在某种程度上喜欢"保存自身"，抱歉我说得相当哲学，但是当我们建造生命的时候，我们的努力到底是为了什么？我们是为了创造出更复杂的事物，但是它还不仅只是复杂。你拿起一块岩石，实质上这就很复杂。如果你捡起一片叶子，它在另一个方面是复杂的。捡起那片叶子，然后重新排列它所有的原子，它可以变成岩石里的一堆化合物，比如碳酸铵、二氧化硅、磷酸钾和硫酸钠。这是同样的原子，但是变成了在矿物学集才能辨认的一种形态。矿物依然是复杂的；如果你想要把矿石的结构传输到互联网上，它还是要占据很多空间。

克劳德·香农（Claude Shannon）的理论和化学熵都可以表明，那是一个很复杂的事物。但是我们所说的一个活的复杂性，更像是你用某些稀有的事物，比如对一个矿物做一个几乎一模一样的复制品，而这是复制的复杂性。

这个不太可能做出来的物体，并没有比另一块岩石更不可信，因为它们是随机的，它们的组合性质是已知的。但是如果你造出来一个与那块岩石完全一样的复制品，或者几乎一样的复制品，那将会很有意思。那就意味着某种活动过程、某种活的事物参与进来了。它有可能是某种 3D 打印机，但是那个 3D 打印机可能是一个智能生物创造的，也可能是那块岩石有复制能力。

这就是我们谈论基本生命时的意思，而且这也是我们去做合成生物学时想要获得的。我们想要增加多样性，增加复制的复杂性，并且还想坚持做几年，我们不想因为做一些太有风险的事情而陷入危险境地。

○ **塞思·劳埃德：** 你的意思是不是说，在某种程度上，增加复杂性是有优点的？

■ **乔治·丘奇：** 我正在努力作出这种论证。仔细设想不只是短期的多样性，而且是长期的复杂性，在我们可以计算的程度上，这或许是一个优点，而我们现在还不能计算出来。但这是值得拥有的能力，尽我们所能去计算，就将在定义智能上有很大进步，对我而言，我们进入了一个危险的区域。

所谓的危险区域有分析智能和综合智能。我想论证的是，生命具有一种这样的复制的复杂性，或者说交互信息，如果给定这片叶子里的分子的话，我们可以预测另一片叶子里的结构排序。换句话说，关于这件事我们知道很多，甚至在这片叶子里也存在复制的复杂性，这种复杂性在某种程度上是可以预测的。所以那个映射、那个交互信息一般来说是生命的可预测性。交互信息就是一个可以反映一定距离内某些事物的结构。特别是，如果你能及时反映远距离的某些事物，而没有实际上触发它。预测未来的事物而没有触发它，那就是分析智能。所以这是复制的复杂性，或者说交互信息，更好的说法就是，两个事物之间的一种关系，但是这种关系是要经过预测的。那就是分析智能。

综合智能更困难，因为如果你综合某些事物，你就要用你的分析智能去做一个计划，然后在一定距离内作出某种复制的复杂性，但是你已经完成了。

这里存在因果性。我还在苦苦思索这个问题，但是，我想综合智能可能会以某种方式增强分析智能，也就是我们预测未来会发生的事情的能力。所以，综合某些事物可以增加我们的能力，比如说，如果我们知道一颗小行星即将撞击地球的话，我们可以存活下来，并逃离这个星球。我们可能把各种各样的事物当作是长期智能的行为。也许非有机生物也会这样做，以计算机的形式，或许是某种杂交形式。

我会更加贴近实际地来说说合成生物学，但是到达智能的一部分就是检验地球上已有的智能类型。非常了不起的是，我们依然遥遥领先于我们的计算机，在这个星球上有 65 亿个天才。其中有些人没有受过良好的教育，但是到目前为止还没有任何一台计算机可以匹敌人类，匹敌大脑。这种情况也许不会永远持续下去，但现在确实如此。我们需要去估算那种多样性，但并不需要处理那些多样性；随着我们在个性化医疗上更进一步，我们的目标不仅是去处理多样性，而且能够使多样性变得可能，去创造多样性，让我们所有人可以享受人生，并为我们今天一直在说的事业做贡献。

为了弄明白我们能做什么，个人基因组正在进入分析阶段；合成生物学依然还很原始。我们通常对有用的事物感兴趣，比如制造燃料。文特尔已经开始有一些想法了：如果我们继续烧炭，虽然地球上有大量的碳，但也会有消耗殆尽的一天，我们可以用某种方式对其回收利用，也许还能再燃烧一次。石油不仅是汽车、卡车和飞机的燃料，还是我们很多建筑材料的原料。如果石油被耗尽了，我们需要石油的替代物，至少在短期内的替代物。我建立的一家公司叫作 LS9，在加州，我们在制造合成石油，这也可以当作应用合成生物学的一个例子。碳氢化合物与现在的汽车、柴油机和喷气式飞机的引擎兼容，它不需要新的基础设施作出改变；那基本上就相当于代谢工程，很多有机物在那里交换 DNA，就像戴森所说："不只是一次一个基因，而且是整个系统，整个代谢系统，利用我们已知的东西去加快这个进程。"

我参与的另一家公司叫作密码子设备公司（Codon Devices），它是为 LS9 这样的公司制造 DNA 的。他们每月大约可以完成高度抛光的 DNA 里的两百万个碱基对，这远远超过了很多生物技术制药公司。它不像文特尔所说的那样，制造整个基因组，或全部染色体，但是它每个月可以制造出几个这样的基因组。密码子设备公司联合了其他大约 12 家公司，来增强控制全世界范围内的 DNA 合成能力。很多年前，我是从一页白纸起步的，我想要吸引政府对它的注意，但我知道政府不会行动，除非确定这个产业不会带来损害。通常情况下，这并不一定行得通，但是如果这个行业可以联合起来行动并且自愿这样做，政府就会站出来说："那样果然行得通。"它们共享资源，所以软件的成本是分摊的，调控各个局部管制的成本也是分摊的，这时政府会说："好吧，我们将制定法律。"当进展到跨国层面时，他们会说："很多政府都在行动，我们可以制定国际法。"我希望这是那些事情实现的途径。

制造生物燃料、帮助改善干细胞生物学，这些都是合成生物学。如果你能改变人们的体细胞，你并不一定要从生殖细胞系开始，那样风险更小；还可以让你做出更多的快速原型，并且减轻人们的担忧。生殖细胞系是一类特别令人担忧的事物，如果你要从它开始改造人体细胞的话你能做的事情很少，实际上在某种方式下你本来可以做更多，因为要预测某人从一个受精卵会变成什么样子是很困难的，但是预测他们在 30 岁时会是什么样子就容易一点。这其实不是预测，这只是观察。也许修复要更难，但是至少你会开发出工具，而且你也会变得更加小心谨慎。

我们已经取得了大量进展，现在我们可以建造更多的多能细胞，比如说从哺乳动物的皮肤细胞中建造多能细胞，这就使得合成生物学朝那个方向前进。甚至我们有一些项目是国家科学基金会资助的，联合了伯克利大学、加州大学旧金山分校和麻省理工学院，去改变细菌的细胞结构，与哺乳动物的免疫系统相容，所以它们就能在你的血液里运动。比如说，它们可以导向目标追踪肿瘤。它们可以感知到自己在场，当它们靠近一个肿瘤时就会比平时专注 1 000 倍，它的所有部分在工作，但是整体并没有工作，它们会感知它们在那里，并通过作为一个具有入侵性的蛋白质去入侵那个肿瘤细胞，然后把药物留在那个肿瘤细胞里面，从而摧毁它。这种能力，在哺乳动物的免疫系统里运作得很好，其工作范围从利用你自己的与免疫系统完美相融的细胞，延伸到利用那些被改变了结构的细菌细胞。

我还可以说很多事情，但是它们可以更轻松地在提问时被说出来。但愿我提出了足够引人深思的观点，好让你们提出有趣的问题。

约翰·布罗克曼： 你们的工作和文特尔的有什么不同？

乔治·丘奇： 他的工作产出率更高。

克雷格·文特尔： 我使用的是丘奇的技术。

乔治·丘奇： 好吧，他实在是太好了！我们开发了为大多数企业服务的技术。通常我们都会试图让其他机构可以自己去生产。我将创办一个公司或者与一些基因组学研究中心合作，去实现我们的测序或合成技术。从一个综合的视角来看，我们的工作最主要的区别是，文特尔对从零开始创造一个合成基因组没什么兴趣；而我们主要的兴趣就是在基因组上做变异，我很肯定，文特尔和我交换领域去做研究的话，我们也很乐意。

他提到说制造 100 万个染色体的组合。其实，我们也在做这个，比如，我们在实验室研究进化，我们让上百万个染色体相互竞争。你可以通过自发地重新组合每一个碱基对来完成，这样你每次只能获得一个变异。用这种方式我们逐步获得了 3 或 4 次变异，或者我们做点诱变，而且我们使用了一种新的自动化的方式来这样做。我们可以在 9 天之内获得一系列的 23 个变异，一次一个，直到做 300 天。

还有一件有趣的事情，文特尔想要做的某种事情正是我们现在着手做的，就是建造一个镜像的生物学世界，从 DNA 聚合酶开始做起，这在某种含义上是说，它需要从比合成生物学更基础的层面上开始做起。我们这一类合成生物学家会用细胞来做基因的聚合酶链式反应（PCR），这依赖于生命本身。

文特尔和我将从核苷酸里合成基因，那基本上只依赖于知识和少量手性碳原子，但是如果你确实翻转了手征性，你就真的接近于处理原子了。

生命：这是怎样一个概念啊！

○ **塞思·劳埃德：** 你们这样做是出于安全的原因吗？

■ **乔治·丘奇：** 没错，对每一件那样的事情，我们都应该问自己，我们为什么要这么做。我们要做分子的原因很明显，我们要做干细胞和制药的原因也很明显。出于安全的原因，我们在正常的手征性里改变基因密码，从而增加氨基酸的数量。在每一个那样的案例里，你必须以某种方式保证手征性不变，因为改变手征性就会让它与其他部分不相容，但是那也会使它变成更大或更小的威胁，这取决于你要做的其他事情。它可能会变成更大的威胁，因为现在它不仅排斥噬菌体，还排斥酶，像蛋白酶和核糖核酸酶，而且抗体也包含在内。现在，如果你放入一个镜像细胞，你会获得一个新抗体，这不是问题。

当然安全性一直是我们感兴趣的，而且也是合成生物学和密码子设备公司的一个主题，除了对安全性的考虑，我们对它感兴趣的另一个原因是，比如说，你可以根据你所喜欢的方式来让 DNA 和 RNA 分子进行进化。从某种意义上说，这就是从零开始产生形态：你创造出一个完全随机的对多核苷酸的选择，你可以根据你所喜欢的外观或分子来创造它。在某种程度上，你并没有定义那个外观，而是从一个随机集合里发现了它。这就接近于我们想要获得的结果了。当你在实际操作中利用它们时，它们就会降解为生物流体。由于你是完全从零开始的，你并没有任何预先形成的陈规，你只是通过有限的选择来指导进化，你可以从一个镜像氨基酸集合开始做，这个集合像是一座图书馆，其中囊括了数万亿分子，你会在里面发现自己喜欢的分子，并且它对酶有抵抗力。这是我们最早决定创造时的一个动机，第一次我们创造出了 DNA 聚合酶。我们想做出镜像聚合酶链式反应，这样你就能够用一个聚合酶放大 DNA。一位博士后已经仔细检查了一个中等规模（含有 353 个氨基酸）的原型聚合酶，他全部完成了，其中有 4 个缩氨酸黏合在一起了。所以我们即将获得第一个聚合酶。

镜像核苷酸的部分很简单，因为你可以利用同样的机器去做镜像 DNA。比起 DNA 合成机器，缩氨酸合成机器要原始得多，所以很多工作还要靠手去完成。但是，既然我们可以制造镜像 DNA，接下来的目标就是制造镜像蛋白质，我们要重新开始制造所有的核蛋白体，我们认为这是有用的事情。比起制造 DNA 聚合酶，这大约要多做 25 倍的黏合工作。但是，像文特尔说的那样，25 倍的规模扩张并不是很大的工程。在基因组计划里，比起刚开始的时候，我们现在基本上已经扩张了十万倍。而现在在我们讨论的是要制造出很多基因组。我想我们将能制造出一个镜像 DNA 聚合酶和核蛋白体，这样你就能在此基础上直接在计算机上给它编程了。一旦你完成了所有这些工作，你就可以开始制造镜像蛋白质了。

▶ **克雷格·文特尔：** 这里有一个很大的前提条件，就是所有这些镜像产物要与原始对象的活动是一样的。

■ **乔治·丘奇：** 它们的行为会是镜像活动。

▶ **克雷格·文特尔：** 在另一个手征性分子上会有镜像活动。这有任何证据吗？

■ **乔治·丘奇：** 有证据，但只有少量证据。我反而倒希望没有，这样的话功劳就全是我们的了。但是我想艾滋病蛋白酶一直是以镜像形式被创造出来的，而且抑制它的事物也被证明是以镜像形式产生的。现在我们在这方面已经小有成果了。而且晶体学已经证明，组成镜像单元体的镜像的聚合物是被翻转过来的。几乎每一次我提到这件事，总有一部分人感觉不是这样的，还有一部分人就会说："请你对此作出证明！"这两种态度我都乐于接受。

◆ **迪米特尔·萨塞洛夫：** 但这给我带来了一个问题。当你说合成生物学的时候，你感觉在未来几年之内，事物将会向文特尔所说的"从零开始的生命"的方向进化。你是否认为在这条路上会有一个明显的分水岭，或者它会逐渐地到达那里？

■ **乔治·丘奇：** 我基本可以确定这将是渐进式的。在这个过程中将会有很多个里程碑。当然，文特尔曾在《科学》上发表的文章《细菌里的基因组移植》（ *Genome Transplantation in Bacteria* ）就是一个里程碑。当他把这个方式应用到合成生物学上时，那又将是一个里程碑。如果我们在手征性形式里获得合成核蛋白体的话，这又会是另一个里程碑。将会有很多个里程碑，但是每一个里程碑，你都可以发现它和最近进展的一些事物渐进相似。

◆ **迪米特尔·萨塞洛夫：**你认为，并不需要跨过一个大鸿沟，你们就能实现吗？

▸ **克雷格·文特尔：**这个大鸿沟就是利用无生命的物体并从中获取生命，这就是一个障碍，一旦能跨越它，实现我们所说的事情就相对会快很多。它必然会在某处被跨越。理智地说，它并不是一个鸿沟，但是在实现之前，在概念上，这是一个巨大的鸿沟。

■ **乔治·丘奇：**就像无论是从二氧化碳还是核酸糖里获取原子，那几乎是哲学上的问题。但是我看到大多数鸿沟都是实践方面的。这个领域越有实用性，将会发展得越来越快，而且"收益成本风险"的比率越高，人们就越不会去抗拒它。大多数人都能接受进化，甚至神创论者也能接受微观进化。如果我们开始在实验室里进行宏观进化，那些人也会在一定程度内接受。如果它不是在实验室里被证明的话，那么你可能会说"我不关心"或者说"证明出来"。现在，你可以论证说，虽然有些事情不能这样，但是宏观进化是可能的，当然我们正在做一流的微观进化。现在很多公司都依赖于结构上很惊人的变化来，但是，你可以说，他们在这个进程中某个地方拥有智能设计。但是我认为，设计的智能性越低，进化就越宏观，就会有越多人接受。

▍**约翰·布罗克曼：**你能从"愚弄人类基因组"和"玩弄上帝性"的角度，讲讲生物开放创造实验室（biofab lab）和它们的自我复制的本性吗？

■ **乔治·丘奇：**你当然不能创造出一个宇宙，你只是在建构事物，这个实验室在很大程度上是所有其他工程学科的延续，包括土木工程、电子工程、力学工程和化学工程。让人感到很讽刺的是，当这个术语被创造出来的时候，基因工程其实并没有被大多数工程师当作一门工程学科。他们现在认为，或者说他们中有部分人认为，这场革命终于使它变成了一门工程学科，其中有很多可交替的部分，包括等级设计、互通性系统和规范表这类东西。这些都是只有工程师才会热爱的装备。

约翰·布罗克曼： 尼尔·格申斐尔德（Neil Gershenfeld）的 Fab Lab 和你们的有什么不同？

■ **乔治·丘奇：** 我去过 Fab Lab 的年度会议，那是格申斐尔德在芝加哥组织的，我在那里做过比较。在有利的方面，目前这一代 Fab Lab 可以很好地与计算机互通，然而生物学还不可以，除了文特尔和我所说的。

拿基本的生物学来说，在玉米植株上植入一个 WiFi 发射器是很难的，而在开放创造实验室基本都是关于这种实验的各种交互。从积极的角度来说，尽管我们付诸了一些努力，但是不存在使非有机体或非生命体能够创造自身的技术，尽管有那么多聪明的开放创造实验室也不可能实现。它不可能单独在没有大量人为干预的条件下，创造出什么物体，除非是去创造最基本的细菌。而且就算有了人为干预，也不会有集中的开放创造实验室供我们那样做。这些实验室是很分散的，比如，会有一个地方可以制造整合的电路，又会有一个地方可以制造你要用的优质钢筋，还有另一个地方可以把石油转化为塑料，等等。这不是对它们的渴求，而是说那些开放创造实验室玩弄的是制造一个紧凑的桌面设备，一个能够去制造自身的复制品。他们想要一个开源的环境，而且已经在开放创造实验室里这样做了。他们会在互联网上发计划单，其内容是创造一把椅子或一间房子，而且他们会在另一个国家去完成，事实上并没有从物理上转运一个人或设备。那很有趣，那样一来，这相当于我们在某些地方共享了同样的东西。

● **媒体：** 这听起来像是说，你们所说的那些工具同样可以用来做一些很难的实验，或者至少可以用来检测关于生命起源的各种理论，并不一定是从下到上开始。但至少你们可以从上到下来处理，从而挑选出不同的模型来。那是你们所参与的方向吗？或者说，有没有人曾经用你们的工具做过这些事情？

■ **乔治·丘奇：** 我想在这个方面我以后会有更多兴趣，但是我不会忽视任何一个可能。比如说，戴森的愿望列表的顶端就是核蛋白体考古学。而萨塞洛夫曾经问道："核蛋白体里有没有我们认为意义重大的里程碑？"核蛋白体同时关系到过去与未来，是意义十分重大的一个结构，因为它是在所有有机体里呈现出来的最复杂的事物。而且它是可以被辨别的，它也是被高度保存的。所以问题是，核蛋白体这种东西是怎么产生的？而且如果说，我是智能设计的捍卫者，这就是我会关注的问题。

我们要成为优秀的科学家，并且去证明这种方式将是自然而然发生的唯一方式，就是去培育出一个更好的体内系统，你可以在里面创造出更小的核蛋白体，并且在它身上做出所有种类的变异，从而做各种不同的有用的事情，等等，而且还要切实地熟知这种复杂的机器。因为它做出了一件真正伟大的事情：它发展出了信息变异的技巧。这个技巧并不是某些琐碎的变化，像是从 DNA 到 RNA 那样很简单的变化，而是它能在 DNA、3 个核苷酸的基础上，变成 1 个氨基酸。那确实令人感到惊奇。我们需要对此有更好的理解。

▶ **克雷格·文特尔：** 而且如果没有核蛋白体，你就无法获得生命。

■ **乔治·丘奇：** 确实如此。它对于所有生命都是必需的。我们需要理解的是：没有太多资金是用于前生命科学的，但是如果真的有大量资金投入在核蛋白体的研究上，它必将在考古学和古生物学的意义上促进对核蛋白体的研究，这也是我们准备为它寻求资金的方式。

▶ **克雷格·文特尔：** 但我希望我们可以用那些工具做出类似于你所说的工作成果。一旦我们有了地球上生物体基因的数据库，我们就可以倒推回去，推断出可能存在过的一个原始的物种，然后我们应该能够在实验室里创造出来，去看看这是否可行，然后再开始去做一些组建混合，去看看你是否能够自发地创造出这些事物。

■ **乔治·丘奇：** 但是，如果我们拿我们目前已有的所有生命形态作为研究基础的话，也就是说核蛋白体所需的最小量是 53 个蛋白质和 3 个多核苷酸，难道这就已经到达一个稳定期了吗？也就是说增加基因组并不会减少蛋白质的数量？

▶ **克雷格·文特尔：**如果从核蛋白体数量的角度考虑的话，确实如此。你当然不可能在低于那个核蛋白体的数量之下获得我所说的研究结果，但是你必须拥有自我复制能力才行。

■ **乔治·丘奇：**但那就是我们需要做的。否则，这就会被称为不可化简的复杂性。如果你说，你不能在核蛋白体的数量之下获得我们想要的结果，我们就陷入了麻烦，对吧？所以我们必须找到一个可以用少于 53 个的蛋白质进行自我复制的核蛋白体。

▶ **克雷格·文特尔：**在 RNA 的世界里，并不需要核蛋白体。

■ **乔治·丘奇：**但是我们需要建造出来。在没有蛋白质的情况下，没有人可以建造出一个可以良好运转的核蛋白体。

▶ **克雷格·文特尔：**确实如此。

□ **罗伯特·夏皮罗：**我只能说，一个核蛋白体的自发形成的概率，和一只眼睛的自发形成的概率一样。

■ **乔治·丘奇：**它不会自发形成，我们会一点一点地做出来。

□ **罗伯特·夏皮罗：**很明显，它们二者都是之前存在的生命经过长期进化的结构，经过试错的过程形成的。

■ **乔治·丘奇：**但是我们没有谁重新创造出任何东西。

□ **罗伯特·夏皮罗：**一定有更加原始的方式能够把各种催化因素聚集起来。

■ **乔治·丘奇：**但是你要证明出来！

▶ **克雷格·文特尔：**你需要在 DNA 合成方面做出一些改善，才能使得它能快速增加 3 个或 4 个量级。然后你就能创造出一个看似有无数 DNA 的核苷酸池，然后再开始。对于我而言，达尔文主义进化的关键就是选择。生物学百分之百依赖于选择。不管我们在合成生物学、合成基因组学里做了什么，我们都是在选择。只是这不再是"自然"选择罢了。这是理智设计的选择，所以这是一个独特的子集。但选择总是其中的一部分。我们离做那些实验并不遥远了。只是现在还很难做出来，因为没有人肯花钱去做所有那些不同关联的分子，去检查我们是否能够获得自发形成的核蛋白体，但是在 10 年之内，这将是可以实现的。

○ **塞思·劳埃德：** 我有一点担心。如果按照戴森所说的核蛋白体形成之前有两个步骤的话，核蛋白体就是第三步，如果需要核蛋白体的联合与干预，这样的话你就需要有这之前的两步。这两步就是寄生阶段以及对 ATP 的利用，然后才是"垃圾袋"。会有大量的自然选择的事件发生于那个阶段，这会是一个相当长的过程，有阿伏伽德罗常量（6.02×10^{23}）那么多数量的事件。这个世界上没有足够多的生物学研究生去探索全部事件，也没有大量资金去支持这些研究。即使生命就是在地球上出现的，这也是在全球范围内发生的事情，而且这已经持续了很长一段时间。我是在积极的意义上这样说的，事实上你不能在实验室里做出这些来，即使做智能设计的人也会说："这就是不可简化的复杂性！"或许事实就是，从需要漫长的复杂过程或计算来实现它的意义上说，这是相当复杂的。

■ **乔治·丘奇：** 但是，我们能在实验室里做的就是去重构中间过程，并且提取其中的特征，这就是我们在实验室里发现的某些有价值的事物，它们只有少量蛋白质，有着些许不同的反应，然后制定出一个可信的时间表说："好吧，在这个给定有 10^{44} 个水分子的星球上，我们不能在实验室里重新构建出那些东西，也许在有很小数量的环境里可以重构出来。"然后，如果我们构建出可信的中间过程，我们就能在实验室的有限时间内做出来小部分。

○ **塞思·劳埃德：** 好吧，那当然是我的希望。我只是说那是一个希望。

▶ **克雷格·文特尔：** 但是选择的力量至少可以给你 7 ~ 8 个数量级的选择。

○ **塞思·劳埃德：** 当然，绝对是这样！这当然值得去做。

▶ **克雷格·文特尔：** 那就是我们研究 φX 病毒基因组时的做法：你可以从组合物中制造出 10^6 或 10^7 个不同的分子，如果它们都存活下来了，你就从中进行选择。

■ **乔治·丘奇：**但是劳埃德说过，如果我们试图做出整个过程，从原始汤到核蛋白体，我们没有那么多科学家和时间去完成它。

○ **塞思·劳埃德：**你是在重新创造戴森所说的这个新陈代谢的阶段，而且在某种意义上，你已经处于数据化阶段了，就像你之前所说的那样，生命不仅只是基因，而且是需要那些基因并重新制造出基因的机器，病毒和细胞也包括在内，在某种程度上，比起从那些事物的模拟物里创造出能存活下来的新程序，研究这些程序也许要容易得多。在我看来，当你连最初的情况是什么样都不知道的时候，这潜在地比制造核蛋白体的过程要简单。

● **弗里曼·戴森：**你要检查一下，核蛋白体中某些组件也许是为了进化的目的而创造出来的。

○ **塞思·劳埃德：**没错！视网膜紫质就是这样一个例子，这就是你们所提出来的，它很有启发意义。这个过程可能很简单，就是说视网膜紫质是作为光合作用的一个更早期的版本出现的，它没有光合作用效率那么高，但它依然可以很好地获取能量，在这之后，自然选择就发现，它也能用来做传感器！从某种程度上说，自然选择充满了那些细微转换的技巧，这就使得这个过程很难被倒推回去进行追踪，看看过去所发生的事情。

▶ **克雷格·文特尔：**不过，我们能够倒推到它把光转换到化学物质的地方，然后它就变成神经系统的关键驱动因素。

○ **塞思·劳埃德：**确实如此，如果你要在这个特殊的冒险上打赌它会成功的话，我想我会对你所想的内容感兴趣，也就是如果你能从零开始重新创造出一个核蛋白体，开辟出一条捷径出来的话。

□ **罗伯特·夏皮罗：**毫无疑问，你可以在实验室里从零开始合成一个核蛋白体。

■ **乔治·丘奇：**你的意思是说进化出一个核蛋白体？

○ **塞思·劳埃德：**是的，进化出一个核蛋白体。

▶ **克雷格·文特尔：**我们已经在我们的实验室里合成了核蛋白体，只是它们还不够完全有效。我们没有设计它们，我们只是复制了这个设计。

○ **罗伯特·夏皮罗：**我要说的是，戴森可能会同意我的观点，但是我听来听去，听到的都是以 DNA 为中心的思维方式的一个又一个例子。就是把生命等同于 DNA。我的问题是，我对 DNA 已经了解得很多了。我整个一生都在研究 DNA 化学，对我而言，它看起来就像是一个高度进化的有机体。生命是从没有 DNA、没有 RNA 开始的，而且毫无疑问也没有蛋白质，但是它依然活着。

毋庸置疑，生命必须从自然所给予我们的东西开始，而且有一个所谓"自下而上的方法"，就是你用物理学原理去追问，我们视作无生命的物质是什么时候受到一个适合的环境影响，其中有任意能量的自由供给，这些物质又是怎么组合起来从而可能开启了"活"的过程。

现在，我们自己就是这个"活"的过程里的一个成功的案例，但是这未必就是唯一的案例，生命也并非一定是我们身上的组成部分的集合。大约在 10 年前，瑞士一位很聪明的合成化学家阿尔贝特·埃申莫瑟（Albert Eschenmoser）设计出了一组很有名的实验，证明了为什么自然不得不选择DNA。这组实验花了大量瑞士人独有的技术和人力，他让学生利用不同的糖分去制造类似于 DNA 的分子，本以为每一个例子他都会失败。但实际上他成功了，并且他还发现，在很多案例中那些糖分都优于 DNA。这些糖分有更强大的稳定性，它们在复制中的困难也更少。所以，对我而言，DNA 大概就是在进化中被偶然发现的分子，而且它是在缓慢的试错过程中产生的最简单的事物，它会创造出可以被蛋白质复制的分子，那就是它产生的过程。现在，对我而言，要做的事情，一开始是做想象力实验，但是最后还是要在实验室里进行实验，也就是从简单的化学物质和能量开始，看看你还能走到其他怎样不同的进化方向上去。

◆ **迪米特尔·萨塞洛夫：** 我也会以同样的方式开始谈谈我的想法，先介绍一下我的背景：我是一名物理学家，与戴森和劳埃德的背景一样，但是我的专长是天体物理学，说得详细一些，就是行星的天体物理学。所以我在这里会告诉大家这个大图景里的一点新东西，同时也警示大家，我的背景基本上就意味着我在寻找普遍的关系，也就是对于我们今天在这里讨论的问题的概括性的答案，而非具体的答案。

所以比如说，我个人对生命的各种起源更感兴趣，而非某种生命的起源。我这样说的意思是，我试图去理解我们所能从生命的各种路径中学到的东西，或者说，我们视为生命的复杂化学物质的路径。与之相反的就是，用狭隘的方式回答地球上的生命起源是什么这个问题。这不是说，哪一个问题更有价值，只是说，像我这种背景的人很自然地就会喜欢用这种思维方式，并且这种方式也需要做更多的研究工作，它也预示了某种前景。

其中一个理由就是，有很多有趣的新事物来自这个视角，也就是说，来自宇宙视角，或者说行星视角。这是因为比起几年前，我们现在已经在宇宙中获得了大量事物的证据。所以，在某种程度上，我想要告诉你们的是其中的一些新事物，以及它们之所以如此有趣的原因，而且对于我们在这讨论的问题来说，它们可以很好地启发我们。

首先，我想要让你们信服三件事，它们对于我的方法很重要。第一件就是我们在自然界中寻找的就是重子那样的东西。我相信，我并不需要让你们信服我这样说的意思，但是你们要把它记在心里，因为这是我们所观察的宇宙的一个特征。重子就是构成原子和所有围绕我们的分子，包括我们自身。但它未必是宇宙中最常见的实体，我肯定你们知道暗物质和暗能量。我想我们必须同意，我们寻找并称之为生命的东西，就是自然界中的重子，也有很好的理由让我们相信，在这个宇宙中，暗物质和暗能量并不能拥有那种层次的复杂性，一点也不能。

第二点我想让你们信服的，或者说用来作为我接下来要说的背景知识的，那就是我们应该认同，那些我们所寻找的、称之为"生命"的事物是一个复杂的化学过程：基本上就是那些原子以不寻常的方式组合的能力，这就是我的出发点。我更多地是从纯粹热力学的角度开始观察生命的，也就是说，从夏皮罗所描述的视角，生物物理学家哈罗德·莫罗维茨（Harold Morowitz）已经对它做出了准确的定义，并且还做了一些研究。他研究了那个参数空间是什么，你可以在其中获得足够复杂的化学复杂性，来引导出一个质量方面的新现象，一个我们在宇宙中其他地方看不到的新现象。这是一个很重要的点。

对于我们充分感觉良好的那个参数空间的宇宙，我们已经知道得足够多了吗？很明显，对于这个可观测的宇宙的很大部分，还有很多细节知识我们并不知道，但是在过去50年里我们看到，这个领域里发生了一场革命。从我们有能力去诊断大量非常遥远的对象的意义上，我们可以这样说。直到几年以前，天文学里的数据库要比生物学的数据库大得多。直到现在生物学的数据库才超过天文学数据库。但是通过那些数据，你很少能看到不寻常的、未经解释的现象。尽管大家都希望在新闻的头版头条写东西，但是天文学里有大量很枯燥的、烦人的数据，那些不过就是数十万、数百万颗恒星的信息，根据理论预测，它们拥有完全一致的同位素和化学模式，这个理论已经发展得很完善了，并被称作恒星的进化理论，尽管它与生物学里对进化这个术语的应用几乎没什么关系。

但是，我们现在把其中一个步骤理解为我们的世界的发展，也就是我们的宇宙的发展：从物质简单的重子结构开始，它慢慢地会变得越来越复杂。恒星进化是其中一种现象，在宇宙的第一个5亿年里并不存在。而且我们都知道这并不是一个假设。实际上我们可以对它进行大量观察，而且我们知道，在重组时代并没有恒星，这种重组是宇宙的微波背景，包括所有我们在其中看到的结构，然后才有了恒星。之后恒星开始了一个新的过程，就是重元素的合成。这也就是说，重子组合起来成为基础粒子，并建造出一个结构（门捷列夫元素周期表），然后就有了化学。

我们看到的微波背景的辐射是 137 亿年前的，所以那是我们最早进行充分研究的一条证据。然后大约是 50 亿年前，恒星首次在气体中形成，那些气体主要是由氢和氦构成的。然后它经过了一段时期，在 50 亿年里，它们创造出了足够多的碳、氮、氧气和所有重元素，这样你才能开始有效地创造行星。然后我们来到了 45 亿年前，那就是我们自己的太阳系和地球的起源。差不多就是在那 50 亿年里，我们现在看到的一些复杂的化学物质覆盖了这颗星球，并且共同选择了的地球上的物理循环。以上就是一个简洁的时间范围的观念。

在那个意义上，生命是我们所看到的构成整体发展的一个必需部分。尽管我们只知道这样一个例子，当我们把这个过程理解为宇宙中重子所引发的复杂进程时，它并没有显得多么异乎寻常。所以接下来的问题就是，这如何有利于理解生命的各种起源或可能路径呢？甚至更一般地说，我们是否能够设计实验，让我们去发现所有那些可能的重子的路径是否融合为一个路径？也就是创造出地球上的生命的那个路径？或者说，是否还有很多种其他路径？即使你可以回答这个问题，这也会十分令人振奋，因为这将告诉我们，重子的化学结构能够引发的普遍规则。

我想要说服你们的第三个方面是，我们对这个宇宙的了解只是冰山一角，在宇宙中也只有少数几个地方可以让复杂的化学物质在充分长的一段时间内存活下来，而真空并不在其中，从生命起源能存活下来的意义的角度来说的话，从更小的分子开始，这样就有足够的时间产生更复杂的分子。说到真空，我并不是说一颗彗星的表面，而是说星际间的介质，它的密度很低。

我可以想象，生命从某些表面上开始，然后移居到星际间的介质里。但是作为一名天体物理学家，我不能想象，有这么一种足够稳定的环境，能在一定时间范围内，一定会使化学物质产生。所以在那个意义上，我有点偏向于将行星和行星系当作我们现在所知的、唯一的环境，就我们目前对宇宙的认知而言，行星系具有所有那些要素：长时期的稳定性，以及足够低或适中的温度。恒星在数十亿年内都是稳定的，但是它们都有着相当高的温度。一般来说，莫罗维茨所说的总体热力学窗口（overall thermodynamic window）

使得产生复杂的化学物质成为可能。比起仅仅拥有水而言，这是一个丰富得多的条件。

当人们谈论宜居环境时，有时他们会把那等同于水的存在，或者说水以液体形态存在的能力。但是不论你怎么看待宜居性，这个底线就是，在可观测的宇宙里没有那么多物体或地方有能力使其成为可能。事实上，我们可以肯定，行星系统不仅是最好的，而且可能是唯一的能够出现复杂化学物质的地方。

接下的问题是，我们对行星系统有多少了解？直到 1995 年，我们才知道一个信息：我们的太阳系是一个行星系统。那种了解程度就类似于我们对生命的了解，因为我们只有太阳系一个例子。从很多角度来看，情况很不乐观，而天文学家很艰难地才认识到这一点。因为事实证明，我们对行星的理论化是相当以太阳系为中心的，而且我们错过了很多本不应该错过的东西。但是，当你想研究某个事物却手头仅有一个例子时，发生这种事情总是在所难免的。

我们现在知道了有多少种不同类型的行星，这些行星能为我们追寻的目标提供一个很好的评估。从中我们所学会的一件事情就是，我们并不需要寻找一个像地球一样的行星。在我们的太阳系里有各种行星，比如，木星，它比地球要大得多，在体积上大 10 倍，质量上大 300 倍；海王星和天王星，它们都是巨型行星，都是由气体构成的；然后还有很小的行星，像地球、金星、火星、水星，还有彗星和其他小行星。在质量上，一个地球的质量与一个海王星或天王星的质量（相当于 14 个地球）相去甚远。就像我们在物理学中会说的那样，这种差距超过了一个量级。这引发了很多现象，而我们却在那个量级的层面上忽略了它们。从我们现在所理解的事实来看，不管是从理论上，还是从最近两年对这些系统的观察上，我们的太阳系里还没有哪个行星像地球这样幸运。它就这样发生了，行星就是以这种方式形成的，没有在那个质量范围内的行星最终成为了我们太阳系的一员。大多数在那个质量范围内的行星会成为像地球这样的行星，但是由于缺少更好的术语，我们称它们为"超级地球"（Super Earth）。

由于引入了这个术语，我遭受了很多谴责，但是这来自我作为天文学家的命名方式。我们将比巨星还大的恒星称为"超巨星"（super giant）；我们将比新星能量更大的恒星爆炸称为"超新星"（supernovae）。所以，使用超级地球这一名字是有意义的，如果你有一颗比地球还大的，但在其他方面与地球相似的行星，按照我们的命名方式，你就会称之为"超级地球"。

那么，它为什么有趣？如果你把自己限制在比金星和地球都大，但是没有比地球大太多的行星范围内，那么在作为一个整体的星系里只剩下数量很少的行星可供你选择，在我们所在的这个作为一个整体的太阳系里，符合你条件的行星数目也很小。但是，如果把超级地球算作可利用的编目的一部分，那么你会获得的数目就会增加两个量级。

○ **塞思·劳埃德：** 更小的行星的浓度是多少？太阳系或恒星系统里拥有"亚地球"的行星（Sub-Earth planet）的数量有多少？

◆ **迪米特尔·萨塞洛夫：** 这是一个很难的问题，因为它们很难被观测到。我们有一些估算，大概会是地球的质量的一部分。我们并没有技术上的证明，那些小行星的质量少于一个地球的质量。顺便说一句，这种技术被称为微引力透镜（microlensing）。这个证据的一部分是统计学的，但那是在通常的情况下，也就是你观察到很多物体，然后你构建出统计上的情况。

另一方面，目前我们已经监测到了5个超级地球。尽管要监测到更小的行星有难度，但在你所观察的行星系统里，仍可以监测到数目不断递增的更小的行星。换句话说，随着你监测行星的质量越来越小，低于大约 12 ~ 15 个地球质量的行星数目确实在增长，尽管从统计偏差上来说，这个数会更小。随着我们的技术不断改进，这种改进速度是以月为基础的，我们会发现越来越多的更小的行星。

微引力透镜对行星的整体质量范围很敏感，敏感度会到一个地球质量，但事实上比一个地球质量还要小一点。这种技术可以毫无偏见地扫描大量恒星，实际在这点上，它们已经监测到了更多的超级地球和更小的行星，比监测到的更大的行星数量还要多。目前我们已经很好地把统计数目计算出来了，因为我们经过 12 年的研究，已经观测到大量更大的行星，这就是说，如果你利用目前的统计数据，实际上就可以估算出更小的行星的数量。

还有第三条证据。作为理论家，我不能推演得太多，但是从理论上说，如果你建构出大行星，你也能建构出小行星，这并是什么特殊的理论偏见。你将在某种程度上创造出太阳系里这种质量差距，既有相当小的行星，又有大行星。所以，最后的问题是，那些超级地球是否对我们感兴趣的东西有什么好处？

克雷格·文特尔： 在宇宙中，超级地球的数量有多少？

迪米特尔·萨塞洛夫： 让我们以银河系为例，而不是以整个宇宙为例。银河系里大约有 2 000 亿 ~ 3 000 亿颗恒星，其中 90% 的恒星存在的时间足够长，长到可以产生我们想象中那种复杂的化学物质，这需要 5 亿年或更长的时间。但是，其中有只有 1/10 的恒星拥有足够重的元素，可以在其周围形成行星；否则，行星要么不会形成，要么就会有显著的缺陷，我们对此有确凿的证据。那么问题就是，我们对超级地球的数量了解多少？基本上，我们所知的遗留下来的超级地球有 100 亿颗左右，根据我提供给你们的那些证据，你们可以说这个数目只是总量的 10% ~ 50%。

然后，你可以看看你们所处的行星系统在哪里。你们不想太靠近恒星，也不想离恒星太远，这遵从了莫罗维茨对温度范围的热力学估算。你们最终获得的底线就是，大约有 1 亿颗可以称得上宜居的行星，这是在它们的表面可以产生复杂化学物质的意义上说的，而银河系里就有 1 亿颗这样的行星。

克雷格·文特尔： 现在总共有多少星系呢？

迪米特尔·萨塞洛夫： 那是一个很大的数目，与恒星的数目差不多。我坚持对星系做这种估算是因为我对实验感兴趣；我是理论家，但是我也信任实验。那么到底有多少我们可以尽快研究的恒星环境呢？我希望能在我有生之年，在有足够详尽细节的条件下，我们可以帮助你们这些化学家和分子生物学家，对生命产生路径的实验进行限定。基本上，估计这个数量就是很多。因为如果在银河系里有 1 亿颗宜居的行星，而只有在我们的邻近区域，才在进行那些实验，那么在未来 5 年里，我们将可以至少从 50 ~ 100 颗行星上获得一些数据，这些数据将会很有意思，它们会告诉我们一些答案。

▶ **克雷格·文特尔：** 所以，你们的数据里排除了像木星的卫星木卫二这样的天体？

◆ **迪米特尔·萨塞洛夫：** 没有,完全没有。木卫二是一个寻找生命的好地方。但是木卫二有成功希望的原因就是木星。如果木卫二仅仅依靠自身，我们就不会认为这会成功。我在这想保守一点，但是我谈论我们将研究的 100 颗行星的另一个原因是，我想从太阳系之外去研究它们。然而问题是，你怎么在 50 光年之外的地方研究木卫二？这相当困难。但是你可以研究一颗比地球质量重 5 倍、规模大 2 倍的行星吗？当然可以，甚至比研究地球这样大的行星更容易。所以我总结出的一点就是，与地球相比较，超级地球也是可行的行星，这一事实对我们去做那些实验相当有利，因为去监测和研究一颗比地球大两倍的却依然可行的行星更加简单。你可以从中学到很多东西。

我认为研究这些行星有望成功，实际上甚至比地球更有望成功的一个原因是，它们拥有地球的基本特征，其他特征更加稳定。你们可能知道，在行星科学里有一个很大的问题，就是地球与金星的比较问题。为什么地球拥有一个不是特别热的大气层？对此我们只有一些理解，并没有完全理解。为什么地球有地质板块构造，而金星没有？对此我们也不理解，或者说，我们才刚刚开始去研究这一现象。但这些问题相对于超级地球来说，要容易回答得多。

事实证明，根据对地球上板块构造的研究，从理论上说，板块构造是一个过程，板块构造在一个更大的行星上更容易进行。实际上，现在如果你尽最大努力去研究理论的话，你会发现地球处于可以进行板块构造的行星的边缘上。你们中有些人也许知道，板块构造是一颗行星拥有生命的重要表现，从地表条件来看，因为它是一个很好的温度自动调节器，它能长期地、或多或少地保持气候的稳定，从而让你可以轻易在地幔中储备大量化学物质和气体。在这个意义上说，超级地球的条件和地球一样好，而且我会说，超级地球更好。它们有着更稳定和稳健的地表条件。所以它们和地球一样好，而且它们更容易研究。所以，至少就我们能够找到的发展方向而言，我们拥有一个相当光明的未来。

克雷格·文特尔： 在超级地球里，引力扮演什么样的角色？

迪米特尔·萨塞洛夫： 一个积极的角色。如果你关注地球的地幔和大气层之间流动交换的大量排气，你就会发现地球的引力接近于边际值。我们知道，火星就是一个例子，它在保存充分的大气层上处于边际值之下，因此创造出温度自动调节器，并且至少在 10 亿年内提供稳定的条件。实际上，拥有更多的引力会更好。

克雷格·文特尔： 你是说引力增加了拥有一个大气层的可能性？

迪米特尔·萨塞洛夫： 我的意思是引力增加了保存大气层的可能性。行星通常都拥有一个大气层，甚至连水星也有一个大气层。水星上有氮气穿透了地表，但是水星不能保存任何氮气，它就那么离开了（因为没有引力）。

罗伯特·夏皮罗： 哪一颗超级地球是已知的离我们最近的？

迪米特尔·萨塞洛夫： 实际上有两颗，格利泽 581c（Gliese 581c）和格利泽 581d（Gliese 581d），它们都是超级地球，离我们只有 20 光年。它们是以一位德国天文学家威廉·格利泽（Wilhelm Gliese）的名字命名的。"c"和"d"这两个字母代表"行星 c"和"行星 d"。还有"行星 b"，它更大，海王星就是一颗行星 b。30 年前，格利泽制作了地球附近所有恒星的目录表。那时，人们对其中很多恒星都还很不清楚，因此它们只是在这个目录里被确定了而已，把那些恒星以制作目录表的人的名字和连续的数字来命名，这是很常见的做法。

有人会问，是否有可能发射一个孢子（这个想法被称为"生物外来论"），而这个孢子会撞击到20光年外的某种东西？答案是可以，从物理学的角度来看，这是可能的。我的一位同事说，在给定物理定律的前提下，如果某件事情是可能的，那么它就会在宇宙中发生，但这是他在物理学家的思维方式下做出的推断。让我这样来限定吧。生物外来论源于20世纪的现代含义，那时还有一种可能理论，认为宇宙也许比200亿年还要古老，或者说是永生的。那么，很可能发生的事情就是，复杂的化学物质就源于宇宙中的某个地方，并且传播开来。宇宙是一个稳健的系统，就像我们这个星球上的系统那样。实际上宇宙有大量时间去传播那些化学物质，即使是通过很长的距离，并且要面对高能天体物理的所有变化，它还是可以传播。但是，宇宙的年龄只有137亿年，你还要减去获得第一代恒星的7亿年。第一代恒星是由氢和氦构成的，没有碳、没有氧、没有金属。它们相当大，而且它们不能维持原行星盘（protoplanetary disk），更别说形成行星了。要过很长的时间，小恒星才能开始形成，其中的原行星盘有足够坚固的颗粒可以凝固下来形成行星。这只是理论上的思考，还存在很大的不确定性。但在某种程度上，现在我们好像可以获得它的证据，这出乎了我们意料。实际上，还是相当强的证据。

我们对行星和行星系进行了大量的搜寻，搜索目标定为恒星，而且是年龄有点大、重元素比太阳要少的的恒星。你可以看到，对这种行星系的监测行为频率正在急剧下降。事实上，在10以下的重元素里，没人可以检测到一颗单一的行星，这有点奇怪，特别是因为有人做出了相当艰巨的探索。我的一位同事已经探索了8年，最后得到的结果是零。对于拥有正常金属物的恒星，也就是像太阳这样的恒星，它们的数量很多，已经有250个了。

这就意味着，你要到宇宙的那个历史阶段，才会有那样形态的恒星，就是像太阳这样的恒星，或者说金属物稍微少一点的恒星，需要很长时间，前一代的恒星才能通过核聚变合成那些元素。而且我们知道，过去5年的另一个成就是你现在可以一直回到那个时间点，看到当一代恒星跨越到另一代恒星时，重元素在增加。我认为，基本上你还剩下大约70亿年。所以，最早的复杂化学物质出现在一颗行星的地表上，是在70亿年前开始的。现在，在70亿年内，很难从那里带过来一些东西，特别是，如果你想把它从40亿年前带过来的话。

乔治·丘奇： 如果在那个弧度上，给定辐射损伤和所有其他条件的话，它要怎样才会撞击地球？

迪米特尔·萨塞洛夫： 我们并不知道。计算它撞击地球的横截面倒是很容易，但是要理解它怎样做到这一点就相当困难了。

弗里曼·戴森： 我们现在已经有一些证据了。新西兰一位名叫杰克·巴格利（Jack Baggaley）的射电天文学家，就在观察进入高空大气的尘土颗粒。他宣称，其中很多颗粒都是太阳系以外的，并且它们大多会在天空中保持一定的方向，它们来自一颗名叫绘架座 β 的恒星，它离地球并不是很远，大概 60 光年。而且它是一颗很年轻的恒星，但是它周围拥有巨大的尘云。所以，说这些尘埃从这颗恒星过来撞击到地球，这是可信的说法。而且，如果尘埃颗粒正在过来的话，它们有可能会遵循详细的轨迹。所以在原则上，我们知道这些东西来自其他星系。但关于绘架座 β 上是否有生命存活又是另一个问题了。

迪米特尔·萨塞洛夫： 顺便说一句，从绘架座 β 来的那些东西，只是最近才开始到地球上来的，是在过去 1 亿年左右，因为在这之前，绘架座 β 还不存在，而且它要很长时间才能过来。

弗里曼·戴森： 没错，但是在可用的时间内它很容易到达这里。

克雷格·文特尔： 在有了微生物之后，我们经历了大量小行星撞击地球的事件。从那些撞击中，很多东西极其恶劣地溅落进了空间里。这就是为什么我想要提高宇宙中的生命数量。你们知道，在我们的系统里，10^8 种可能性是一个很高的概率了。可能会有一百万种生命的起源，所有这些都会导致生物外来事件。

迪米特尔·萨塞洛夫： 没错，而且接下来的问题是，你能从一个星系穿越到另一个星系吗？那会需要数十亿年。这确实是一个问题。

弗里曼·戴森：难道我们的星系还不够大吗？

迪米特尔·萨塞洛夫：那就是我刚才所说的，这也是为什么我只是为我们的星系做估算。

弗里曼·戴森：暂时看来如此。

迪米特尔·萨塞洛夫：是的。

克雷格·文特尔：以彗星的速度，它需要多长时间走过 20 光年？

迪米特尔·萨塞洛夫：大概要 100 万年。而且我说的其实是很快的彗星了，是我们观察到的最快的彗星。

乔治·丘奇：我猜测，在 100 万年里，会出现大量辐射损伤。

迪米特尔·萨塞洛夫：那是肯定的。问题在于我们还没有证据去证实，有从太阳系之外过来的彗星。所有那些慧星的运动轨道都接近于抛物线。

克雷格·文特尔：一个微米级物体需要多长时间收集到 300 万拉德的辐射？

迪米特尔·萨塞洛夫：我不知道。

克雷格·文特尔：我们现在就可以找到能吸收 300 万拉德辐射的有机体。

塞思·劳埃德：但是我敢打赌，在小行星撞击地球之后，这种有机体的分布速度和数量并不难计算。

迪米特尔·萨塞洛夫：我会更喜欢一个更大的物体，你所说的辐射收集就嵌入在其中。因为你可以保护它避免接收到宇宙射线，你也可以保护它避免接收到任何种类的辐射。

乔治·丘奇：这样的话，那它就真的要很大了，比如要以米来计量了，而不是以微米计量。

迪米特尔·萨塞洛夫：不，我想如果你只是担心上百万年的时间和一定量的辐射，那么它应该不会超过几厘米。

克雷格·文特尔：好吧，我们一直把空间站的排泄物直接倒进太空里，所以不管怎么说，那也是某种保护（阻挡辐射）。

罗伯特·夏皮罗：我有一个不同的问题。难道我们不能通过检测月球上被保护区域内的表面积，估算出遗留在地球上的物质的概率吗？或者像他们所说的，溅落在地球上的物质？比如说，被保护的区域就是那些永久处于阴影里的环形山。

迪米特尔·萨塞洛夫：确实有些人提出，要把这当作去月球上时可以做的一个有趣的实验，去寻找那些被保护的区域。我们知道月球上哪部分有最多保护区，由于轨道动力学，那些保护区不是均匀分布在月球表面的。所以那会是一件很有趣的事情。

● **媒体：**我们要如何研究那些地外行星的性质？除了观察凌日行星（transiting planet），难道就没有其他方式了吗？

迪米特尔·萨塞洛夫：我们对此思考了很多，因为我们现在的研究基金就用在这上面。实际上，有一个特别小组的任务就是去仔细思考这个问题，下面是他们现在写进报告里的指导方针的一部分。他们想要两条平行的路径。其中一条就是现在使用的旧方式，是在几年之前提出来的，叫作"类地行星发现者"（Terrestrial Planet Finder，TPF），就是直接进行天文成像，这依然是可行的，但是在技术上可能需要更长的时间。直接成像，意思就是你并不需要直接成像行星的表面，但是你要把行星与恒星分开来成像，而且你能通过这种方式获得光谱信息，还有行星表面的一些信息：如果行星在旋转，那么你就会看到差异，这种差异可以解读为行星表面的信息。

但同时，从技术上来说，这比去寻找和研究凌日行星要好得多。因为凌日行星让你不仅可以去发现这颗行星，而且，一旦你发现了这颗行星，你就能精确地计算出它的质量和半径。我说的"精确地"，意思是指精准度能够到达 1%、2%、3%，这就已经相当精确了。这也能让你测量出这颗行星的平均密度。最后结果表明，这个平均密度还能告诉你，这颗行星是否确实是一颗小的像海王星那样的行星，也就是说，它掩藏得像一颗超级地球，但事实上它是富有气体而没有固体表面的行星。或者还可以告诉你，这是一颗像地球这样的超级地球，是地球的一个版本，只是比地球更大而已。一旦你完成了这个测量，接下来你就可以利用这个测量，不管是当这颗行星在恒星面前（这就被称为一次"凌日"）的时间段里，还是当这颗行星在恒星后面（这被称为一次"日食"）的时间段里。

在第一种情形里，如果你通过传动装置测度大气层里的气体，这就像是穿过了这颗行星的大气层；在第二种情形里，如果你测量这颗行星的表面特征，这些表面特征会带给你一张表面的地图。如果你是用红外线测量的话，它就是一张彩色地图，如果你是用光学测量的话，它就是一张反照率地图。现在从技术上来看，对一颗超级地球做这样的测量是可能的，比如说，利用已有的斯皮策（Spitzer）太空望远镜。这也确实是我们正在投入资金的地方，而且我们希望美国航空航天局（NASA）把资金投入到另一个方法上，也就是"类地行星发现者"上。

● **媒体**：这样做的前景是什么？也就是能够测量一颗超级地球的大气层并且能够说："嘿，这个东西看起来就像是它拥有一个远离化学均衡的大气层，那里存在氧气。"一定有什么东西让你们感兴趣，并且说这个东西看起来就像是一颗拥有生命的行星。那样做的前景是什么呢？

◆ **迪米特尔·萨塞洛夫**：我们认为在 5 ~ 10 年内（从现在这一点来看，5 年的可能性会更大），事情就会在这个方向上发展。如果我们足够幸运的话，它会在一两年之内出现。去探索大量超级地球的项目已经开启了。对流旋转和行星横越任务（CoRoT）就是其中一项，但是美国航空航天局的开普勒计划也是做这个的，还有几个才刚刚开启，或者说正在建设当中，这将会产生足够多供你们挑拣的超级地球，并且你们会说："现在我终于有几颗可以详细研究的超级地球啦！"但是在 10 年之内，我们会发现一整个陈列室那么多的超级地球，这不仅只是一个里程碑而已。

● **弗里曼·戴森：** 你们会关注哪些分子？

● **迪米特尔·萨塞洛夫：** 任何我们看到的分子都会去关注。总的来说这个想法就是，去拥有足够的信息能够让我们看到它们的信噪比（signal-to-noise）。但我们不会去分解那些分子，因为大多数分子都有宽光谱特征，这只关乎信噪比。我们会试图去理解我们所看到的，就我个人而言，这也是我参与生命起源研究的原因之一。因为我认为，如果我们拥有这个光谱的集合和超级地球的地图，但是又不能去回答："你认为这颗行星上有什么东西是化学的，或者是生物学的？"这样的问题，那我一定会很尴尬。

● **弗里曼·戴森：** 你们能发现氧气和氮气吗？

● **迪米特尔·萨塞洛夫：** 其实氧气和氮气更容易被发现。部分是通过它们的代表物，也就是二氧化碳和镉元素。这些都是分子。

● **媒体：** 如果你们从一颗超级地球上去观察地球，你们能检测到我们所做的破坏环境的事物吗？比如二氧化碳的大幅度增加？

● **迪米特尔·萨塞洛夫：** 可以，已经有人在做这样的研究了，部分是为类地行星发现者计划做的准备。最强的指标是臭氧的存在，它是游离氧，同时还有大量甲烷的存在。这种失衡会让你相信，某些不同寻常的事情正在发生，而且不能被我们已经理解的整体行星循环系统再现。更容易做的是去完善整体行星循环的参数空间，比如碳周期和硫循环。而且可以说，我们完全处于那个参数空间之外。这也意味着，你无法解释任何由那些循环控制的大气层的气体之间的组合。所以通过排除法，你就能看到这里的不同寻常之处。但是从那个视角来看，我对宜居行星的估算是，我们星系里有 1 亿颗，但是其中排除了地球。按地球现在的样子来看，它并不是很适宜居住，对于复杂的化学物质而言，这是一个很不利的环境。

● **弗里曼·戴森：** 但是，如果你们用这种方式来观察地球的话，会不会有足够的镭元素被检测到？

◆ **迪米特尔·萨塞洛夫：** 没有，从这个意义上来说，地球确实是一个相当困难的案例。

▶ **克雷格·文特尔：** 所以，如果抛开宗教的影响，我们能不能仅仅从逻辑上假设从这里的生命到统计基础的推断？你们知道，也就是说，我们可以从任何地方发现这种推断？

◆ **迪米特尔·萨塞洛夫：** 是的，我会说微生物是很有可能的，也就是那一类的复杂化学物质，更重要的事情是，我们将会有证据做出一些明智的推论。

● **弗里曼·戴森：** 是的，它会在任何一个阶段陷入僵局。我想，你们要去创造出核蛋白体的那个阶段，可能就是你们最容易陷入僵局的阶段。

○ **塞思·劳埃德：** 尽管这看起来在地球上发生得更急剧一些。

◆ **迪特尔·萨塞洛夫：** 我对在座各位提出的一个大问题就是："我们能否通过排除法来完成？"我们能不能再次发展出如此完善的化学物质的参数阶段，我可以从现在开始，利用 8 年时间来观察那 50 颗行星，并且弄清楚在那些行星地表和大气层里的所有事物，但是有一颗完全没有那些事物。我们会发现，这脱离均衡了，这不能简单地用物理学和化学来解释了。这一定是某种更复杂的东西，是潜在的生命。我们能做到这样吗？

▶ **克雷格·文特尔：** 肯·尼尔森（Ken Nealson）对这些问题已经思考过很多了，他是"火星样本取回任务"的项目科学家，他说过，首先要寻找的东西就是磷酸键（phosphate bond）。就我们所知，磷酸键本身就是生物学上生命的最大信号。

● **弗里曼·戴森：** 要去寻找我们所了解的生命，或者也可能是我们不了解的生命。

▶ **克雷格·文特尔：** 也许要从我们所了解的开始。

■ **乔治·丘奇：** 检测到磷酸键很困难吗？

◆ **迪米特尔·萨塞洛夫：** 非常困难。我曾思考过另一种方式：我们对物理学理解得很多了，对化学的理解我想也足够了，所以，如果我们理解化学和物理学，而我们在那些行星上看到的既不是物理学也不是化学，那我们就要利用生物学。

□ **罗伯特·夏皮罗：** 困难之处在于，我们在寻找一个单独的起源，其中有大量的哲学上的影响。如果我们发现，火星上的生命只是从地球上外溢出去的，这也会引人好奇，但它无法证明我们对宇宙的看法。另一方面，如果我们发现的生命完全不一样，它们不可能是从地球上起源的，这种传播就证实了他的说法，我也一直这样说：生命在这个宇宙里是内生的。

▶ **克雷格·文特尔：** 好吧，这两种说法并非不相容。这可能等同于说，我们这里所拥有的，所有地方都有。同样的化学物质，我们在所有地方都发现了。

■ **乔治·丘奇：** 但是，他只是说这很难证明。

□ **罗伯特·夏皮罗：** 确实难以证明，这是一个混乱的案例。

■ **乔治·丘奇：** 这不是理论上的论证。只有两种结果，要么你发现了，要么你没有发现。

○ **塞思·劳埃德：** 好吧，这就是这份工作让人苦恼的地方。当然，像"噢，看吧，有一些我们不理解的东西在那儿，它一定是生命"这样的看法，并不是世界上最有说服力的论据。但是，如果确实存在某些奇怪的东西，而且它不能被任何我们已有的生命模型解释的话，那么，这将会很有趣。

○ **塞思·劳埃德：** 我想要回过头去谈谈生命本身。我想谈谈宇宙里有什么样的信息处理过程，可以告诉我们关于像生命这样的事物的一些东西。

关于宇宙，有些事物实在是相当神秘。不只是"相当神秘"，而且是极为神秘。最基础的物理学定律非常简单，你甚至可以在一件 T 恤的背面写下这些定律；我总是在麻省理工学院看到各种 T 恤的背面写着这些定律。在此之上，从我们可以通过观察得来的判断来说，宇宙的初始状态是极为简单的，只要几个比特的信息就可以描述出来。

所以，我们拥有简单的定律和简单的初始状态。但是现在，如果你看看周围的一切，你会看到数不尽的复杂性。我看到了一群人，其中的每一个人都至少和我一样复杂。我看到了树木等植物，我看到了汽车，而且作为一名机械工程师，我一定会注意到汽车。这个世界真是极其复杂！

如果你再看看天空，天空也不再是一个统一体了。其中有星系的聚集物，各种星河和恒星，还有不同类型的行星，像超级地球和亚地球，毫无疑问，还有超越人类的物种和低于人类的物种。问题是，究竟发生了什么事？是谁安排的这一切？这一切是从哪里来的？为什么宇宙是复杂的？

通常你会这样想："我是从很简单的初始状态和很简单的定律开始的，那么我应该得到简单的东西啊。"事实上，对复杂性的数学定义（比如算法信息，它同样是简单的定律、简单的初始状态），暗示着这个状态总是简单的。所以，是什么使宇宙变得复杂，使宇宙自发地产生出复杂性呢？我不是在说超自然的解释，而是自然的解释，也就是对我们宇宙的科学解释，包括为什么它会产生复杂性，甚至产生像生命这样的复杂事物？

我宣称，宇宙一定有一个基本特征，使得它自然地产生出复杂系统和复杂行为。我们不应该对此表示惊讶，这是内在于物理定律的。我们不仅知道这个基本特征是什么，我还可以告诉大家它是什么，我也会告诉大家它是怎么与生命联系起来的。因为复杂性的自发产生除了对生命很重要，还对很多其他事物很重要。记住，生命是被高估了的。除了生命，宇宙里还有各种其他很丰富有趣的事物。也许，在所有人类灭绝很久之后，其他生物形态，比如碳基形态的生命也会灭绝，但是我希望其他有趣的事物还会持续发生。

那么，导致产生复杂性的那个特征是什么呢？从最微观的层面来说，它是宇宙内在的去记录和处理信息的能力。当我们建造量子计算机的时候，它是从一个电子或一个比特发展起来的。这是因为在量子力学里，这个世界固有的属性就是数据的。这也是量子力学里"量子"的意思：它是说这个世界是以块的形式出现，它是离散的。而这种离散性蕴含着的意思是，基本粒子会记录比特。它们的状态是由一定数量的比特来描述的。在旋转电子里，它就是用一个比特来描述的，在光子极化里，也是一个比特的信息。比特是宇宙存在方式的内在属性。这个宇宙是数据的，而且这种数据性在基本粒子的层面上产生出了化学物质的数据本性，因为化学物质是从量子力学里产生出来的，还伴随着大量基本粒子、自然界的各种耦合常数，以及电磁力等。

量子力学意味着，只有一种离散数量的化学物质的种类。你可以把两个氢原子和一个氧原子放在一起，就我所知只有一种方式可以把它们做成一个分子。这就意味着，我们可以把化学物质编进一个离散的列表里，比如化学物质 #1，化学物质 #2，化学物质 #3，你可以根据你的喜好，任意排列。但它是离散的。实质上宇宙的这种数据本质影响了所有事物，特别是生命。众所周知，DNA 就是一种数据信息。在人类的 DNA 里，每一个位点上有 4 个可能的碱基对，也就是一个位点上有两个比特，总共有 35 亿个位点，所以总共有 70 亿比特的信息。有一种特别容易被识别的数据密码，也就是在 20 世纪 50 年代，电子工程师重新发现的：DNA 序列的密码映射到蛋白质的表达上。对于宇宙而言，它有一种数据本性，是量子力学导致发生了这一切。

但是宇宙的数据本性并不会立刻告诉你，为什么宇宙是复杂的；为什么像生命这样的事物应该自然而然地出现。我们现在身处这里的事实，并不会告诉我们，宇宙里其他地方存在生命的概率。但因为我们现在身处这里，所以我们不得不在这里去思考这个问题：它除了告诉我们，宇宙中其他地方可能存在生命之外，并没有告诉我们产生生命的概率。这也是为什么这类问题是如此重要，而萨塞洛夫想要通过寻找行星和地外生物的信号来寻找答案的原因，但实质上我们并不知道，到底怎样才会产生生命。

所以，为什么会产生复杂性呢？这么说吧，宇宙是在它最微观的尺度上进行计算的。两个电子，也就是两个比特的信息，它俩每一次碰撞，它们的比特都会翻转。这些都是自然的交互作用和信息处理过程，当我们建造量子计算机时，我们会利用到这些过程。现在，我宣称，当你在对某种事物进行计算并为它进行随机编程的时候，只要你扔进去一丁点儿用于编程的随机比特，它必然会产生出复杂行为。而且我之所以这样宣传，是因为这是数学定理，也就是不同于仅仅来自观察的证据。

爱因斯坦说过："上帝不会掷骰子。"但是，事实并非如此。爱因斯坦在这个问题上的错误已经众人皆知了，而且这是男生才会犯的低级错误。他相信宇宙是决定论的，但事实上宇宙并不是这样的。量子力学在本质上是随机的，这也正是量子力学的运作方式。量子力学一直在持续地把信息的随机比特放进宇宙里。现在，如果你随机为某种可以计算的东西编程，那你就会发现，它会自发地开始产生出所有可能的可计算的东西。因为当你随机地把信息扔进去的时候，你就是在给计算机创造所有可能的程序。

事实上，宇宙一直都在计算。我知道这一点，是因为我们在建造量子计算机。另外，我能看到宇宙里可计算的东西，所以很明显宇宙是支持计算的。而且，如果你随机为它编程，开始去探索不同的计算，并走进无限的宇宙里的话，那么，那里一定有某个地方，使每一种可能的计算被穷尽。每一种可能的处理信息的方式都正在宇宙中某个地方发生着。

我不认为这是矛盾的，但是这以某种好笑的方式激怒了一些人。实际上宇宙就是在不停地计算，或者说，是在不停地处理信息，这个事实其实是在19世纪晚期的科学，被麦克斯韦、玻尔兹曼和吉布斯（Josiah Willard Gibbs）确定下来的，他们证明，所有原子都在记录信息比特。当原子们相互碰撞时，那些比特就会翻转。这实际上也就是最早的对信息的测度，因为麦克斯韦、玻尔兹曼和吉布斯想要定义熵，熵其实就是信息的真实测度。

当你有一台可以随机编程的计算机时，会发生什么呢？这台电脑可以创造出所有可能的数学结构，而其中最重要的事情之一就是，在那些数学结构里又创造出了其他计算机。通用计算机最早是图灵在 20 世纪 30 年代提出来的，它是可以模拟任何其他计算机的设备。它可以以简单的形式通过编程来模拟任何其他计算机，包括自身。

如果你在一台计算机上随机编程，它会开始生产出其他计算机、其他计算方式，和其他更复杂的组合计算的方式。而这就是生命出现的地方。因为宇宙从大爆炸开始，当基本粒子出现的时候就已经在不停地计算了。然后它才开始探索其他计算方式。我很抱歉，我不得不用这种拟人化的语言来表达。我不是在把任何形式的实际意图，强加给作为一个整体的宇宙，但是我不得不利用这种形式去描述。

现在请记住，化学物质是数据的。只有某些化学物质可以存在，而且化学定律设定了化学反应的目录表，其实这潜在的数据是无限的，因为可能产生的化学物质的总数，可以扩展到你所能想到的任何地方。你可以创造出很长的聚合物。你还可以思考化学定律，在某种意义上，这些定律是很简单的，如果用量子力学表现出来，就是一个目录表，包含了所有可能的化学反应的一个大集合，这种化学反应就是，如果我生产出化学物质 A 和化学物质 B，然后我把它俩放在一起，就会产生出大量的化学物质 C。或者说，如果化学物质 A 和化学物质 B 在那儿，而且化学物质 D 也在那儿，那么化学物质 C 就不会被生产出来。

现在，你可以看到那些不同类型的化学反应的逻辑关系了，对吗？如果有 A 和 B，那么就有 C；如果有 A 和 B 和 D，就不会有 C。当然我把化学反应的过程简化了，因为还有时间动力过程的参与。但是那些动力的逻辑关系的陈述，也就是实际上位于计算中的关于数据的陈述，都是化学物质内在的一部分。

化学反应里内在的数据逻辑，理所当然地是对生物学极为重要的，因为这就是一个细胞工作的代谢方式。我拿到了这个化学物质和另一个化学物质，因此我就可以打开那个开关，开启了那个化学物质的路径。化学物质把这个计算的本质内嵌在里面，这是它从隐含的计算那里遗传过来的，这个隐含的计算一般就在量子力学里发生。然后，化学物质本身会在宇宙里探索所有可能的组合，这些组合已经存在于宇宙里了。化学物质能够探索所有可能的计算，所有可能的会发生的事情，当然也包括一台计算机会做的所有其他事情。

让我们创造出这个自我复制结构，然后去看看会发生什么。或者，我们可以创造出这个结构和另一个结构，让它们之间进行互动，看看会发生什么，或者看看它们会创造出什么。我们并不能确切地知晓原型生命（proto-life）里发生了什么和确切的化学反应的过程，但是我们知道，在原型生命里会发生哪些类型的事情。毫不令人惊讶的是，化学物质应该会产生出越来越复杂的结构，然后它们会以越来越复杂的方式进行互动，去实现越来越多的所有可能的化学反应，然后再进一步创造出从计算上来看更复杂的结构，比如说，像细菌，或者人类，或者计算机。

因为有一种内在的能力被构建进入了自然法则里，就是以一种开放式的方式处理信息的能力。而且一旦事情开始这样进行，它们就很难停止了。我称这些事物为"复制基因"（complexor），因为它们会自动地创造出复杂性。从数学或物理学的视角来看，复制基因其实相当简单，因为它们全部都是能够计算的东西，而且是系统的、能够探索大范围的或者说全部范围的、可能的计算。一旦你有了这种东西，或者一旦这种东西突然出现了，并且开始运动，那么它就会创造出复杂性，不管你是否想要它这样做。

我们已经知道，在宇宙最微观的层面上，它拥有这种计算能力，因为我们每天都在创建量子计算机。在那些量子计算机里，我们在单个原子上储存信息比特，我们利用电动力学定律以复杂的方式去处理信息，然后我们得到了甚至更有趣的复杂行为，比如化学物质。我们不应该惊讶于这种复杂性。这种创造复杂性的能力在越来越高的层次上影响了宇宙。

宇宙的这种创造复杂性的内在能力意味着什么呢？有很多含义。让我们从检测生命起源的假设开始说起吧。这种能力预示的第一件事情就是，自从我们很精确地知道简单化学物质的大部分反应过程后，我们就能探索那些化学反应的各种结果。就像丘奇刚刚告诉我们的那样，当我们开始去把各种无机物的反应列在内的时候，我们对那些反应知道得并不多。而这也没错：我们并不必知道所有的关键反应是什么，而且我也不认为，我们应该立刻有能力去证明，生命是怎样在地球上，或者说在其他地方开启的，如果它确实是在其他地方开启的话。

但是我们有很好的机会表明，像生命这样的事物确实应该开启。如果我们从已知的一些化学反应，或者就算我们不知道它们是什么，我们还可以猜测出的化学反应开始，并从不同的方式去激发它们，我们可以预期，从这个计算能力来看，如果我们从一些简单的化学反应出发，它们就会开始创造出更加复杂的化学物种，这种更复杂的化学物种会自动催化，可能会催化出一系列更加复杂的反应。所以你会看到，那些物种开启了自身，然后当它们被接下来的化学反应消耗时，它们又会关闭自身。

当这种有效率的计算运行起来，你有希望看到的就是，它会随着时间的推移变得越来越复杂，而且最终变成更加稳定的反应集，比如说，莫罗维茨如此钟情的三羧酸循环，并将此建立为自身最主要的运转模式。如果我们看到这种事情发生了，那将是证明生命起源方式的有力证据。你不能指望重新创造出确切的生命起源，因为（a）有很多可能的初始条件的集合；（b）反应集会以很多种不同的方式驱动；（c）我们不知道那些初始条件有哪些；（d）有大量可能的初始条件，因为（e）那些互动方式是非线性的，因此（f）在大量情况里存在混沌，以致于（g）它们会对初始条件相当敏感。你要非常幸运才能立刻发现那些正确的初始条件。但是你可以确立像生命一样能够出现的事物。

同样重要的是，你也要能够确定一些不可能定理。如果我们仅有一个特定的化学反应集，在计算上它就不足以成为普遍的。它只能在一定范围内扩展，然后创造出有趣的事物，比如 ababababababababab，这是它可能创造出的所有东西了。它永远都无法创造出一系列丰富、精细又复杂的结果。然后你可以通过观察反应集来分析，并且说："光靠那些反应所制作的事物还不够多。"因此，如果你观察你所在的行星，说："嘿，看吧，这就是这颗星球上发生的事情！"然后我们就会说："但那里没有生命。"

对于生命本身，我们有大量有趣的事情可以去关注。其中一个有趣的事情就是（这里有好的和坏的关注点）像生命这样的事物，或者说接下来将会到来的事物。如果你是数字 7，那么很可能有 8、9、10，等等，这可以永远持续下去，如果物理定律使得这成为可能的话，这就是一个好的关注点。但是给定宇宙现在的存在方式，我们还不清楚像生命这样的事物会不会永远持续存在。如果暗能量像它现在这样以同样的水平持续下去，那么在一段不长的时间后（可能是 1 000 亿年）我们都会灭绝，没有什么可以继续存在，仅仅因为所有物质将会从另一个物质的范围内被挤出去，每一个物质都不再能够和其他事物交流，这会很糟糕。

但是也有可能，现在这个暗能量的水平在持续减弱，使得宇宙可以永远存在下去。戴森写的《宇宙波澜》（*Disturbing the Universe*）里有一个章节影响了我对此的思考。他指出，如果你愿意把速度放慢，并且你变得很大，那么你就依然能够采集自由能量，实际上可以永远采集，并且保持新陈代谢和增长。但是，这就需要不同的技术，而不仅是日常的在生物学层面的生活。

这是一个好消息。但坏消息是，至少从一位科学家的立场来看，产生复杂行为的那个特征是自发形成的。某些能够计算的事物会自发产生复杂行为，这一事实意味着，一般而言，不可能去计算出（a）在一个特定环境里是否还会这么做，或（b）有多大可能性这么做。

事实上，如果只给定我们今天所拥有的信息，试图去计算出早期在原型生命身上发生的事件的概率，这本质上是一道难题。如果我们足够幸运，不会用太长时间，我们是能够计算出来的。但是如果计算过程相当漫长，而且给定了核蛋白体的复杂性和生命现在的组织方式，这就像是在新陈代谢层面上，一个漫长复杂而艰苦的进化过程，这个过程先于个体层面。而这也意味着，很难去计算所发生的事情，这是一个潜在的缺点。另一方面，还有一件好事，也就是我们有方法去发现生命在未来会是什么样的。我建议我们这么做。

我所说的也就是这些了。我可以告诉大家，为什么在暗能量里可能没有生命。或者说，为什么在宇宙诞生的第一秒里没有生命。但是那就会显得很无趣了。

宇宙的古怪之处在于，比起对生命起源的理解，我们对宇宙起源的理解要好得多。我们明确了宇宙是一个简单的系统，137 亿年前宇宙诞生，然后其他的各种事情发生了。这就是为什么萨塞洛夫能对恒星的行为方式说得如此自信，因为这实在是尽人皆知的了。但是对于开启生命的最早的化学反应集，我们就不了解了。

尽管每一个原子都携带信息，但在宇宙大爆炸里，进行得最多的计算其实都相当无趣：只是一堆东西在热平衡里相互碰撞而已。为了让有趣的事情发生，你需要有自由能量的来源。为此，就需要开启引力，而且要把事物从热力的动态均衡状态中拿出来。

- **弗里曼·戴森：** 没错。有一条绝对至关重要的物理学定律，你没有指出来，就是通过引力结合起来的物体拥有负比热这一事实。

- **塞思·劳埃德：** 这当然很重要。

- **弗里曼·戴森：** 这绝对至关重要。如果所有东西都是正的比热，就像 19 世纪的科学家所相信的那样，那就意味着，热的物体损失能量到冷物体上了。你始终在损失自由能量，而且随着热的物体损失热量，就会变得越来越冷，而冷的物体获得能量就会变得越来越热。所有事物最后都会到达同一温度，宇宙就死去了，而生命也不能存活了。这些东西在 19 世纪已经被说得够多了。当所有事物到达热力平衡，生命就不能持续下去了，他们称之为"热寂"（heat death）。但是正好引力拥有相反的作用：如果你有一个像太阳这样可以通过引力来聚拢物体的东西，那么实际上你给它的能量越多，它就会变得越冷。而它失去的能量越多，它就会变得越热。

- **塞思·劳埃德：** 是的，如果你关注星团，你就会发现它们有时候会驱逐出一颗恒星，这颗恒星就会逃逸到无穷中去。而剩下的恒星会更加聚集在一起，而且它们会移动得更快，还会有效率地变得更热。

弗里曼·戴森： 这就意味着，如果它们通过引力捆绑在一起的话，事实上能量是从冷物体流向了热物体，所以你就离均衡点越来越远。这就是为什么，物理定律更有利于异质性而非同质性的基本理由。

塞思·劳埃德： 是的，绝对就是这样，这一点极为重要。而且实际上，我们还不清楚这种现象还会持续多久，因为宇宙中还有历史的暗能量。暗能量有可能是很有用的。我们只是还计算不出来要用它来干什么。当然，如果你想要生命永远生存下去的话，这一点很关键，否则你就不得不从相当远的地方去获取能量。如果你把一些事物聚集起来，那么当你把它们聚得越来越近时，你就能从中获得能量。当然如果你这样做过了头，那么它们就会形成黑洞，而且就会变得不那么有用了。

弗里曼·戴森： 黑洞是必不可少的，因为它们可以使熵减弱。你可以把熵扔进黑洞里，熵就消失了。

塞思·劳埃德： 那是宇宙的垃圾袋问题，我们之前讨论过，基本原则是在不断循环的。

吴学鼎（Ting Wu，哈佛医学院遗传学系教授）： 我发现生命中很特别的事情之一就是自我纠正：随着移动到某些路径周围时，化学反应就会进行自我纠正，而那些移动的路径是可以预测的。并不是说这就可以定义生命，但它确实是很多生命的一部分。它会下沉到一个路径上去，而且它还能进行自我纠正。最富戏剧性的例子就是，当 DNA 的错误被纠正的时候。这里存在一种方向性，其不可以简单地只用一个化学反应来解释。我也不想用拟人化来比喻，但那就像是生命有一种行为，我不应该说"一个方向"，但是它确实是在朝着一个方向移动，这一点可能并没有一个简单的解释。我曾经为此感到惊奇：如果你能评论自我纠正或自动复原的行为也就是你可以判断其是或不是一个化学反应，这就提醒我，当我们试图去定义生命的时候，也许我们没有把握到的生命最令人困惑的部分就是行为。所以，也许我们错过了一个关键的方面。我知道，作为一名生物学家，行为现在几乎还是一个完整的谜。

○ **塞思·劳埃德：** 有意思的是，你提到的这种 DNA 的纠正机制，正好就是我自己一开始在量子计算领域做的事情。在 20 世纪 70 年代，查利·本内特（Charlie Bennett）关注了这种 DNA 的纠正机制的热动力学，而且当你在纠正错误的时候，你就不得不抛开信息，因为之后你想要 DNA 处于正确的状态，而不依赖于之前发生的任何错误。

◎ **吴学鼎：** DNA 也不会管什么是"对的"。

○ **塞思·劳埃德：** 确实。在这种情况里，这种 DNA 的纠正机制就是进行检测，比如，"这两条线匹配吗？"或者说："它俩是否和对方互补？"如果它们不匹配或不互补，你就要回过头去改写它们。错误的信息就没有了，最后证明这会产生出熵，因为实质上物理学定律是可逆转的。它们只在宏观的意义上是不可逆的，而且这就意味着，你永远不能一劳永逸地扔掉信息。所以，如果我扔掉了关于 DNA 的信息，这个信息就会去到别的什么地方。所以那些互动是会产生熵的：你不得不提供给它们一个自由能量源，并发动它们。事实上，如果你提供给它们太少的自由能量，它们就会在另一个方向上反馈回来，而且它们又会产生错误。所以，如果一个错误纠正机制在错误的方向上运转，它就会变成一个产生错误的机制，这实际上也是某种人类行为的方式，但我并不是在使用拟人化方法。在噪声和错误面前，以一种稳定的鲁棒式运作的能力，是生命的一个关键，而且也不那么容易被影响。我会说，特别是在个体量子的层面上。

现在让我们关注一下行为问题。这个方面的计算问题可以被想作是不可思议的行为的起源，可以是化学反应的行为，也可以是人类的行为。让我用计算机的术语来表述一下，因为这样我就可以在一个安全的基础上说了，因为这是我可以证明的一个理论。在计算机科学里有一条著名的定理叫作"停机问题"，最早是图灵提出来的。他指出，只要有一台可以模拟自身的通用计算机，你就可以建构出自相矛盾的陈述句。结果就是，有一些问题一台计算机无法回答。其中一个这样的问题就是："如果我可以改变一点点这个计算机程序，那么它会停下来，并且给出一个输出吗？"这个问题就被称为"停机问题"，因为当你设定一个不停运转的计算的时候，没有方法可以计算出将会发生什么，除了等待。"没有任何捷径"是表达这个意思的另一种说法。如果有什么东西在进行一个复杂的计算，没有办法可以让你计算出将会发生什么的逻辑上的捷径，除了经历完计算，看看将会发生什么。

这就意味着，实质上计算机是不可预测的。当你今天按下回车键，所有东西应该和你昨天做的完全一样。但是你今天按下回车键，你的计算机却崩溃了。对吗？昨天它打印出了你的输入，但是今天它却崩溃了，带走了你的输入。难道这种事情在座的各位没有经历过吗？反正我是遇到过。这是数据计算的一个必然的部分。一般而言，如果一台计算机执行复杂计算，那么没有方法去计算出会发生什么。这在化学反应上也同样成立，因为那些化学反应和计算一样，有着同样类型的"如果－那么"的性质。当然，这只是化学反应的一个简化的说法，更复杂的说法可是相当复杂。它至少像是不可预测的。即使在这幅简化的"如果－那么"的化学反应的图景里，不可预测的化学反应的复杂集合的结果是不可避免的。一般而言，计算出会发生什么的唯一途径就是放任自流，然后观察。

这就是为什么，如果我们要去计算出生命的起源是什么的话，我们就需要，要么去做一些很重要的实验，并且或要么消耗一大堆超级计算机的能力，因为计算出它们会做什么的唯一方式就是去观察。而且如果计算机和化学反应确实是如此的话，那么人类也是同样如此。如果我思考是什么让另一个人变得不可预测，我发现和其他人的大多数互动是不可预测的。或者甚至说，我和自己的互动也是不可预测的。

如果我想要看看我明天会做什么，我是一个自由人，而且我是唯一一个可以决定自己明天做什么的人。但是对我而言，要想明白这件事的唯一方式，就是去经历这个思考过程，然后想明白。我的行动的不可预测性的一部分，来自于其实质的逻辑特征：在一个计算系统里计算出未来的唯一方式就是去完成这个计算。当然对其他至少和我一样复杂的人而言，我无法建模出他们脑子正在想什么，而且即使我可以建模出来，计算出他们将会说什么或做什么的唯一方式，就是去经历他们正在经历的思想过程。但我无法做到。

我会说，计算机和化学反应与人类共享了这种行为的不可预测性，而且对此谁也无能为力。有一些事情你们可以尝试去做，你们可以对它们越来越熟悉，你可以尝试给它们建立更好的模型，但是你永远无法消除这种不确定性和本质上的不可预测性，因为以一种逻辑的方式运作正是所有事物的本质。我说得足够古怪了吧，这就像是《星际迷航》里的斯波克：瓦肯基因让他变得更加古怪，比不理性还要更难以被理解。正是理性让我们变得不可捉摸，而不是非理性。

● **媒体**：就存在你没有可能解释其起源的事物的意义上来说，你们是怎么避免哥德尔陷阱的？

○ **塞里·劳埃德**：其实停机问题和哥德尔定理本质上是同样的问题，它们是紧密联系在一起的，而且当图灵在思考停机问题时，他是知道哥德尔的作品的。事实上，图灵想出停机问题和图灵机，正是因为他想要写写有关哥德尔的作品的东西。

哥德尔定理基本上就是克里特说谎者悖论，这是来自圣保罗给圣提多（Titus）写的一封信，圣提多想要去给克里特人传道，而圣保罗说，小心那些克里特人，因为克里特的一位哲学家说，所有的克里特人都是大骗子。但问题在于，你怎么看待一个人说："不管我在说什么，我都在说谎。"从逻辑的意义看，这句话构成了一句陈述句。也许最好的一个例子就是哥德尔用过的例子：去构建一个陈述句。就是说："这句话无法被证明是真的。"所以这在一个公理集里是一个逻辑陈述句。而且有两种可能性：这句陈述要么是对的，要么是错的。

如果它是错的，那么这句话就能被证明是对的，但是现在证明了一个错的陈述句是对的，那实在太糟糕了，因为如果一句错的陈述句可以是对的，那么你就能证明所有错的陈述句是对的。就像我的孩子经常向我证明的那样："老爸，你刚刚还说……"，因此你在所有方式里都是不可信赖的。唯一的替代说法就是，这句陈述句是对的，但是它又无法被证明。

这样一句陈述句对于理论的逻辑结构而言就是无法捉摸的。它无法被理论证明，但是你唯一的选择就是，把这句话添加到理论的公理集中，作为一条增加的公理。而且一旦你这样做了，就有更多的像这样的陈述句，比如哥德尔的不完全性定理说，没有超过了一定复杂性的自洽的逻辑理论是完全的，而基本上正是复杂性才使计算成为可能。这个理论可以一直被扩展为不同的种类。

● **媒体：** 这就意味着，在这个宇宙里，一定有些东西不是这里一系列计算的结果。换句话说，它们是对的，因为这个例子里的真理就是被那些计算产生出来的东西，但是你无法找到起源，你无法追踪它们。

○ **塞思·劳埃德：** 我同意你的说法。事实上，它们不可能是从那些定律中产生的，因为量子力学表明，这个宇宙并不是单一的，而是多元的，宇宙有很多不同的分支，在那些不同的分支里探索着不同的可能性。我会说，在一些分支里，你可以说错误的可能性也被探索了，那么这样宇宙就不是自洽的，从而就不会存在了。

● **媒体：** 那么有一种可能就是，生命就是你无法探究其起源的事物之一。

○ **塞思·劳埃德：** 这是可以想象的。必须有一种无限被构建进这个问题里。生命大概是起源于一些有限的语境里，所以可以想象这个起源会被发现。但是这些类比于哥德尔式的问题的有限性问题，就像是复杂度－不完全问题，有大量不同的可能性，而你不得不去探索每一种可能性去寻找答案。

□ **罗伯特·夏皮罗：** 我只想要强调一点，以免漏掉了，这一点其实在我们的对话中指出来过：基本上我们可能永远无法捕捉到导致生命在地球上的起源的真实环境，因为那些环境可能已经被破坏了，或者环境变迁了却没有留下记录，但是每一个去其他地方寻找的实验机会就是，找到参与产生生命的一般性原理。

生命：这是怎样一个概念啊！

○ **塞思·劳埃德：**没错。假设我们开始去做这些实验，不管是真实的实验，还是计算的实验，比如说，这里有化学物质，它在做那些有趣的自动催化的互动，而我们就去探索所发生的事情。然后假设，当我们这样做的时候，我们发现了产生复杂的行为的事物。戴森，这一定满足了你对原型生命的定义，也是你所说的第一个阶段和第二个阶段，而且，甚至还有可能像第三阶段的事物，但是我们所获得的与第三阶段里的核蛋白体完全不同。如果这种事情发生了，那么我会说，那是一个很强的证据，表明我们应该期待在所有不同的地方都会有生命，除了有核蛋白体，还包括所有以不同方式存在的生命。

◆ **迪米特尔·萨塞洛夫：**那是一个关于多重对抗简单的生命路径的问题。这个问题的回答也是极为根本的。

○ **塞思·劳埃德：**而且这很有可能会出现这种情况，即便很难确切地理解生命是怎样在地球上起源的。我想，比起生命到底是怎么在地球上起源这个问题，那是一个更容易回答的问题。因为那样的话，对于这个化学反应的复杂集合，你不得不计算出确切的初始条件，而这会很困难。

▫ **罗伯特·夏皮罗：**而且另一个观点在过去几个世代以来一直被推翻，美国科学家乔治·沃尔德（George Wald）曾经说过，如果你在地球上能学好生物化学，你也可以在大角星上通过考试。大角星是牧夫座中的一颗恒星，实际上，这只是一句反话。

🕐 2007年8月27日

本文作者之一克雷格·文特尔所著的《生命的未来》是一本详细论述生命科学的基本原理的杰出著作，全景展示了分子生物学的历史沿革和未来发展方向。此书已由湛庐文化策划，浙江人民出版社出版。

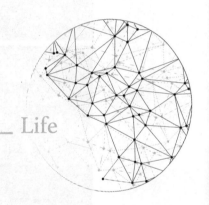

Life

想观看本文作者之一克雷格·文特尔的 TED 演讲视频吗？
扫码下载"湛庐阅读"APP，"扫一扫"本书封底条形码，
彩蛋、书单、更多惊喜等着您！

基因已经成为了信息技术的一个分支。它是纯粹的数据信息，也就是它能以数据为单位，或以字节为单位，转化成任何其他种类的信息，还可以重新转化回来，这是一场重大的革命。

——《以基因为中心的一次对话》

What has happened is that genetics has become a branch of information technology. **It is pure information. It is digital information.** This is a major revolution.

09

THE GENE-CENTRIC VIEW: A CONVERSATION

以基因为中心的一次对话

Richard Dawkins
理查德·道金斯
进化生物学家，牛津大学教授，英国皇家科学院院士。

J.Craig Venter
克雷格·文特尔
基因组学家，"人造生命之父"。

约翰·布罗克曼的导言：

    并不是每天你都有机会，让理查德·道金斯和克雷格·文特尔这两个人站在同一个舞台上。道金斯写出了大概是 20 世纪最重要的科普书《自私的基因》，这本书出版于 1976 年，它提出了一个议程，就是以基因为中心，或者说从基因的视角看待生命，这已经成为过去几十年里的一个基本科学议程。如果没有这种世界观，就没有克雷格·文特尔今天对世界的改变。文特尔曾领导一个私人企业在 2001 年时成功解码了人类基因组，他现在在人工生命、合成生物学的前沿领域工作。他乘着帆船在世界各地旅行，发现了海洋里上百万的新基因。最近，他的实验室负责了一个项目，内容是把一个基因组的信息移植到另一个基因组上。换句话说就是，你的狗变成了一只猫。现在我们先邀请道金斯和文特尔进行对话，然后请他们回答各位的问题。

理查德·道金斯：我想从引用一段话开始，这段话出自 20 世纪 30 年代一位著名的哲学家和科学史家查尔斯·辛格（Charles Singer），我引用他的话来表明，事物到现在已经发生了怎样沧海桑田般的变迁。而文特尔是创造现在这个变迁的一位领袖人物，也许是唯一的领袖人物。下面就是辛格在 1931年所说的一段话：

> 尽管从相反的意思来诠释，基因理论并不是一种"机械论者"的理论。基因和细胞一样，它就像化学物质或物理物质那样容易理解，或者说和有机体本身一样好理解。……如果我想要一个活的染色体，也就是唯一起作用的染色体，没有人可以提供给我，除了把染色体所在的活的环境也一并给我，也就是给我一条活的胳膊或腿。功能相对性学说同样也适用于基因，就像身体的任何器官一样，它们只有和其他器官联系在一起，才能够生存并起作用。因此生物学理论的最终归宿把我们带回了开始的地方，带到了被称为生命或精神的一种力量面前，这些生命或精神并不是唯一的，而且每一个都是独特的，它所展现出来的也是独特的。这明显是对传统观念的摧毁。这不仅是错误的，而且是毁灭性的、完全令人震惊的错误。它的错误之处还很有趣，而文特尔是告诉我们它错在哪里的最佳人选。

克雷格·文特尔：我感觉这像是一个小测验（文特尔笑着说）。理查德·道金斯写的《自私的基因》对于当代生物学的思想影响甚多。我从没告诉过他，其实我一开始并不喜欢他的书，但是后来这本书却成了我非常喜欢的一本。我曾尝试从基因组的视角来观察世界，我发现基因组就是把各种基因的集合放在一起，然后就生成了一个物种。但是，当在全世界范围内探索生物学的多样性时，我们获得了越来越大的基因集合。我们现在有一个数据库，差不多收集了 1 000 万个基因，今年这个数字也许还会翻倍，达到 2 000 万。

所以，我们人类只拥有大约 22 000 个基因，我们代表了这个星球上利用基因的一个少数群体。后来，我开始从基因的视角看待世界，部分原因在于我们现在开始进入"设计阶段"。我把基因视作未来的设计组件，而不只是当作生物学的有趣元素。我现在把基因组当作基因的有趣组合，但是我们有无数种组合方式，去创造未来的生物机器。所以辛格的说法是不对的，染色体是可以独立存在的，基因也可以独立存在。它们甚至还可以独立地到处游走。

在 2007 年，我们从一个细菌物种身上分离出一个染色体，并且将它移植到另一个细菌上。但是接受移植的细菌对象的染色体却被毁坏了，这个细菌物种原来所有的特征都没有了，而转化成被那个新染色体控制的物种。这有点像是一个终极试验，它证明了染色体是生物学的信息，而且染色体控制了一个细胞的行为，或许也决定了细胞的功能。这是有能力设计生命的一个前兆，即通过观察单个基因去建造合成分子。我们现在有的基因家族里，有 3 万 ~ 5 万个成员会发生自然变异，而且在现代社会里寻找解决之道，我们还有关键难题要克服。

我们正在关注的第一种应用方向就是，试图找到制造燃料的替代方式，而不是找到更多的燃料。我们现在已经有了生物多样性，我们有数千种有机体，也许有数万种有机体，我们可以从日光中获取能量，从环境中获取二氧化碳，再从二氧化碳中固定碳分子，从而创造出潜在的燃料，天然气，像甲烷。当我们把细胞视作机器时，就开启了在未来用基因设计作特殊用途的路径。所有这些进展都否定了辛格那句话。

理查德·道金斯：这不仅表明，你可以挑选一个染色体并把它放到其他地方。它完全就是信息，你可以把它放进一本打印的书里；你可以把它上传到互联网上；你可以把它放在磁盘里储存一千年，然后在这一千年里，等我们掌握了相应的技术，就有可能重新构造出现在这里任何活的有机体。在分子信息革命之前，这些事情完全是做梦都不敢想的。

目前已经实现的是，基因已经成为了信息技术的一个分支。它是纯粹的数据信息，也就是它能以数据为单位，或以字节为单位，转化成任何其他种类的信息，还可以重新转化回来，这是一场重大的革命。我认为，这可能是我们对自身理解的全部历史里，唯一的重大革命。这有可能会使达尔文受到冲击，而且我敢肯定达尔文也会很热爱这场革命。

克雷格·文特尔： 好吧。我们还可以谈谈在过去这些年里，我们一直在数据化生物学这件事。当我们解码基因组，包括给人类基因组测序时，那就是从生物学的模拟世界进入计算机的数据世界的开端。现在，我们第一次可以朝另一个方向迈进了。有了合成基因组学和合成生物学，我们正在开启那个纯粹的数据世界。从计算机里取出序列，并利用装在瓶子里的 4 个原始化学物质，我们就可以在实验室里造出一个染色体，这个过程遵循两种设计方法：要么复制数据世界里的内容，要么提出新的数据版本。在某种程度上这就像是开玩笑一样，但我可以证明，这是实际上行得通的唯一一种纳米技术。生物学是终极的纳米技术，而且它现在可以从数据的角度被设计和重构。

理查德·道金斯： 也有人对这种科学感到不舒服。他们有时称之为科学主义，而且在一定程度上怀疑这是自负，"玩弄上帝"这个标签就这样被拿出来了。我并不觉得这其中有任何问题，但我认为有些事我们还是要严肃对待的。不过我确实有一个问题就是，不仅是你们所做的有些事情，而且是很多人在做的一些事情，有可能会产生未被预见的特殊结果。我怀疑"玩弄上帝"这个词，实际上有点像是喊"狼来了"的那个男孩，因为很明显，指控一位科学家玩弄上帝是愚蠢的。但其不明显的愚蠢之处在于，指控一位科学家通过做某些不可逆转的事，而置地球的未来于危险境地。我们也许会变得习惯于避免遭到"玩弄上帝"的愚蠢指控，而忽视了真正的危险。你认为这可能是一件危险的事情吗？

克雷格·文特尔： 这是我们正在面对的现实生活中的危险。我已经论证过，为了我们物种的生存，我们现在是完全依赖于科学的。在某种程度上，今天的科学不得不去克服以往的科学突破。因为我们已经拥有了先进的内燃机；因为我们如此精通于燃烧那些从土地里挖出的碳；我们盲目地这样做，完全没有考虑到后果，这可能会彻底影响这颗星球的未来。

我们可以不用那些从土地里挖出来的碳，使用可再生资源替代，而我们拥有的最好的可再生资源就是太阳能。每天太阳有超过 1 亿兆瓦的能量到达地球，我们完全可以利用这巨大的资源。我们拥有细胞，可以反过来从环境中获取碳。最后证明，就碳而言，从化学和生物学的角度来说，我们可以在实验室制造出任何我们从土地里获得的东西。我们可以创造出辛烷、柴油机燃料、飞机燃料和丁醇，以酒精为例，因为只要通过简单的发酵就可以得到，人类会永远这么做。

上述那些观念要经过很长时间才能被人们接受。人们更关心的是，比起我们现在所采取的潜在的灾难性方法，生物工程可能会带来新的破坏，而现有的这种方法已经对大气层造成了伤害，甚至也许会使得我们和其他物种不能生存下去。现在的方法才是一个更加危险的实验。

● **理查德·道金斯：** 我是不是可以把你说的理解为，我们从土地里攫取能量（石油和煤），就是上百万年里所有那些抵达地球的太阳光的能量，它们遗留在石炭层被存储了起来。而有了你们现在研究的生物技术，就有可能获取到空中兆瓦级的能量，并且在当下就利用它们，而不是让它们储存上百万年后再从地底下被挖出来？我理解得对吗？

▶ **克雷格·文特尔：** 完全正确。我们燃烧石油和煤炭，就是在利用上百万年里压缩的生物学，我们经年累月地燃烧，又将燃烧废物排放到大气层里。我们可以采取相反的做法，重新获取一些二氧化碳。只需要利用每天抵达地球的 1% 的太阳光的能量，就可以取代我们现在所用的燃料，取代我们所有交通要用的能量。但是这并没有重大的进展，因为没有动力驱使我们去这样做，过去石油很便宜。渐渐地，石油资源变得匮乏，人们开始急切地寻找替代能源，然后石油的成本又降下来了，我们经历了这个循环，现在已经是第二次经历了。事实上，这才是我考虑最多的问题。石油的价格就掌握在几个人手上。如果真的有替代能源出现在市场上，石油的价格就会被人为地降到一个很低的水平上，从而反过来扼杀了那些至关重要的新行业。从政治的意义上说，未来的路就是，必须对不可再生的碳燃料征收二氧化碳税，从而激励人们不去燃烧碳燃料。小布什政府都意识到，我们身处气候变迁的环境里，正是因为将二氧化碳排放进大气层。如果连他们都能理解这一点，那么世界上其他人也能理解。

约翰·布罗克曼： 在"生命：这是怎样一个概念啊！"那场讨论会（即上一篇文章）上，弗里曼·戴森挑战了道金斯的说法，他说，现在进化又回到了共有的横向基因迁移的前生物阶段，进入了他称之为"达尔文时刻"的间歇阶段。道金斯在一封电子邮件里对此进行了反驳，那封邮件读起来实在令人兴奋。在这我要引用的其中一句话是：戴森坚持认为，现在进化就是人造的，而非达尔文主义式的。是这样的吗？

克雷格·文特尔： 所有进化都是基于选择的。作为一个物种，不论我们是否愿意，我们在一段时间以来一直都在通过改变环境影响进化的方向。现在我们是通过有意的设计来进化的，是以一种刻意的、有发展前景的、深思熟虑的方式，但是有意的设计还是不得不遵循选择。

当我们回头看曾经做过的实验，就是把基因组从一个物种移植到另一个物种身上，很多人出于宗教的原因试图反对进化论，并且坚持基因点变异和选择模式这个说法最大限制了达尔文主义式进化，他们还论证了复杂性为什么不可能从实验中产生。但我们从染色体移植中看到的却是，我们可以在一瞬间在一个物种里获得 100 万个变化。这不仅是在实验室才会发生。回过头去看看历史，我们看到物种会进化就是因为拥有新的染色体。当它们获得一个新的染色体时，这就像是把一个装满软件的新驱动装进你的电脑里，它会立刻改变你做事的能力和鲁棒性。我们的细胞也能这样做。在我们的肺里，就有正在发生的达尔文主义式的进化。在这间屋子里的每一个人的肺里都有不同种类的细菌，因为当你们的免疫系统攻击那些细菌有机体时，它们的基因密码存在内置的机制一直发生细微的变异，从而创造出不同的蛋白质去对抗我们的免疫系统。

这就是由我们的抗体来作选择的例子，而且我们的生理一直在改变选择。我们在一直在改变对物种的选择，这也许可以选择出能够在二氧化碳更多的环境里生存下来的物种。当我乘船环游世界的时候，最令我们感到困扰的事

以基因为中心的一次对话

情之一就是，我们所看到的海洋里几乎都有塑料垃圾。在整个环球航行中，我们没有看到任何没有垃圾的地方，没有看到一个完全未被污染的海滩。但是下面我们来说一个新环境：在印度洋发生了严重的海啸之后，当我们穿越印度洋时发现，那些被人类丢弃在海滩的拖鞋，变成了螃蟹的筏子。所以我们给螃蟹提供了一个新的栖居地，它们可以乘着人类的拖鞋在海洋里飘游。我们相当强烈地影响了我们星球上的进化。我想说的是，我们需要经过深思熟虑再去做改变。

理查德·道金斯：我想回到布罗克曼提到的弗里曼·戴森的那句话。我其实并不是完全不赞成他的观点。我唯一不赞成的一件事就是，他谈论的自然选择就像是说，尽管曾经自然在不同物种之间进行选择，但是现在自然已经不再做选择了。但是，他所说的最有趣的一点是，在一个相当早期的进化阶段，那个进化阶段更加开源，细菌以一种不加选择的方式进行复制和利用信息，而这正是我们现在能够做的，既利用像文特尔这些人所做的基因信息，也有其他种类的信息：文化的信息。

所以这里有一个有趣的含义，就是这个进化阶段依然处于戴森称为达尔文阶段的中间过程，而他说的达尔文阶段的真实含义是，就像我说的，通过性来完成信息交换的高度仪式化的阶段，这是与开源系统相反的仪式化，细菌依然在开源地进化，人类的生物技术现在也在这么做。我通过"仪式化"这个词要表达的意思是，在每一个世代里，确实有 50% 的雄性基因和 50% 的雌性基因放在一起去创造一个新的个体。现在，这是高度程式化的、仪式化的、彬彬有礼的基因信息交换的方式，这接替了细菌系统，形成了我们称为物种的概念，因为一个物种只不过是个体的集合，是这些个体参加了这个基因交换的"盛装舞会"。在更早期的不加选择的阶段，基因一直被随意乱放，在这个阶段被取代了之后，我们重新回到了一个新的不加选择的阶段。但是我不会一笔勾销戴森所说的达尔文阶段。这已经持续进行数十亿年了，并还将在我们周围持续下去，并不会理会人类现在所做的事情。

克雷格·文特尔：你还记得你曾用过"男生会犯的低级可笑的错误"

（schoolboy howler）评论过戴森吗？

理查德·道金斯：我确实曾经用过这个词，但那是针对他所说的其中一点，他说自然选择是关于一个物种取代另一个物种的过程，这确实是一个低级可笑的错误。很多人都认为，达尔文主义式的选择意味着，一个物种灭绝了，而另一个物种就会兴起。这可不是达尔文主义式的选择，这是物种灭绝。这是完全不同的过程。

约翰·布罗克曼：我也要为戴森说几句话，他依然坚持他是正确的。在科学中，有一件有趣的事情就是，争议就是人们合作的方式，是他们推进思想的方式。通常这是很文明的。在这个案例里，大家也是相当和善的。德国的两大报纸，《南德日报》（Suddeutche Zeitung）和《法兰克福广讯报》（Frankfurter）都曾在专栏报道过这个事件。其中一份报纸上说，如果这场争论发生在德国的话，就会出现场面失控和拳脚上阵了。但是现在这里所有的听众看起来都如此冷静。

克雷格·文特尔：就道金斯所说的关于达尔文和进化最简单的概念，我想从中挑选出一个论点来讨论一下。事实上，我们在环境中所发现的正是对科学界而言最大的惊喜之一。大多数人预期只有一个优势物种。而我们曾发现有上千种、上万种具有紧密联系的有机体，基本上它们拥有同样的线性基因组（由于基因变异才出现后来大量不同的物种），但是没有一个占主导地位的有机体。对于这个紧密联系的有机体的共同体，也许其中没有有机体走向灭亡。或者说，如果它们之中存在灭绝的物种，那么就确实会有上千个有机体去取代灭绝的物种。

我认为，我们在进化上的问题在于，它一直都被过于简化了，因为我们一直在关注这个可见的世界，而这个星球上的大多数生命都处于不可见的世界里。在一毫升的海水里，就有 100 万个细菌和 1 000 万个病毒。在这间屋子的空气里（我们一直在做空气基因组计划），你们所有人在这个小时里就呼吸了至少 1 万种不同的细菌，也许还有 10 万个病毒。我会仔细地关注坐在你们旁边的那个人，看看他们在呼气时都呼出了什么。

这就是我们生活于其中的生物学的世界。进化每时每刻都在发生，而不仅只是发生在长劲鹿、大象和袋鼠等物种的形成过程里，还发生在数以千万计的物种上，不管我们是否能看见，它们始终都在影响我们这颗星球的新陈代谢。我们所呼吸的空气就是来自那些有机体。这颗星球的未来就在那些有机体身上。而问题在于，如果掌管了那些有机体的设计，我们会在任何方向上改变原有的平衡吗？或者说，这只是现实世界中的一小部分，我们只会影响工业过程，而不会影响这颗灵动的星球？

理查德·道金斯： 从某种意义上来说，我对生命的愿景甚至要更加激进，因为对于你所说的长劲鹿、袋鼠和人类，我会把它们都当作不过是各个紧密联合的社会里的另一个病毒的集合。所以我应该说，长劲鹿的基因池，或者人类的基因池，或者说袋鼠的基因池，都是一个巨大的病毒社会。我是在宽泛的意义上是用"病毒"这个词的。我用这个词，是因为你所说的病毒和细菌，是普遍意义上的生物，它们就在海洋里，就在空气里。但是另外还有一类病毒，它们聚集在各种庞大的俱乐部和社会里，这类病毒就是你我。而且就一个 DNA 片段而言，创造一个生命有各种各样的方式。有些方式就是在空气里或者水里自由漂流着。另外一种创造生命的方式就是和其他 DNA 聚集起来，创造出一个基因组，影响这个生命的表现型，影响它们所在的躯体，从而把自身传递到未来世代里去。结果都是一样的，只是创造生命的方式不同而已。整个生物圈就是一个庞大的集合，聚集着纵横交错互动的 DNA，其中一些 DNA 从一只袋鼠跳跃到另一只袋鼠，或者说从一只长劲鹿跳跃到另一只长劲鹿，但都是通过正常的有性繁殖路径达成的；而其他的 DNA 是从空气里跳跃到水里变为不同的物种。但是其实都是同样的东西在互动而已。

克雷格·文特尔： 我想，事实上这种跳跃可以跳得很远，它们甚至可以在星球间跳跃。我们发现有的有机体可以承受住 300 万拉德的辐射。它们会完全变干。这已经证明，它们可以轻易地在外太空存活下来。我们每年在地球和火星之间大约会交换 200 公斤的物质。毫无疑问，我们就是在交换那些有机体，问题在于它们可以转移多远。我们正在研究太空尘埃的胶状物，看看能否在其中发现 DNA。如果那些有机体掩藏在彗星里，或掩藏在任何其的物质里，那么它们确实可以持续存在上百万年，甚至还有可能会发现一个新的水源，并且重新开始复制。我们的病毒不仅只是可以影响邻家女孩，还可以影响整个宇宙。

理查德·道金斯：在你一直描述的实验里，有一种珍贵的美感，因为达尔文就做过同样的事情，但他研究的是，生物体从一个大陆到另一个大陆的迁移。出于理论原因，达尔文论证，有生命的事物有可能在海水里经历过很长的旅程后，或者经历过其他的迁移环境依然能够存活下来。达尔文所做的实验可以类比于你们所做的实验，他是拿种子做实验的，并且证明种子可以经历过很长的时期，时间长到足够可以从一个大陆漂流到另一个大陆，它们依然可以存活下来。这真是一个美妙的类比。

克雷格·文特尔：我确信，我们会在火星上发现细菌生命，但它是否能够活跃地繁殖却是一个问题。不过它不会与我们在地球上所看到的有什么不同。

理查德·道金斯：但是它可能是来自于地球的细菌。

克雷格·文特尔：它可能要么源自于火星又来到了地球，要么源自于地球又入侵到火星上了。

约翰·布罗克曼：你们考虑过地外行星吗？

克雷格·文特尔：迪米特尔·萨塞洛夫说过，在我们自己所处的星系里，大约有 10 万颗行星的环境支持生命的生存。我们将会发现一个普遍的生命概念。在任何我们将会发现智能生命的地方，我们都会发现生命是一个设计的概念。它是一个电子的概念，一个信息概念。我们可以把生命当作一个数据信息，让它在宇宙中迁徙，其他还有些人，在他们的实验室里可以依据那些数据信息建造基因密码，并且复制它。也许，把我自己的基因组公布在互联网上，会产生超乎我想象的影响。

约翰·布罗克曼：你用了"设计"这个词，也就是你推断生命是一种技术。但这可能是正确的吗？

克雷格·文特尔： 生命是一种机器。当我们学会怎么去改变生命构造，并且复制生命的时候，生命就是一种技术形式。

约翰·布罗克曼： 道金斯的一位牛津大学同事约翰·杨（J. Z. Young），在1951年的里思讲座上说过："我们创造工具，而且通过对工具的利用，我们还塑造了自身。所以，如果生命已经变成了一个工具、变成了一种技术，那将会怎样改变我们对自身的理解呢？"

克雷格·文特尔： 这个问题在最初研究基因密码的时候就提出来了。很多人争辩说，通过研究我们自身的基因密码，并且理解基因密码，我们会消弭人性。这是一种过分简单的观点。关注我们的基因密码，并且试图去理解我们是怎样从100万亿个细胞里的2.2万个同样的基因中变成了布罗克曼、变成了道金斯的。我想，这种理解比起从宗教或诗歌形式中获得的启示都要更加令人着迷。我不认为理解基因就会消弭人性。

约翰·布罗克曼： 现在这听起来是令人着迷的。但从现在开始的25年之后，对于下一代人，这听起来就是老生常谈，并且是理所当然的了。世态是会变迁的。在所有相关的理论中，我并没有看到宗教的立足之地。我认为我们将会与其他人以不同的方式关联起来。控制论的整个思想是认识论中一次巨大的突破，这颠覆了我们看待彼此的传统方式。我们走上了一条实证之路，直到撞上了一堵南墙，然后回过头来重新审视这一切。这也是我们现在所处的境地。

克雷格·文特尔： 当然，这确实改变了对互联网病毒的定义。如果我们可以获得一个真实的病毒，并可以将它的基因数据化，我们就可以把它上传到互联网上，而且其他人可以建造出同样的病毒。或者，更有意义的是，我们可以利用类似的方式让一个细胞可以基于阳光里的二氧化碳创造出辛烷。对我们而言，所有看不到的事物我们也不会对其有所认识，我们就是这样一类物种。利用基因改造生物这种做法最早出现在欧洲，我最担心的是数以万亿的有机体会通过压舱配重水传播开来，当轮船在一个港口卸下货物后，就在当地装配压舱配重水，然后带到世界上的其他地方，从而污染了这些地方。

自从轮船开始携带压舱配重水后，这种事情就一直在发生。我们是在进行跨地区的污染。每一艘轮船装配压舱配重水时都在做达尔文所做的实验，当轮船驶入其他某个地方，就把压舱配重水排放出去，从而转移了数十亿、数万亿的有机体和病毒，导致那个地方的环境不能再正常地维持下去。

约翰·布罗克曼：或许听众感兴趣的是，你们和国家政府合作的冒险之旅，就是你们在南太平洋对海水进行的调研。

▶ **克雷格·文特尔：**在现在从现代科学家的角度而言，布罗克曼所提及的事几乎是不可能的，现在想要做达尔文曾经做的事情是非常困难的。在达尔文环南美洲航行的途中，他获得了生物学的样本，并且总结了他所去的每个地方的生物样本的特征。但现在的国际条款规定，每一个国家都拥有其国土范围 322 公里内的每一个物种的所有权。当我们航行穿过太平洋时，穿过一个国界线的每一节水流，每一毫升海水里都有一百万个有机体，我们发现它们有些曾经是属于国际的，而现在却变成了法国的基因遗产。生物的所有权发生了改变，这改变了科学的视角：面对这种状况，大多数国家都不想得到这些发现，也不想把这些信息公布到互联网上，或者公布到科学杂志上。所以我们走到了一个极端封闭的境地，导致我们现在很难看到一个国家能积极地发布生物学信息，不管这些生物信息是源自哪个国家，或者穿越了哪个国家的国界线。

约翰·布罗克曼：在主题为"生命：这是怎样一个概念啊！"的会议上，你说过关于人工生命的一些事情，那不是"是否会实现"，而是"何时会实现"的问题，而且这可能比我们所预测得发生地更快。那么你现在对此还有什么其他预测？

▶ **克雷格·文特尔：**严谨地说，我们还没有创造出由一个人造线粒体主导的一个细胞。尽管，我们知道基于线粒体移植试验是完全有可能实现的，不过要突破很多障碍才能实现。在细胞里面有不同的机制，实际上它们是进化的关键机制，如果你是一个潜游在海洋里的细胞，当你拿取了另一个物种的一整个染色体时，你就会拥有这个物种的功能和特性，所以一些物种出于保护自身资源的原因会发展出一种机制来防止被拿走染色体。虽然我们还需要克服大量的障碍，但我还是很希望今年就能实现。

理查德·道金斯： 我能不能说一说这其中的一些风险？文特尔，你刚刚提到，那种几乎像是犯罪一样的对海洋的污染，就是当油轮释放压舱配重水的时候，就相当于是通过另一种有机体去污染当地的有机体。而现在我们所有人都对有机体的污染这种状况见怪不怪了。当你们去新西兰的时候，你们听说了鸫和黑鹂这两种鸟，因为早期的殖民者对于英国的鸟有一种怀念，所以想要把英国的鸟带到新西兰。这也是一样犯罪；贝德福德公爵（Bedford）把美洲的灰松鼠带到了英国，而现在红松鼠几乎全部灭绝了。我们完全习惯了这种污染的状况。但是，我们现在所做的事情等价于什么呢？如果未来的科学家再也不能够做严肃的分子分类学的工作，因为21世纪和22世纪的科学家们已经通过引入基因而污染了基因组，这些基因又来自于其他完全不一样的生物界，那将会怎样呢？

但只要相当细心地保存了记录，上面所描述的危险就有可能不会出现。但是，你想象一下，在未来这样一种物种完全分离的状况下，至少是在戴森描述的进化的有性繁殖阶段，进化完全分流了，实质上就不会出现基因的交互污染了，如果人类突然开始交互污染基因，你就能看到长颈鹿携带袋鼠的基因，或者非洲食蚁兽里有瓜类的基因，那样的话，我们要怎样进行分子分类呢？就好像是，人们试图去研究新西兰的动物群和生态环境一样？

克雷格·文特尔： 道金斯，这是你提出的最幼稚的一个问题了。而且我觉得你提出这个问题也只是想要引起争议罢了，因为事实上，这与我们在进化过程中所看到的情况完全不同。比如，病毒是以一种共同的形式在完全分离的物种之间移动基因的。而在我们自己的基因组里，有些基因就和经过复杂移动路径的病毒中的一些基因很相似。实际上，我们基因组1/3的基因基本上都是受病毒污染过的。当我们给天花基因组测序的时候发现，天花基因组有6个基因很清楚就是来自于人类。我们看到细菌基因在以一种横向的形式迁移，从古生菌到细菌到植物到单细胞真核生物。我们确实和这个星球上的各种物质之间有一种恒定的信息交换行为。直到这次会议，我才知道这个形容词——"男生会犯的低级可笑的错误"，我认为这也可以评价为是"对生物学的简单视角"。

● **理查德·道金斯：** 你是在说如果一位分子分类学家想要弄清楚，比如有袋目哺乳动物或胎盘哺乳动物时，那么他就会感到困惑，因为一个细菌或者一个病毒在某种程度上把一个袋鼠的基因带入了一只豺狼的基因组里了？你不是在说这个吗？

▶ **克雷格·文特尔：** 我们是在说，几乎所有基因组里每一个生命的分支的证据。这依赖于你所选择的基因，这一直是分子分类学的问题。如果你从一个拥有 2 000 个或 3 000 个基因的基因组里挑选出一个基因，然后试图将它们分类，你会获得一个基因树。如果你挑选另一个基因，你又会获得一个不同的基因树。如果你把整个基因组当作一个整体来观察，你又获得了一个完全不同的答案。所以，基因确实是在到处迁移。

对我来说，可见的世界中只有少数的几个可见的物种，在某种程度上它们都是进化古怪的极端情况。它们不能作为标准尺度。但是如果你们在有袋目动物的基因组和鸭嘴兽基因组之间进行观察，你就会获得一个界限完全明晰的相似性。如果我们给其他的哺乳动物的基因组测序，我们就不会发现任何一个新基因，但我们会发现独特的组合，这种组合使得哺乳动物区别于我们人类。事实上，我们拥有哺乳动物里的所有基因，所以，我们可以说，对哺乳动物的基因而言，其中有一大半都是与其他物种广泛共享的。你无法给每一个基因画一条明显的分界线，然后说："这些是植物的，那些是哺乳动物的；这些是植物的，那些是有袋目动物的。"这又回到了以基因为中心的视角，因为我们在生物学的随机设计里，利用了那些基因，就像我们在实验室里利用它做的特殊设计一样。而且分类学有点像是人们自我愚弄的一类东西，人们试图利用自己的视觉灵敏度去进行判别。

● **理查德·道金斯：** 你所说的哺乳动物基因的相互重叠，原因可能是它们拥有共同的祖先。所以，胎盘类动物和有袋目动物的基因组拥有共同的基因，是因为它们可以追溯到一个共同的祖先。这是分子分类学家作出的一个很正常的假设。

克雷格·文特尔： 没错，但是一旦你有了横向的迁移，不管这是由于病毒或别的什么东西，生命树的概念就没有了。

理查德·道金斯： 这正是我问你的问题。在何种程度上分子分类学才是必要的呢？即便现在还没有被废除，但是至少存在很大的争议，因为你无法区分哪些基因是普遍共有的，因为它们都来自于同一个祖先，或者因为它们通过病毒或细菌迁移从而导致了交互污染。

克雷格·文特尔： 我们可以利用基因密码给染色体打上水印。你可以把它当作一个密码来用。基本上，我们用的就是给氨基酸加密的 3 个字母的三联体密码。有 20 个氨基酸，并用单个的字母来表示它们。利用这个三联体密码，我们可以编写单词和句子。我们可以说："这个基因组是道金斯在 2008 年的今天创造的。"人造物种、人造染色体的一个关键特点就是，它们很大程度上都是以上述方式来表示的。

很明显，你们可以复制基因里的一些东西，并且创造出细微的变异，而且不一定会被发现。我们现在所做的事情的另一个关键信条就是，我们所设计的有机体，并不是为了使其在实验室之外的地方存活而设计的。我不认为会有人提倡创造出一个新物种，并且把它扔进海洋里。

约翰·布罗克曼： 你们当中肯定有人想提问。（对观众说）

观众： 我想对道金斯提一个问题。你和文特尔已经认识很久了，你应该记得在 10 年前，对他而言，当时整个世界的基因组测序进程还是太缓慢了，而他说："我想要自己来完成这件事，我想要加快进程。"现在，他宣称他想要创造出人工生物，从而解决能源危机，并且降低石油价格，创造出新形态的能源。你认为，他什么时候会创造出第一个新形态的能源？

理查德·道金斯： 你在问我一个关于文特尔的问题。

● **观众：** 是的。我几周以前已经问过他了，但是他没有说出任何关于这项计划的时间表。（观众笑着说）

▶ **克雷格·文特尔：** 所以，道金斯，假设我已经秘密地告诉你答案了，你现在要把它公布出来。

● **理查德·道金斯：** 我不会公布任何事情。关于袋鼠，但我倒还想从文特尔那里获得一个回答（道金斯笑着说）。我认为，你混淆了两件完全不同的事情。当然你们可以利用病毒和细菌来转移基因，而且我们知道，只有少数基因是从完全不同的动物界和植物界那里交互污染的，但之前我一直不知道，直到你今天告诉我的是，比如说，关于哺乳动物的分子分类被基因组的交互污染而置于险境，而我对此还有疑义。我不相信分子分类学家会说："好吧，我们无法利用这个基因正确地对袋鼠进行分类，因为它很明显是从一头犀牛那里引入的。"

▶ **克雷格·文特尔：** 当我们观察细菌进化的时候，一个普通的细菌拥有2 000个基因。那2 000个基因里的任何一个都有自己独特的进化树，如果你可构建出来的话，你会发现它们没有相同的时间线让你可以将其聚集起来。

● **理查德·道金斯：** 但那是细菌。

▶ **克雷格·文特尔：** 没错，那是细菌。所以，病毒一直都在拿取细菌的基因，它们也一直在拿取哺乳动物的基因。你的基因组里有1/3的基因是病毒，不仅是你一个人这样。而且那些基因在每个个体中有一个微妙的差异，所以，如果一位分类学家要去测度病毒的基因，会将其想象成是一个人类的基因，他们会从这个基因里获得一个相当迥异的答案，这个基因可能一开始就在人类基因的谱系里了。

● **观众：** 这样说来，你曾指出我们身体里有100万亿个细胞。对吗？难道其中的大多数都不是人类的基因吗？难道我们实际上不是依赖于我们身体里的大量动物细胞吗？所以，实质上，我们不是人类而是一个"动物园吗"？

克雷格·文特尔： 不是。这依赖于你早餐吃的是什么。我们拥有 100 万亿个人类细胞，其中至少有很多细菌细胞与我们联系在一起。所以……

观众： 所以我们是一个动物园？

克雷格·文特尔： 好吧，这要看情况。其实并没有太多的细菌种类。但是人类新陈代谢的一个重要部分并不是像人们通常说的那样，你就是你所吃的东西；你实际上是在你的内脏里供给给细菌吃的东西。观察一下吃完一顿饭后血液里的化学物质，作为一个物种，我们大约可以创造出 2 500 种化合物。通过我们供给给细菌的代谢系统的物质，我们能看到我们内脏里的细菌的代谢系统大约是我们的两倍。所以，我们活在一个细菌的环境里，我们呼吸细菌。我们的内脏，我们身体里的每一个孔口，我们的皮肤，我们所拥有的细菌细胞远远多于人类的细胞，而且它们是支撑我们生存的一个重要部分。没有细菌，我们无法健康地活着。所以，如果你有一个显微镜，你就会看到一个大杂烩。

观众： 实际上我有两个问题：第一个是关于道金斯所写的《上帝的错觉》（ *The God Delusion* ）。我想要从文特尔那里知道，他对于这本书会感到多开心。因为，如果没有上帝，你就无法更改《创世记》（出自《圣经》）。所以，也许你就对此没有任何伦理道德上的问题；第二个问题是：你是否认为人类已经超越进化了？所以进化将会在实验室里发生，而不再在自然环境里发生了？

理查德·道金斯： 第一个问题听上去有些奇怪。你提到了我的书《上帝的错觉》，然后又问文特尔对此有何态度，而且我也不太理解你这个问题里"因为"的含义。还有，"他再也不用担心《创世记》了。"关于这句话，我不认为他曾担心过《创世记》。（道金斯笑着说）

克雷格·文特尔： 我猜测，这个假设是说，如果没有上帝，我们就不能玩弄上帝了。（文特尔笑着说）

理查德·道金斯： 有更多理由去进行我们的工作。

● **观众：** 为了回应布罗克曼先生提出的年度 Edge 问题——"你改变了哪些想法？为什么？"我还是想您二位改变了哪些主意？还有二位是否可以评论一下史蒂芬·平克对这个问题的回应，他说，他之前认为，人类实质上已经不再进化了，但是现在他相信人类其实还在进化？

● **理查德·道金斯：** 这位观众提到了布罗克曼今年的 Edge 年度问题，不过要回答这个问题要说的实在太多了，在这里我就不提了。但是，我会说，今天为了回应文特尔，如果他对我关于分子分类学的问题有一个更好的回答的话，我随时准备改变主意。也许现在还不是这样做的时机。我正处于改变主意的边缘状态，但是我自己也不确定，我是否真的会这么做。

▶ **克雷格·文特尔：** 如果我们要继续探讨的话，就需要检查一些基因组数据了。我想，史蒂芬·平克以前之所以认为人类不再进化，是因为他在一所大学里待了太久了。（笑／鼓掌）

● **观众：** 我们已经谈论了很多关于设计和技术上的事情。那么关于灵魂，又是怎样的呢？科学曾经试图弄清楚我们的灵魂位于哪个地方。文特尔先生，对于这个问题您是怎么考虑的呢？

● **理查德·道金斯：** 我认为要么灵魂根本就不存在，因为就处于大脑之外的任何东西而言，我并不相信灵魂存在；要么，灵魂就是大脑活动的一种展现。我当然还是倾向于极不可能存在灵魂这样的东西可以在大脑死亡之后依然存活。所以，我认为生物学革命的一个作用就是，彻底摧毁了心物二元论和蒙昧主义者的神秘论。

● **观众：** 文特尔说，也许未来能够实现从大气层中消除二氧化碳，创造出好的化石燃料，因为那不是从地下下挖出来的，这很值得钦佩。当然，要预测未来技术的前景总是很危险。但是在我看来，若你们真的在将来找到了技术方案去支持你们的发明工作的话，无外乎也就是下面这两种方法。其中一个就是某种黑盒子，吸取这个黑盒子临近区域内的二氧化碳，并且将其转化为燃料。但这里的问题是，你们大约只能获得大气层中每 100 万二氧化碳里的 400 个分子。所以，你们就需要大量能量去获取足够的二氧化碳，从而获得我们需要的燃料量。另一种技术方案有可能就是，你们也许会创造出某些酶，或者不管你们给它何种称呼，你们可以利用海洋的表面区域，把这种酶放入海洋里，利用它从大气层里吸取二氧化碳，并且把自身转化为石油。但是这样做的问题就是，海洋被石油覆盖了，这又是另一个不受欢迎的解决方案。

克雷格·文特尔： 这都是深思熟虑过的问题。相对而言，第一个关于二氧化碳的聚集问题还比较好解决。那些酶和遍布在这个星球上的那些有机体，也确实都能够从大气层里、从水里吸收二氧化碳。但是我们不需要依赖于此。我们有两个明显的二氧化碳的来源，很快又会有第三个。这两个最大的来源就是发电厂和水泥厂。我们能够简单地从这两个来源里吸收二氧化碳，这就很简单了，因为那里已经有了高度聚集的二氧化碳，最终我们就能从中获得一个可再生资源的循环。我们还有第三个来源，有很多聚集的二氧化碳被抽到油井里或煤床里。我们有一个与英国石油公司（British Petroleum）的合作项目，内容是试图去观察二氧化碳重新转化为甲烷，这样就是一个持续循环利用的模式了。一旦把二氧化碳像这样封闭起来，我们就能将其作为一个能量来源，而不用持续地从地底挖取更多燃料了。所以我们现在有很多种创造二氧化碳的来源，我们并不需要担心这一点。

约翰·布罗克曼： 谢谢！谢谢大家的到来！

🕐 2008 年 1 月 23 日

想观看本文作者之一理查德·道金斯的 TED 演讲视频吗？
扫码下载"湛庐阅读"APP，"扫一扫"本书封底条形码，
彩蛋、书单、更多惊喜等着您！

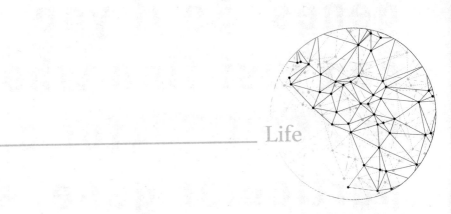

Life

Each of us carries mutations that interupt particular genes. So if you can just find who is a mutant for a particular gene, and examine what those people look like, you can then work out what those genes do.

　　我们每一个人都携带着侵入特定基因的变异体。所以，如果你可以确定特定基因的变异体是哪一个，并观察那些携带这种特定基因的人有什么特征，那么你就能搞清楚那些基因是做什么的了。

——《我们都是变异体》

10

THE NATURE OF NORMAL HUMAN VARIETY

我们都是变异体

Armand Marie Leroi

阿曼德·马里·勒鲁瓦

伦敦帝国理工学院进化发育生物学教授。

阿曼德·马里·勒鲁瓦：和很多人一样，这个问题也引起了我的兴趣，那就是怎样创造出人类？这是一个很难的问题。人们都说基因组就像是一本书的结构一样，它里面有词语，有语法，有句法，而且那些词语理所当然是有含义的。但是实际上，我们并不知道其含义是什么。所以，问题就是，我们要怎样破译其中的含义？也就是，从人体的角度来看，那些基因对人体的构造有什么意义？

当然，实际上我的工作并不是关于人类的。人类的问题很不好解答。我工作的内容是研究秀丽隐杆线虫。2002 年西德尼·布伦纳（Sydney Brenner）、罗伯特·霍维茨（Robert Horvitz）和约翰·苏尔斯顿（John Sulston）还因此获得过诺贝尔生理学或医学奖。我和其他上千位科学家都研究这个线虫的原因是，它拥有令人惊奇的性质，这种线虫很容易在培养皿里保存上千个，也很容易找到它的变异体，这是一个很关键的特点。如果我们发现了侵入特定基因的变异体，我们就能知道那些基因具有什么功能，以及它们对于一只线虫的躯体的意义。

发育生物学已经在这个问题上研究了很长时间了。一旦一个领域有了诺贝尔奖得主，你就可以肯定，这个领域已经合理地走向成熟了。但是，人们还没有完成的是，在人体上做这种研究。原因很明显：你无法让人体失去知觉，并在其中创造出变异体。如果想要在人体上进行这种研究的话，你不得不让人体失去知觉，并在其中寻找那些变异体。它们就在那里，有上千个变异体，也许有上百万个，甚至有数十亿个。这是因为我们全都是变异体。这件事你可能无法预料，但这在统计学上是正确的。我们每一个人都携带着侵入特定基因的变异体。所以，如果你可以确定一个特定基因的变异体是哪一个，并观察那些携带这种特定基因的人有什么特征，那么你就能搞清楚那些基因是做什么的了。

这又引起了一个问题：确切地说，一个变异体到底是什么东西？研究线虫和飞虫的遗传学家，研究的是有机体模型，换句话说，就是以独特的方式来使用"变异体"这个词的。在线虫和飞虫里，有一种被武断定义的物种，我们称之为"野生型"（wild type）。但是在人类中，就没有武断定义的野生型了。所以事实上，"突变的人类"这种称呼是正确的吗？

你可以这样说，但是对人类的变异体的定义必然就更加迂回，因为在人类这个物种里，存在非常多的自然变异。如果你将观察范围扩大到全世界，你会看到高的人，矮的人，红头发的人，棕色头发的人，卷发的人，没有头发的人，等等。但确切而言，到底什么是一个变异，谁又是一个变异体？这是一个重要的问题，因为要说什么是变异体，就是去做一个厚此薄彼、引发反感的区分。这就是说，某些事物不只是不一样，而且实际上在某种形式里是不正常的。即便如此，我们依然有可能以一种一致的方式去谈论变异和人类中的变异体。

可以这样做的理由大致可以总结如下：如果你观察由任一给定基因创造出来的基因序列，更精确地说是蛋白质序列，你就会发现对于大多数基因来说，几乎每个人都有同样的版本。只是因为有些基因是多形态的（也就是出现了变异），让我们呈现出这样的多样性。但是，这些变异的基因只是基因组的一小部分。所以我们可以说，大多数人拥有一个同样的基因功能版本。给定这一事实，你就可以定义一个变异体了：某人的一个基因出现了罕见的变异，而且这个变异以某种形式损害了这个人。如果你以这样的视角来看的话，那么很清楚的是，我们都拥有以某种方式损害我们的罕见的变异，实际上我们都是变异体。

在这个问题上我们还有一些数据可以证明。近些年来我们得到一个令人惊讶的研究结果，这个结果来自不同物种的基因组对比，结果是每一个新生儿都携带了 3 个新的有害变异，也就是，这个新生儿父母并没有携带的变异。不仅如此，而且每个新生儿至少也遗传了一些其父母携带的变异。然后有人估算，每一个新的准妈妈都有 300 个变异，而且会以某种形式损害胎儿的健康，当然这只是一个估算。

其实，这个数字并没有告诉我们太多东西。我们需要知道的，不仅只是我们所拥有的变异的数量，我们还要知道这些变异的影响分布。这是因为有些变异会带来严重的影响，它们会引发已知的很严重的遗传性疾病，到目前为止已经确定了一万种这样的疾病。但是一定还有很多变异也会对我们有危害，只是危害很小而已。比如，有一些变异会导致我们的视力不好、脊背不好，等等。但对于变异我们还所知甚少，只知道从统计学方面来说，它们一定存在。人类健康在很大程度上正是取决于那些变异，因为它只要发生一次，你就获得了抵抗传染病的能力。

当我说到对有些人有害的变异，我真正的意思并不是说它们仅仅影响了生理上的健康。它们还影响了达尔文主义的适存度，也就是它们成功繁殖的概率。这是一个进化论的定义。这类定义可以囊括大范围的发育损伤，也就是你可以看到的那类由变异引起的损伤，有时你无法认识到这些变异的程度和形式。

如果你走进一个畸形学博物馆，像在阿姆斯特丹和费城里那样的，你可以看到一排排装在瓶子里的婴儿。那些婴儿通常都是夭折的，并都具有令人惊骇的畸形，就像那些你能从古希腊神话里看到的怪物一样。我在这里指的是字面上意思，并没有其他引申义。其中包括一个天生只长了一只眼睛在额头中间的婴儿，看起来就像是希腊神话里的怪兽，比如说《奥德赛》(*The Odyssey*)里面的独眼巨人波吕斐摩斯(Polyphemus)。或许这也意味着希腊神话中的怪兽可能是受那些畸形的儿童启发而来，这看来是一个相当合理的对应关系，至少其中有些怪兽是这样的。

那些婴儿确实很恐怖。但是，当你观察了一会儿之后，很快就会有一种知识上的吸引力油然而生，因为很明显，那些婴儿很深刻地告诉了我们一些人体是怎样建造出来的原理。比如就拿那个额头中间长了一只眼睛的婴儿来举例吧。这种症状被称为"独眼畸形"(Cyclopia)。独眼畸形是由于一个被称为"音猬因子"(Sonic hedgehog)基因的缺陷造成的。音猬因子是依据一个果蝇的基因而命名的，当这个基因发生变异的时候，就会导致一只果蝇幼虫全身长满刺毛，因此就被称为"刺猬"。当这个基因在哺乳动物身上被发现的时候，有人机智地将其称为"音猬因子"，"Sonic"就是根据那个电子游戏的人物命名的。①如果没有这个基因，就会导致肘部下面没有手臂，膝盖下面没有腿，整个面部也会毁掉，比如前额只长一只眼睛，而面部的其他部分塌缩为一只长长的、像象鼻那样的吮吸器官。大脑在正常发育的情况下，分隔为左脑和右脑，

①
"Sonic"是游戏刺猬索尼克(Sonicthe Hedgehog)中的主人公。——译者注

但是若缺少这个基因就会融合为一个统一的结构。如果这个基因出现了问题还会出现"前脑无裂畸形"（Holoprosencephaly）。

上述提到的所有病症都很恐怖，而这只是缺乏音猬因子的基因所导致的错误，这些问题还只是最开始的。但是，有意思的是，你可以进行反向工程，去探询音猬因子在胚胎里的表现。这立即就能告诉你，音猬因子所做的一件事就是，把我们的眼睛保持分开状态。如果你没有这个基因，面部就会塌缩；它也负责分离我们的大脑的左右两部分；我们的手臂和腿的成形也需要音猬因子。事实上，它是构建我们身体的最普遍和最有利的器官基因之一。

另外，更微妙的变异可以告诉我们更多东西。比如说，就像缺少一点点音猬因子就会导致面部塌缩，音猬因子多了的话就会导致面部扩张。最近我在加州大学旧金山分校的吉尔·赫尔姆斯（Jill Helms）的实验室里，看到她那里有一个坛子里装了一个猪头，或者是两只猪的头？这还不清楚，因为那个坛子里装的猪头有两张脸、两个鼻子、两个舌头、两个喉咙和三只眼睛。那并不是一只连体猪，它只是一只有两张脸的猪。有两张脸的鸡或猪时不时会出现，就像人类确实也会出现有两张脸或接近于两张脸的人。有一种病症，就是人的两只眼睛分隔得很宽，有两个鼻子，一边一个，而且发育程度不一样。

这个病症的基因最近被克隆了，最后证明是这个基因控制着音猬因子，并且关闭了音猬因子的功能。有这种病症的人会有过多的音猬因子，而有独眼畸形的婴儿拥有的音猬因子太少。所以，通过关注大量这类病症，你就可以整合出一幅完整的图像，从而看到一个像音猬因子这样的基因，是怎样控制着我们面庞的宽度的。这件事情很平常，平常到你根本不会去注意这个基因系统所控制的表型特征。

还有很多其他的基因紊乱提供了同样多有用的信息。宾夕法尼亚医学院的马特医学博物馆里的明星就是哈里·特莱克（Harry Eastlack），他患有一种疾病，被称作"骨化性纤维发育不良"。这种紊乱会导致形成多余的骨骼。马特医学博物馆里拥有他的骨骼标本，当他40岁逝世的时候，他捐献了自己的骨骼。这副骨骼标本实质上不是一个人的骨骼标本，它自始至终都是一副骨架内嵌在另一幅骨架里。这种紊乱的表现是，不管你身体哪个地方撞伤了或者有伤口，正常细胞不会移动过去重新长出组织、治愈伤口，而是形成骨骼。所以，每一次撞伤都变成了骨骼。有这种病症的小孩刚出生的时候相对正常，但是随着他们慢慢长大，骨骼全部增生出来了，最后导致他们再也不能动弹了。他们变得很坚硬，被锁进了自己的身体里。当然你可以把增生的骨骼切除掉，但是一旦你切出一个缺口，在那个切口愈合时，更多的骨骼又会长出来。这是一个恶性循环。我们不知道，这是哪一个基因发生了变异，导致出现这种病症。但几乎可以肯定的是，这种骨骼形态的发生与蛋白质有关，这种蛋白质就如其名字所指明的那样，正常参与了婴儿的骨骼形成。只是对于我们大多数人而言，这个基因正常情况下处于关闭状态，没有被激活。而在那些患有"骨化纤维发育不良"的人里，这种蛋白质终其一生都在增长，特别是当他们有一个伤口的时候。这是另一个令人惊奇的例子，说明了任何一个给定的变异都可以如何告诉我们关于骨骼形成的重要信息。骨化性纤维发育不良是一种很罕见的病症，而之所以这个基因没有被克隆，其原因在于如果识别、克隆这些基因，你需要一个很大的家族谱系（至少这样有助于研究），但是患这种病的人从来都没有后代。

人们有时候会问，发育生物学会对什么作出贡献。它可以帮助我们识别对构成人体的各个部分产生影响的基因。当然，对人体而言，还有一个令人困扰的问题，比如说，你怎样去修复那些变异带来的有害的影响？这就既要进入临床遗传学的病房，又要进入儿科病房，还要研究严重畸形的儿童，甚至还要跟他们的父母说："这太有意思了，你们的儿子对研究 Jagged-2 基因的功能很有用。"但这对父母来说可没什么安慰，实际上他们不得不努力去养育那些遭遇各种畸形的孩子，而且那些孩子可能会夭折，或者至少要接受大量的手术。这就是问题所在。分子生物学是很美好，但是要用它去治疗病人，你就只有去做手术，这只不过是一种过程相当复杂的屠杀而已。

发育生物学美好的前景当然就是，通过研究基因的功能以及器官和组织的构造方式，我们可以去做人工建构，多年来我们一直怀着这个希望，而且在一段时间内依然只是一个希望。研究出这个程序，我们就能够把细胞放进试管，重构各种人体组织。喉咙里没有软骨？我们可以为你的孩子建造一个，而且我们还能修复它；没有乳房？我们也能建造出来。诸如此类的都可以。这完全是一个新领域，可以称之为"人体组织工程学"。现在已经有很多大型机构专注于此，并且有工程师、材料科学家和分子生物学家一起攻克这个难关。我必须要说的是，到目前为止，机构设置和宣传要多于实际成果，但是我相信，这终将实现。到那个时候，事实终将对整个人体组织工程学作出有力的辩护。

毫无疑问，当你看到那些严重畸形的孩子时，你心里会很难过，这令人震惊，也令人心碎，不管他们是在儿科病房里，还是他们只是嗷嗷待哺的婴儿，如果你愿意花一些时间陪伴他们，会让人感到心力交瘁。当然我从来没有因此而变得完全冷漠。但事实上，去弄清楚到底是什么原因导致畸形，这是一种探索的吸引力。这就像是你仔细去观察细节上的差异，一旦发现这不只是没有规律的变形，一旦你理解你所真正观察的结果背后的规律，而正是这些规律控制和构造了人类的躯体，这个时候，畸形在你看来也是一种实实在在的美感。这种美来自于生物学里最古老的一个问题：我们的身体到底是怎样组织和结合起来的？

但那是一种探索上的美感。那么人类生理上的美感呢？这个问题也激发了我很大的兴趣。我在这里不是对一般意义上的美学问题感兴趣，而是对我们自身感兴趣。有些人说，美感是一个无趣的问题，因为美感仅仅是一种主观品味而已。我可不这样认为。我认为我们拥有一个普遍的心理程序，并从中涌现出了一个关于美的普适的观念，我相信有些人会同意我的说法。顺便说一句，我想达尔文应该不会同意这个说法。达尔文相信，人们对美的看法因时、因地、因人而异。他的观点有可能是错误的，或者说，至少他只是部分地正确而已。我不想去寻求真正的答案，但是我想这种想法终将是正确的。现在看来，人们都倾向于，对于全世界所有人而言，存在一个普适的关于美的观念。但问题在于，那个观念是什么，以及是什么导致了这个观念？

很多人认为，美是健康的凭证，这个想法源于社会生物学。这个观念很简单，无非是说美丽的人都是健康的，所以我们寻找美的伴侣就是在寻觅健康的伴侣。这个想法可能是正确的，或者说，它至少曾经是正确的。但它现在依然正确吗？在过去，健康首先关系到环境条件，比如，你在所处的环境中受到传染病的威胁，或者是当你长身体的时候，不能获得足够的食物。通常富人拥有更好的环境，因此美丽还和财富正向相关。但在现代经济平等主义的社会里，比如荷兰，又将是怎样的呢？在这些社会里，古代美丽和财富的关联是否依然有效呢？如果把美丽程度上的差异，归因于成长环境的品质差异，那么结果一定是所有荷兰人都一样美丽，因为所有人吃的都是同样好的食物，住在同样良好设计的房屋里，而且都拥有同样优秀的医疗条件。但事实真的如此吗？答案当然是否定的。在荷兰人中，你可以看到相貌良好的人，也可以看到相貌平平的人。那么为何如此呢？

美貌程度就是会存在差异，而且会一直存在，这其中的原因就在于突变负荷[①]的差异。美的本质是什么呢？我认为，有些人更加美丽的原因在于我们所有人携带的有害的基因变异，但实际上这个说法还只是一个假设，不过激发了我很大的兴趣。我们每个人大约携带了300个有害的变异基因，当然每个人的变异也不一样。有些人携带的更多，但有些人携带的变异是有益的。如果真是如此（在统计学意义上一定如此），那么这个世界上就存在一个拥有最少变异的人。实际上，通过假设概率分布的函数，我们可以计算出这个人所拥有的变异数量，结果会是191个。在我看来，相比于平均数300个，这个数量还是太多了。如果我们可以找到这个人的话，我会提议他或她可以提名为世界上最美的人。至少她有可能是，假设她并没有出

[①] 突变负荷是遗传负荷的一种。简单来说突变负荷越高的群体，更易发病。——译者注

生在一个贫穷的发展中国家。这样的话，在统计学意义上，她一定会是最美的人。

我还想弄明白一件事，就是正常的人类多样性的本质。这个世界上有数以万计的遗传学家，他们全都忙于去鉴别引起人类不同疾病的各种基因。从历史来看，他们从简单的疾病开始研究，一直研究到大的先天性疾病，特别是那些影响人存活下来并生育后代的疾病，这样就有了很大的谱系去绘制基因图谱。现在研究重点转向越来越微妙和复杂的疾病的基因基础，像糖尿病和癌症，这些牵连着大量基因的疾病，而每一个基因只有很小的影响。这是一个更加艰巨的任务，但是他们还是要去研究，是因为这些是影响上百万人的遗传疾病。

但是关于人类遗传，有一个方面就完全被忽略了。那就是正常的人类多样性的本质。或者，更简明扼要地说就是"人种"。当我们观察世界上的人，我们会看到，人与人看起来大不相同。那些差异很明显是基因造成的。这也就是为什么孩子看起来像爸妈的原因。但是我们对其中的差异还一无所知。我们不知道白皮肤与黑皮肤之间的基因差异是什么。我的意思是说，我们还不知道这其中的基因基础。尽管这个特征很平常，但是这个特征竟然导致了战争，导致了社会中最错误的界线之一，人们围绕肤色对身份地位进行分等。对于造成这种差异的基因基础，我们甚至连最模糊的想法都还没有。为什么会这样呢？

理由有两个。第一个理由是，这并不是一个很平常的问题，肤色不是仅由一个基因所控制的。如果只由一个基因控制的话，我们很容易就能找到。所以这肯定是由很多基因所控制，多于 3 个，但一定少于 30 个。这是一个难题，但如果遗传学家真的想要弄清楚的话，这不会是一个难题，这听上去有点奇怪。如果遗传学家投入一部分像探索乳腺癌 1 号基因那样的努力的话，这个问题就很简单了。我不是在谴责他们没有这样去做，因为毕竟发现乳腺癌 1 号基因比发现肤色的基因基础更加有意义，但我想表明的是，在技术上，这并不是一个不可能完成的事情。

但根本原因在于这属于种族遗传学，遗传学和种族歧视的漫长的令人遗憾的历史，导致了现在遗传学家对这方面的研究表现出消极的态度。实际上，还不仅如此，由于战争的原因，遗传学被用来证明种族并不存在，种族仅只是一种社会产物。哈佛学派正是这种观点最大的倡导群体者之一，比如理查德·列万廷就是其中之一。后来史蒂芬·杰·古尔德（Stephen Jay Gould）也是这种观点的支持者。

"二战"之后，当纳粹科学的恶行昭示天下时（其实这是一个不仅在德国，而且在全世界都在广泛研究的人种科学的结果），所有思维正常的科学家，都决心捍卫科学不再被邪恶所利用。这就意味着，科学不再被用来制造人与人之间恶意的歧视。一个直接结果就是 1950 年发布的《联合国教科文组织关于种族的宣言》，这是由阿什利·蒙塔古（Ashley Montagu）所领导、像特奥多修斯·杜布赞基斯这样的遗传学家所支持的，从而宣告了人种的平等。之后在 20 世纪 60 年代，列万廷和其他人发现，凝胶电泳可以被用来检测蛋白质之间的基因变异。这些研究显示，人体中有大量隐藏的基因变异。而且，大多数隐藏的基因变异存在于不同大洲里，甚至在不同国家里，而非在人体里。联合国教科文组织宣称，人种是平等的。而遗传学宣称，人种并不存在。最后，几十年之后，关于由智人起源的"走出非洲"（the out-of-Afria）的假设走上舞台，多区域主义的观点黯淡了下来，日渐明晰的是，人类不仅只是一个单物种（这一点自林奈的时代起我们就知道了），而且是一个只在较近的时代才分流为子族群的单物种。

这一由数据、部分是由意识形态所驱动的历史结果就是，现在人类学家和遗传学家主要强调，不同地区的人之间的相似性，而牺牲了对差异性的探索。从政治的观点来看，我毫不怀疑地认为这是一件好事。但是，现在该是我们成熟起来的时候了。我想说，强调相似性而忽视差异性，使得我们失去了现代生物学留下的一个最美的问题：正常的人与人之间差异的多样性的基因基础是什么？是什么赋予了一个中国汉族小孩眼睛的曲线？我曾读到，一位杰出的汉学家将这条曲线描述为所有眼睛曲线里最纯净的一条。这条曲线的来源是什么呢？又是什么赋予了所罗门群岛土著黑得发紫的皮肤？或者说，是什么导致了人长出红头发？

实际上，最后一个问题我们已经知道了。研究表明，长出红头发是一个叫作黑素皮质素受体 1（MC1R）的基因里的一个变异所致，这个基因控制了黑色素与红色素的产生。实在令人惊奇的是，MC1R 里的变异也导致了塞特种猎狗、苏格兰牛和狐狸长出红色毛发。但是我们还不知道，是什么导致了棕色眼睛、蓝色眼睛和绿色眼睛。我们对正常的人体身高之间的差异也知之甚少。我们也不知道为什么有些女孩有大乳房，而有一些只有小乳房。这些都是重要的问题，至少是让人感到有意思的问题，而我们却还不知道答案。

我喜欢正常人体差异的问题，因为在现代所有科学问题里，这个问题几乎平常得"独一无二"，当我们走在街上，就能看到这个问题。在现在这个时代，最深刻的科学问题被我们直接的看法所掩盖。人们思考宇宙的起源，思考亚原子粒子的关系，思考人类基因组的本质和结构，但却没有人去关注那些不需要昂贵的大型设备去研究的事物。但是，当我考虑人类差异性的问题时，我想当亚里士多德第一次来到莱斯沃斯岛时，也一定有这样的感受。这个世界重新变得崭新如初。而且，这是一个我们现在就能解决的问题，一个我们现在就能回答的问题。我想，我们应该去做。

当然，还会有人提出异议。有人会说，这是人种学的死灰复燃。也许确实如此。但是，我认为，即使这是人种学的卷土重来，我们依然可以去做，因为这并不意味着是种族主义科学的死灰复燃。实际上，我认为事实正好相反。如果你想要证明，如我们大多数人所相信的，肤色并不是度量人的标准，它并不能够决定一个人的能力或气质。当然，最好的方式是去研究肤色的基因学和认知能力的基因学，从而证明二者之间并没有什么关系。关键在于总会有人想拿人种差异，来构建社会不平等理论。尽管科学有可能被扭曲为邪恶的目的，但更常发生的事情是，正是由于我们的忽视，而非其他原因，不正义的事情开始暗生滋蔓。我们应该开始研究人类差异的基因基础了，这样才能最终弥合那些间隙。

🕐 2005 年 3 月 13 日

Life

我们真正擅长的不是体力，我们真正的天赋是忍耐。
我们是动物世界里的陆龟，而非野兔。

——《脑力加体力》

What we're really good at is not power; what we're really phenomenal at is endurance. We're the tortoises, not the hares, of the animal world.

11

BRAINS PLUS BRAWN

脑力加体力

Daniel Lieberman

丹尼尔·利伯曼

哈佛大学人类进化生物学教授，人类进化生物学系主任。
著有《人体的故事》。

丹尼尔·利伯曼：我一直在思考一个问题，人类进化是否就是头脑战胜身体的故事？我研究人体的进化，研究人体现状的机制与原因，而且对于人体的首尾两端，我也研究了很多。我对脚和赤足跑的问题，以及我们双脚的运作问题很感兴趣，而且，关于我们头脑运作的机制和原理，我也思索了很多，写了很多文章。我对头和脚研究得越多，我就越意识到，处于中间的部分也很重要，我们有一种奇怪的想法，即认为人类的进化主要是一个关于头脑、智能、技术超越四肢的故事，这就要追溯到神话学了。

想想古希腊的神话故事，比如普罗米修斯和厄庇米修斯（Epimetheus）的神话。厄庇米修斯这个名字本身的意思就是"后知后觉"，他是一位泰坦神●，他把所有的天赋都赠予了动物，但是唯独没有赠予人类任何天赋。可怜的人类没有获得尖牙利爪，没有获得速度和力量，普罗米修斯心生怜悯，所以他赠予了人类火。他也因此受到了其他天神的折磨。我想，人类实质上是一种弱势生物这个观念，已经根深蒂固了，并缠绕在我们对自身身体的大量认知方式里。

另一个很好的例子应该就是"皮尔当人骗局"（Piltdown hoax）。伪造的皮尔当人化石是在 20 世纪早期被发现的，就在英格兰南部的一个砂石坑里。这个化石包含着一块现代的人体颅骨，还被弄得很脏，令其看起来很古老，而且还包含一块猩猩的下颚，其中的牙齿已经磨平破损了。所有这些连同一捆伪造的石头工具被扔进了一个砂石坑里。这也正是那个时代（维多利亚时代或爱德华七世时代）的科学家所寻找的，因为这个化石有着一个猿猴一样的面庞和一个大大的人类大脑，而且它是在英格兰进化出来的，这当然对那个时代的人很有意义。这也印证了解剖学家和埃及学家格夫拉顿·埃利奥特·史密斯（Grafton Elliot Smith）那个时候所流行的观念，即认为头脑引领着人类进化的方向，因为，如果你思考，是什么让我们与其他生物不同的话，人们通常认为，就是我们的头脑所造就的不同。我们拥有硕大的、极好的头脑，使我们能够创造铁路、所得税、保险公司，以及所有其他奇妙的发明，从而创造出工业革命。

事实证明"皮尔当人"就是一个骗局，而且"头脑在人类进化早期就变大了"这种观念也是不正确的。我们现在知道，人类和黑猩猩大约在六七百万年前分流，最早的人族与人类的关系比黑猩猩更加紧密，实际上他们只拥有很小的头脑。事实上，早期的南方

泰坦神（Titan）来源于希腊神话故事，是曾经统治世界的古老神族。——译者注

古猿，比如露西，也只拥有相当小的头脑。甚至人属的早期成员头脑也都较小。

工具大约最早出现在 260 万年前，那些发明工具的人只比南方古猿拥有略微大一点的头脑而已。但如果你析取体型的影响因数（脑化指数，Encephalization quotient，EQ），就是脑重与体重的比值，再根据一个哺乳动物的体重所预期的脑重与实际脑重进行对比，其实人的脑化指数并没有比黑猩猩或早期南方古猿高出多少。说得更清楚一点，如果脑化指数为 1，也就是说实际的脑重正好等于根据体重所预期的脑重。黑猩猩的脑化指数是 2.1，而人类的脑化指数大约是 5.1。南方古猿的脑化指数大约为 2.5，人属最早的成员脑化指数在 3.0 ~ 3.3 之间。它们的头脑只比黑猩猩大一点点而已，并没有大太多，直到人属经历过漫长的进化之后，头脑才开始变得越来越大。所以，脑重的增加并没有发生在人类进化的早期，实际上，直到狩猎与采集发明之后才开始发生，直到烹饪和其他各种技术性发明给予了我们必要的能量，我们才拥有了更大的大脑。

使大脑正常运作的代价确实不菲。此时此刻，仅只是坐在这里，尽管我除了讲话没做别的，我的大脑消耗的热量就占据我 20% ~ 25% 的静息代谢率。这耗费了很多热量，为了供给这个热量，我每天需要摄入大量的卡路里，也许每天要摄入 600 卡路里。但如果回到旧石器时代，获得这么多的热量是很难的。所以，人类发展到拥有一个 1 400 立方厘米的头脑，并不是一件很久远的事件，而且代价很高。

露西是美国古人类学家唐纳德·约翰逊发现的，在当时被认为是年代最久远且骨骼保存最完整的人类化石，被认为是人类最早的祖先。——译者注接下来的问题就是，我们的大脑是什么时候开始变得如此重要，以至于我们认为脑重和智能比起我们的躯体更加重要？我所主张的观点是，"从来没有"，至少直到工业革命，大脑才开始变得更加重要。

为什么我们的大脑变得相对来说如此之大？有很多显而易见的理由。其中一个理由当然就是，为了文化、合作、语言，以及其他各种有助于我们相互互动的方式，这些当然有着巨大的优势。你想想其他的早期人类，比如尼安德特人，他们的大脑和今天人类普遍的头脑一样大，甚至还更大，所以他们才能够在一段时间内一直统治着整个欧洲、亚洲西部及非洲北部。当然，既然头脑代价如此高昂，那么就要有巨大的好处来平衡这一代价。所以，认知、智能、语言和所有那些我们所承担的重要任务就一定相当重要。

我们不能忘记，那些人也是狩猎－采集者。为了谋生，他们每天工作得相当卖力。一个典型的狩猎－采集者每天要走 9～15 公里。一个普通的女性也要每天要走 9 公里，一个普通的男性狩猎－采集者每天要走 15 公里，每一天都要如此。这是真的日复一日、专注其中；没有周末，没有退休，他们要为整个生活而工作。这些路程约等于，你每年要从华盛顿步行到洛杉矶。那就是狩猎－采集者每一年的工作量。

另外，他们还要一直去挖掘、去爬树，频繁地使用身体。我会说，认知是人类进化中极为重要的一个因素，和语言、心智理论一样，所有那些认知上的进展就是使我们现在如此聪明的原因。但这并不是认知超越蛮力的一次胜利，而是大脑加上四肢所取得的胜利，这才使得狩猎－采集者的生活方式成为可能。

狩猎－采集者真正所做的事情就是劳动分工。他们有着密切的协作、密切的社会性互动，他们还拥有集体记忆。所有这些行为促进了狩猎－采集者的各种互动，从而增加了他们获得能量的几率，并且拥有后代的概率也比黑猩猩更高。这是一种能量密集型的生活方式，使之变得可能的，不仅是出色的智能、创意、语言的结合，还有每天的体能训练。

脑力加体力

我们经常低估体力在生活中的重要性的另一个理由在于，我们对于体育活动的构成有一种奇怪的观念。想想我们在奥运会里关心最多的项目，都是竞技体育，比如百米短跑、百米自由泳，等等。那些我们最重视的大多数运动员，他们本来在体能上就超越普通人。但是如果你按照这种方式来想，大多数人都是没用的。

目前世界上跑得最快的人是牙买加运动员尤塞恩·博尔特（Usain Bolt），他能以每秒 10.4 米的速度奔跑，而且能以这种速度持续跑 10 秒或 20 秒。我养的狗，还有我实验室里任何一只山羊或绵羊的奔跑速度都能比博尔特的速度快两倍，而且它们没有经过任何训练，也没有使用任何特殊的科技和任何药物，等等。与大多数哺乳动物相比，跑得最快的人也显得相当慢了，不仅只是速度，还有在最快速度下坚持的时间。博尔特可以以 10.4 米每秒的速度跑 10 秒到 20 秒，我养的狗、或一只羊、一只狮子、一只瞪羚或非洲的一些羚羊可以以 20 米每秒的速度跑大约 4 分钟。博尔特毫无可能超过一头狮子，或者跑过任何动物。

一只普通的黑猩猩的力量是一个人类的 2~5 倍。一只比人类体重更轻的黑猩猩可以把一些人的手臂扯断。并不是因为黑猩猩有多强壮，而是我们人类太弱小。我们认为人类天生就是糟糕的运动员。但其实我们一直关注错了运动的类别。我们真正擅长的不是体力，我们真正的天赋是忍耐。我们是动物世界里的陆龟，而非野兔。从这个角度来说，人类"能够"超过大多数动物很长距离。

马拉松就是一个有趣的例子。很多人认为马拉松是非同寻常的，他们好奇有多少人能够跑完马拉松。每年至少有 100 万人可以跑完一次马拉松。如果你观察任何一项马拉松大赛，你就会发现，大多数选手并非是非同寻常的运动员，他们只是普通的人。很多选手都是为了慈善而跑的，出于某些理由去募集捐款，比如癌症或糖尿病，等等。我想，这就证明了，没有经过太多训练，或太多成为伟大运动员的能力，普通人就可以跑完 42.195 公里。当然，以很快的速度跑完马拉松确实了不起，但是这也只需要一些训练而已。所以这并没有什么不同寻常。

我们是了不起的有耐力的运动员，这种耐力深深地根植于我们的身体里，我们从头到脚趾都有耐力。适应能力深植于我们的脚、腿、臀、骨盆里，还在我们的手、大脑和呼吸系统里。我们甚至还有神经生物学意义上的适应能力，让我们拥有跑者高潮^①的体验，所有这些促使我们成为了非凡的耐力运动员。我们已经忘记我们有多么擅长忍耐了，这就导致了一种流行的观念，认为人类并非是优秀的运动员。

还有一个好例子就是那些人类与马之间的竞赛。在英国的威尔士，这项比赛已经开展有几年了。我猜这项竞赛又是一个典型的人们在酒吧喝醉后下的赌注：一些人打赌一个人类不可能在马拉松赛里胜过一匹马。他们在威尔士开展这项马拉松比赛我想已经有 15～20 年了吧。公平地说，在大多数比赛中都是马胜过了人类，但是马也仅是以领先很短的距离而获得了胜利。每当天气很热的时候，人就胜过了马。现在美国的亚利桑那州还举办了人与马之间超级马拉松。同样，很多时候都是马赢过了人类，但是偶尔人类也会超过马。问题不在于因为马有时超过我们，就说人类是差劲的运动员，问题在于人类实际上能够在耐力竞赛中与马匹敌，还经常超过马。大多数人对此感到很惊讶。

而且那些参加比赛的马上还坐着一位骑手。那些比赛里还有一件有趣的事就是，他们非常担心马会在竞赛中受伤，所以每 20 公里就要兽医强制性的去检查，但是人却没有这个待遇，因为人类可以在不受伤的前提下轻松跑完 40 公里。但是如果你让一匹马持续飞奔

脑力加体力

209

超过 20 公里，那你是就在冒险让这匹马的肌肉骨骼遭受永久性损伤。

直到很近的时代开始，人类才可以不用依靠耐力而生存下来。人们不仅需要运动能力去狩猎和采集，还需要当农夫。在自然经济条件下，农夫不得不工作得极为努力。在工业化机械设备出现之前，农夫们甚至比狩猎－采集者更加辛苦，经常一天要耗费几千卡路里。他们要挖掘沟渠，要投入大量干草来取火，还要背负各种工具到处奔波。农夫要费尽蛮力，才得以艰苦疲乏地营生。直到新技术的发明，比如驯养动物，或者像内燃机这样更晚才出现的机械，农夫才得以过上相对轻松的生活。

只有在过去 100 年里（事实上对于很多人而言是过去 20、30、40、50 年），人类才开始过上不用体力劳动的生活。今天，在充满后工业化的信息技术的世界里，一个普通的美国人可以在早上起床后，走到储物柜前，取出盒装的麦片，倒一点，再去到冰箱里倒一些牛奶。你可以整天不用做任何使心跳加速的体力劳动；你可以整天坐在转椅上，上下楼乘电梯，整天坐在凳子上盯着电脑，开车上下班；晚餐，基本上也只要摁几个按钮就可以解决，或者，你去超市，还可以推着购物车。现在的人类已经几乎不用做任何体力活动了。在我们看来，周围的这个世界再正常不过了。但是其实我们的世界，我们今天的生活，非常不正常，特别是就不再把体力活动当作日常生活的一部分这一点而言。

我们也有了"我们的身体并不重要"这种奇怪的观念，而这种观念也变成了现实。想想神学家圣托马斯·阿奎那（St.Thomas Aquinas），他相信肉体是无关紧要的，真正重要的是你的灵魂。在中世纪的欧洲，只有僧侣和富裕的神职人员才会有这种观念，因为其他每个人都要像条狗一样努力工作。但现在，普通人就可以过上轻松奢侈的生活，比起古代欧洲的国王、王后所做的体力活动还要少。我们最终会明白，阿奎那的梦想不过是忽视躯体。但这种缺少体力劳动的生活所带来的结果就是，肥胖症、心脏病和各种癌症蔓延开来，比如结肠癌和乳腺癌，这主要是由于缺乏运动，再加上不健康的饮食。

但有意思的是，现在存在一种阶级的反转。现在，只有富人能够有钱做体力活动，拥有健康的饮食，而工人阶级就无力承担体力劳动。美国只有1%的人，也许是5%的人，有钱参加健康俱乐部、上瑜伽课、购买有机食物。但大多数美国人，特别是工人阶级，就要整天工作，不得不花几个小时在上班路上。他们没有时间运动，也没钱购买健康的食物。结果就是现在这种有意思的反转，你越富裕，你就越健康，这可从未在人类进化史中出现过。在过去，只有相当富裕的人才能承担得起心脏病。

我们迄今所知的第一个心脏病案例，是通过对一位古埃及公主的石棺做CT扫描才发现的。她被制作成了木乃伊，CT显示，她患有心脏病，这是最古老的心脏病病例。她是法老的女儿也绝非巧合。很明显，她活着的时候可以整天到处闲逛，可以吃得很多，又不用运动。一直以来，这是富人才有的富贵病，但现在情况完全反转了。

我是人类进化生物学家，我一直都对大脑痴迷，因为我们的头脑实在非同寻常。比方说，如果你在纽约街头遇见一位尼安德特人或直立人，大概你盯得最久的部位就是他们的头部。他们的身体和你我很相似，但是他们脖子以上的部分就与我们实在不同了。如果为了理解我们现状背后的原因，我们只需要理解人体中一个重要的部分，就是我们的大脑。

大脑是复杂的。如果你观察你的大脑，几乎每一个进入你身体的颗粒都经过了你的头部，你所呼吸的，你所吃的，你所闻到的。几乎所有东西都经过了你的头部，你大脑里的很多重要功能也在运转。你在你的大脑里讲话，你去嗅的、去品尝的、去咀嚼的、去思考的，还有你的平衡感都在你的大脑里，除了这些我还能继续说下去。而所有这些都打包进入了一个只有足球大小的空间里，如果其中有任何差错，你就死了。如果你不能正常地呼吸、讲话、吞咽、嗅、品尝，你就会被立刻剔除出基因池。

大脑也是令人着迷的。你会想说，这是因为头脑所具有的复杂性，才使之成为我们身体里最紧凑的部分，对吗？你不能让你的大脑出任何差错，否则你就会死掉。但这只是证明，大脑是我们身体中进化能力最强的部分。看来大脑是我们身体里改变最多的部分。就如我所说，当你遇见一位尼安德特人或直立人，你和他最大的不同是脖子以上的部分，而非脖子以下的部分。

一直以来我感兴趣的是，为何大脑的进化能力这么强大，大脑的故事又向我们揭示出人类进化的哪些奥秘。部分原因在于人的大脑变得更大了，这对头部产生了主要的影响，但是你的大脑和尼安德特人的大脑容量一样啊。实际上，我们的大脑比尼安德特人的大脑还略微小一点，比直立人的大脑略大一点点。我们头部的差异并不在于大脑的容量。

最重要的差异在于我们面部的尺寸。这一点，人类与古人类中的其他成员非常不同。我们与其他古人类成员的区别，首先就在于我们面部的尺寸和位置。在稍晚的进化过程中，我们已经缩小了脸部的大小。现在我们的面部位于大脑下面，而不再突出在大脑前面。这就是我们和古人类相比没有很大的眉骨的原因，也是我们的舌头和嘴巴小的原因，这就导致了我们的喉咙在下面，从而改变了声带的形状。

在研究头部的过程中，我逐渐得到这一结论：尽管大脑在人类进化过程中确实很重要，但是还有其他很多原因使得头部独一无二，而这些原因又与大脑无关。

我将举出一个与跑步有关的例子。当我们跑步的时候，我们无法像其他任何动物那样控制我们的头部。如果你观察狗或马奔跑，你会发现，它们的头部就像是身体上安装的导弹一样。身体在移动，而头部保持静止。那是因为要凝视。你需要固定住你的视线，才能看清楚你在往哪走。我们需要一个稳定的图像，才能去评估它，从而利用信息。如果你奔跑着穿过一片园林，周围世界是相当晃动不定的，你无法看清楚石头在哪里，无法看到其他障碍物，无法看清楚你的猎物在哪里。那么你就无法有效地工作。比如说，如果你在冰河时代被一块岩石绊倒了，这就是一个很大的选择性问题了。如果今天我们绊倒了，扭伤了脚踝或折断了腿，虽然还是很疼，但你可以去看医生，医生会给你治疗，你还可以利用拐杖。

但想象一下，1万年前的时候，如果你在离家24公里的地方扭伤了脚踝，结果会怎样。你就会轻易成为剑齿虎、狮子或其他猛兽的盘中餐了。比起现在，在古代受了伤是一个更加严重的选择性问题。

狗、马或其他四足动物能够保持头部不动的原因在于，它们的脖子是由胸部伸长的部分支撑的，所以可以水平地保持突出，而且它们的头部从后面也依附于背部，脖子也是水平突出的。这三个部分——头部、脖子和躯体，都可以各自独立地转动，因此头部可以保持不动。这也是动物奔跑时的内部机制。人类的脖子很小，是从颅底骨中间长出来的，而且很短。我们基本上就像是安装了弹簧的高跷。站立行走之后，我们就丧失了原本作为四足动物保持头部不动的功能。

但事实证明，我们进化出了一种独特的方式来保持头部静止。其中一种方式就是内耳中起平衡作用的半规管，和头部里的前庭神经系统都以特别形式扩展了，从而赋予了我们对俯仰运动极为敏感的能力。半规管是保持平衡的器官，实质上它发挥着像是加速计一样的作用。当你的头部向前倾斜，比如说你跑步的时候每当脚底触地的时候，你的头部就会前倾，扩展了的半规管对这些角度加速的敏感度。通过我们大脑的一个由 3 个神经元构成的回路，可以无意识地激活眼部肌肉，然后固定住我们的视觉。所以，即使当你闭上眼睛并移动头部时，你的眼睛和半规管也会通过这 3 个神经元系统操作那些肌肉，并且保持视觉不动。这就是一个系统的关键所在。

更有意思的是，我们也会利用手臂和屁股来固定大脑。当你奔跑的时候，你的头部会向前倾，这也解释了，为什么我们丧失了上体的很多肌肉系统。当你观察黑猩猩的时候，它拥有大量肌肉来连接头部和肩膀，用来转动、抬举肩胛骨的斜方肌在黑猩猩体内占据很大的比重。黑猩猩拥有我们所没有的肌肉，比如寰锁骨，还有一种被称为菱形肌的肌肉，分布在人类体内肩胛骨到脊柱之间，但数量很少。而在黑猩猩体内，菱形肌是插入头部的。正是因为黑猩猩从肩部到头部的肌肉，才使得它们这些动物可以有效地自由攀爬。

我们放弃了攀爬能力，所以我们是灵长目动物里爬树最差劲的。作为灵长目动物，实际上我们是很古怪的。今天这里所有的听众里几乎没有人上过树吧，但对于灵长目动物而言，这是很奇怪的。我们放弃攀爬的理由不是因为我们要步行，而是因为我们要奔跑。

事实证明，跑步的时候，我们会利用手臂来固定头部。当你跑步的时候，手和腿摆动的方向相反，每条手臂重量和头基本一样，惯性使得你的头部前倾，同时引起你的手臂下垂，也就是拖曳臂。我们拥有一块特别的肌肉叫作颅骨斜方肌，就一小片，有铅笔那么厚，它从锁骨处延伸出来，嵌入头部的中线结构里，也就是矢状平面里。在你的脚触地前这块肌肉会立刻被激活。这块肌肉就像是一个机械支柱，处于下落的手臂和前倾的头部之间。它把这些重量连接到一个弹簧状的结构上，这个结构叫作颈韧带，它在头部的中线里被校直。所以，当头部前倾的时候，手臂实质上会往回拉住头部。我们把这称为一个被动重量抑制系统。它运作的时候，你完全意识不到。你所需要的就是一个模式发生器，也就是一块肌肉，在你的脚触地之前自动激活；身体会自动解决我们作为双足动物出现的问题。很明显，人类是为了奔跑而进化的，而我们大约是在 200 万年前开始奔跑的。显然奔跑对我们的生理机制至关重要。同样，运动能力也是我们生理机制至关重要的一部分。

接下来，我又开始寻找头部与忍耐力相关联的其他特征。比如说，我们的鼻子增大了。其他灵长目动物都不能挖鼻孔。我们拥有这个大鼻子，这是我们头部前面增加的前庭部分。为什么我们拥有这个部分？结果表明，这部分前庭是一个湍流发生器。空气要通过小小瓣膜往上走，这个瓣膜被称为文丘里喉管，当空气进入鼻子后，它会制造湍流。然后它会转为直角，制造出更多湍流。之后空气进入另一个文丘里喉管，从而进入鼻子中部，鼻子的所有工作都在那里完成，所有黏膜在那里交换热量和黏液。由于鼻子里的空气湍流，鼻子里并没出现层流。空气不只是流入我们的鼻子，而且是呈高度旋涡型的，由此空气降低了流动速度，这就意味着，流入鼻子里的空气与上皮组织的黏膜之间就没有了界限。在从外部世界进入鼻子的空气与黏膜之间，存在着密切而长久的联系。这就使得我们极为有效地给吸入的空气增湿增温，并且极为有效地保留住从鼻孔出去的湿度，从而我们不会因此脱水。

头部其他很多特征也为我们成为杰出的长距离步行者和奔跑者做了很多贡献。我开始痴迷于这样一个观念：人类进化出具有长距离奔跑的能力，进化成可以长距离行走的物种，基本上就是进化成像运动员那样利用身体。这些进化的踪迹就在我们的头部，连同大脑一起。

我变得对头部、脚、奔跑、运动能力和人类进化之间的关系感兴趣，还有一个原因在于，这也是学术研究和生活之间的一种互动。我热爱跑步，我在青少年时期就开始跑步了，但我从来没有成为过田径运动员，我也从未为了慈善事业而跑步。我跑步，仅仅是因为这让我的双脚舒服。高中时，如果我一周之内不跑几次的话，我就会发疯。渐渐地，我开始成为一名慢跑健身者。我在大学时也跑步，在读研时也跑，当我成为教师时也在跑。一周只跑几次，一次只跑几公里，只是为了保持头脑清楚。

当我开始去研究奔跑的进化，和那些让我们拥有跑步技能的头部特征时，我开始更多地思考我自己的跑步。在我弄清楚之前，这就已经在我的研究与业余时间之间建立了有趣的反馈关系了。我们做了一些实验，目的是弄清楚手臂是怎样固定头部的。我们试图弄明白，若没有手臂的帮助，人们在跑步时会是怎样的呢？当被试者在跑步机上跑步时，我们会给他们穿上束身衣，或者让他们同时双手拿着水杯，各种情况我们都做了。我记得，当我在马萨诸塞州坎布里奇市的几个公园里跑步的时候，我把手臂举在头上，我就听到一些人说："噢，很明显那个人不知道怎么正确地跑步！"我想那种情形很搞笑。但是我也意识到，他们也许说的没错。尽管我确实热爱跑步，但我实际上并不是一个优秀的跑者。

当我们开始研究裸足跑的时候，我和一名同事丹尼斯·布兰布尔（Dennis Bramble）在《自然》杂志上发表了一篇论文《耐久跑和人族的进化》（*Endurance running and the evolution of Homo*），来论证跑步的进化。我们从头部开始论证，人类进化出长距离奔跑的能力。我们的进化历史踪迹表明，我们是在 200 万年前开始奔跑的。奔跑对于狩猎能力的进化很重要，使得早期人类的狩猎活动成为可能，并且帮助我们解放了大脑尺寸的约束，也正是在狩猎和奔跑之后，人脑的尺寸才开始增长。

在 2005 年波士顿马拉松比赛之前不久，一场东北风暴席卷全城。大雨倾盆而下，参赛者担心他们要怎样在这种天气条件下跑完马拉松。顺便说一句，我也曾在东北风暴里跑过一次马拉松，所以我能够告诉大家这有多恐怖。我做过一场大型的公开讲座，来谈论跑步的进化史，以及为什么我们能跑完那次波士顿马拉松比赛。当时前排坐着一个人，他有一把大胡子，穿着吊带装，但最有意思的是，他穿着包在布基胶带里的袜子。我记得我当时以为他是在哈佛广场，跑进来躲雨的流浪汉。但事实上，他是一名哈佛校友，住在波士顿南部的牙买加平原，他开了一家自行车商店。会后他找到我说："你知道吗，我热爱跑步，但我憎恨穿袜子，所以我是光着脚跑步的。实际上，我不喜欢穿鞋子。很明显人类可以进化成赤脚跑步的。那我是个怪人还是正常人呢？"我当时想："这是一个多好的问题啊！"

我们对于赤脚跑步几乎是一无所知。很显然，数百万年前，人类确实是光着脚奔跑的，所以，从进化的视角来看，他一定是个正常人，而像我这样穿着鞋跑步的人反而是不正常的。在那个时候，我还一直在与足底筋膜炎作斗争。起床之后刚走的那几步路，会使我的双脚疼痛，因为脚底发炎了，足底筋膜就是一层结缔组织，它肿胀起来了，而且严重供血不足，很难治愈。我那时每跑 400 公里就要买新的跑步袜，那袜子还挺贵的。所以我当时就想："我们应该研究这个人！"

我拿到了他的邮箱地址，并带他去我们的实验室，让他在实验室里光着脚跑。当我们让他在测力板上跑步时，他以优美轻柔的方式跑着。大多数美国人跑步的时候是用脚后跟先着地的。我们穿着那些又大又厚的有缓冲垫的跑鞋，它有很多支撑和缓冲作用，这就会让我们穿起来很舒服，让人着力在脚后跟上。但是，这个家伙却不是脚后跟先着地，他是前脚掌先着地，脚掌着地之后，脚后跟才触地。他也没有感受到冲击峰值。

一个冲击峰值是指两个物体的动量交换时产生的冲击力。动量就是质量乘以速度，当一个物体突然停止不动的时候，就会交换动量。比如，当你把很重的东西摔落在地上，就会产生一股力量的峰值；当你掉什么东西在地上，你会听到声音。但当人们前脚掌先着地，就没有峰值力，因为这是软着陆。不过没人会有耐心去关注这一点，因为大多数人都是脚后跟先着地，而不是前脚掌。

事实上，之前当我们在做头部固定的实验时，我就开始讨厌那些前脚掌先着地的人了，因为他们的头部并不会很晃动，他们着地的时候也很轻巧。直到这个家伙在测力板上跑步时，我才突然意识到，他一定是正常的，而我一定是不正常的那个，因为我还穿着愚蠢的价格昂贵的跑步袜。

我们开始让其他赤脚跑者来实验室，发现他们都是以这种方式跑步的。如果你脱下鞋子，沿着马路跑步，如果你是脚后跟先着地，你很快就会停下来，因为那样跑起来很痛，你做不到每跑一步都重重地着地。你很快就会转换成让脚掌先着地，因为那样没有很强烈的冲击力。所以，我们做了一些研究，去弄清楚其中的机制，以及物理学原理，结果证明这是一个有趣的故事。

我们也去到非洲，去观察那些从来不穿鞋子的人。这让我意识到，跑步是一种能力，而我们却用技术钝化了这种能力。我们穿上那些花哨的跑鞋，我们喝运动饮料，但是我们不再真正去关注我们的身体到底是怎样运转的。我们没有在真正意义上奔跑得很好。世界上最好的跑者生来就是光着脚跑步的，他们都是优异的跑者。

在过去的 5 或 10 年里，我做了很多观察，不仅只是关注我自己跑步方式、我自己是怎样使用身体的，我还关注西方世界之外的人们是怎样使用他们的身体的，他们的能力有哪些，那又会启发我们怎么在受伤的情况下使用身体。

我所在做的事情的一部分，也正是生物学和进化生物学里一项逐渐展开的、蓬勃发展的运动，我们希望这项运动能成为科学界更广泛的运动的一部分。这项运动就是，利用进化来启示我们怎样利用我们的身体，还有医学。有一门正在成长的学科叫作进化医学，最初是由乔治·威廉斯在 20 世纪 90 年代开展起来的。他和兰迪·内瑟（Randy Nesse）合著了一本很重要的书，叫作《为什么我们会生病》(*Why We Get Sick*),从而开辟了进化医学这个领域。

和很多进化生物学家一样,我也深受《为什么我们会生病》这本书的启发。实际上,我开始着迷于这样一个问题,对人脑、跑步和运动能力进化的研究,到底对当代人类的健康有多重要。进化生物学不仅和大众没有建立关联,也没有和其他生物学分支的人建立关联,特别是没有与医生建立联系,而医生本应该对进化感兴趣,然而并没有。他们依旧认为,进化和医学没有关联。实际上,如果你把"进化"这个词放进国立卫生研究院的拨款申请书里,这大概是最快拿到驳回意见的方式。人们只是认为进化不重要。

我们对跑步进化的研究触动了这根神经。自从在 2004 年发表《生而为跑》(*Born to Run*)的论文之后,我收到了 1 000 多份邮件。而最近,在发表赤脚跑步的论文之后,我数不清我到底收到了多少封邮件。我依然每天都会收到 5~10 封邮件,它们来自于世界各地的赤脚跑者和穿鞋跑者。他们确实对跑步的进化很感兴趣,不仅是因为这解释了为什么他们喜欢跑步,也因为理解跑步和行走的进化,能够解释为什么这对人体健康有益。更重要的是,从我自身的视角来看,这也部分地启发了我们应该怎样使用身体。

研究赤脚跑步,会帮助我们去理解身体是怎样进化出跑步能力的。我们并没有进化成需要穿缓冲鞋才能跑步的人。但我们进化成为可以轻巧地跑步的人,不过穿鞋落地其实很伤脚。

我突然想起,进化医学所完成的很多事情其实主要在于传染病和繁殖方面。对于像结核病、猪流感和禽流感这样的疾病的进化,我们做了很多研究。因为这都是与人类有着直接紧密关联的进化问题。我们花了大量时间去研究进化医学、思考繁殖问题、父母与后代之间的冲突,还有胎儿、能量和营养这方面的问题。但是进化医学也与我们身体的其他很多方面紧密相关,包括肥胖病、癌症、膝关节问题、扁平足、外胫炎和下背痛。这立刻又触动我的一根新神经,因为我意识到,通过研究人体的进化,我们可以去解决那些棘手的问题。

比如说，很多人都害怕跑步，因为每年有 30%～70% 的跑者（取决于你怎么衡量）受伤。最常见的受伤就是下背痛。每天有大约 70%～80% 的人遭受下背痛，而且这种病痛几乎都是非特异性的，也就是说，我们不知道引起疼痛的原因是什么。

我们通常都说，人们下背痛的原因是，因为我们进化成了两足动物，而两足行走是最愚蠢的使用背部的方式。但是，这样说毫无意义，因为如果背痛如此难受，那么自然选择当然就会降低背痛这种普遍性与严重性。实际上，如果你向研究狩猎 - 采集者的人询问这个问题，他们大多会说："实际上，仔细想来，我不记得有哪个狩猎 - 采集者说，他们背痛。"

我们的生活中充满失眠和便秘的困扰，但这两种症状都是最近（相对古人类来说）才出现的。它们都是新出现的疾病，是由于我们误用身体所致。我现在所做的研究是，探讨我们怎样优化对身体的使用，特别是在肌肉骨骼系统里，避免损伤和疼痛，避免让人不能正常锻炼身体的残疾。

我会说，现在导致我们生病的各种方式都有一个共同的起源，基本上也就是资本主义的起源。你想想肥胖症，是因为我们创造出工业食品，使糖和食用油变得极为便宜。我们变得对食用油和糖有一种深深的渴望，是因为这些东西曾经在我们的进化史上是稀缺的重要资源。

像鞋子、沙发或电梯这样简单的东西，我们也同样渴望。我们总喜欢找方便。以前的狩猎 - 采集者通常总是处于能量平衡的边缘，他们几乎无法获得足够的食物去满足自己和家人的需要，所以作为狩猎 - 采集者，不用费力就能够轻松生活，这很令人向往。不管什么时候，我们看到电梯或自动扶梯，我们总会不自觉得去使用。已经有很多实验表明，如果有一部电梯在楼梯旁边，只有 3% 的人会爬楼梯。大多数人都喜欢乘电梯。我相信，这种喜爱在我们的大脑里是根深蒂固的。

鞋子是另一个有趣的例子。我们喜欢舒适，而且我们有这样一种观念，让人舒适的东西一定对我们有益。所以人们会买舒适的鞋。那么，从什么时候开始，舒适与健康之间开始存在关联的呢？我认为，很多鞋子让人很舒适的设计确实也会让人受伤，鞋子里的足弓垫令人舒适，因为有了足弓垫，你脚部的肌肉就不用费力去支撑你的足弓了。这就像是整天乘坐电梯一样。如果你让小孩子穿上有足弓垫的鞋子，渐渐地他们的那些肌肉然后就会萎缩，或者就不会正常地发育。有数据证明，有 25% 的美国人足弓下塌，这是一个令人惊讶的统计数字。

在我做研究的那些肯尼亚村庄里，那里的人不穿鞋子，我没有发现一个人足弓下塌。那里根本就不存在足弓下塌的情况。也许我们最终会像发现黑天鹅一样，找到有一个人足弓下塌。但是那些足部疾病在这里一定极端少见。虽然他们的足底会有各种污垢，也会遭遇其他问题，但是不会出现足弓下塌。

我们一直在营销和售卖各种产品，因为它们令人舒适。空调让我们舒服，但它就一定对我们有益吗？也许并没有。还有很多东西也同样如此，比如安乐椅。想想椅子现在对我们造成了多大的伤害吧。无数的论文和研究表明，是椅子让我们背疼，因为椅子缩短了我们的髋部屈肌，让我们的背部变得虚弱，让我们变得习惯于久坐。坐在椅子上，让我们的寿命减少了几年，但是我们喜欢椅子，因为它们令人舒服。有靠背的椅子在非洲的村庄就很少见。我们喜欢舒适，也有人靠售卖使人舒适的产品而赚得盆满钵满，但是我要挑战"舒适通常对我们有利"这种观念。

一个重要的问题就是，我们能否检验这种观念，即从进化的角度来看，更明智的使用身体的方式能够帮助我们变得更好？比如，越是光着脚跑步，伤害就越少。如果你研究赤脚跑者就会发现，他们不仅习惯于用脚掌着地，而且步子迈得更短，他们的姿势更好，还有很多方面不同于普通的穿鞋跑者。

为了检验这个观念，我们对哈佛田径队进行了研究。我们观察了哈佛田径队里进行中、长跑的那些人。其中有些人每周会跑 60 ~ 80 公里，还有些人每周会跑 160 公里，而且速度很快。而且他们的跑步方式大多都是很棒的光脚跑的方式。结果表明，还有一个原因是，哈佛田径队拥有一位很优秀的医生，还有一位教练员，他们记录了队员每一次的受伤情况。队员擦伤，或得胫骨骨膜炎或肌肉抽搐，这些队员遭受的任何事情都会被记录下来，而且还有一位专家给他们诊断。田径队教练还要求记录每一位队员每天所跑的路程，并且路程和速度都要记录。

有些队员已经有了 4 年的记录数据。我们利用一台高速摄影机，去记录他们是怎样跑步的，然后将用脚掌着地的赤脚跑者和那些用脚后跟先着地的跑者进行对比。我们可以估算出他们每一次受伤的严重程度，因为我们能够度量每次受伤后会影响他们几天不能跑步，然后我们就获得了一个量化的受伤严重程度计录表。当我们用这种量化的方式记录受伤情况时，我们发现，前脚掌先着地的跑者比脚后跟先着地的跑者受伤几率要低 2.6 倍。这是一个巨大的差异。就我所知，这是导致跑步者受伤最大的影响，这是一个完美的例子，因为它说明了，我们可以怎样利用进化理论的方法，去启示我们更好地利用身体。

🕐 2012 年 10 月 17 日

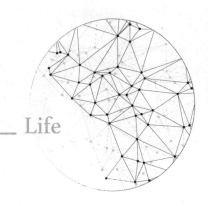

Life

本文作者丹尼尔·利伯曼所著的《人体的故事》从现代语境出发、回溯人类历史的人体进化简史，并已由湛庐文化策划，浙江人民出版社出版。

Had they survived,
where would they
be today?
Would they
be in a zoo?
Or would they live
in suburbia?
We will never know.

假使尼安德特人幸存下来，他们今天会是什么样子呢？他们会被关在动物园里吗？或者他们会生活在郊区吗？

——《绘制尼安德特人的基因组》

12

MAPPING THE NEANDERTHAL GENOME

绘制尼安德特人的基因组

Svante Pääbo
斯万特·帕博
马克斯·普朗克进化人类学研究所主管。

● **斯万特·帕博：** 我们正在分析尼安德特人的基因组，我们搜集了所有从一系列尼安德特人化石里提取的细小的 DNA 碎片，然后拿它与人类和黑猩猩的基因组进行对比。我们一直在努力思考的问题是，尼安德特人与我们到底有什么关系？

我们尝试用各种不同的方法来解决这个问题。一开始我们想要探索的一件事是，我们是否和尼安德特人有着紧密的联系。在某种程度上，他们和人类 30 万年前的一个祖先很相似。那么你就会问："如果他们和我们一样幸存到今天，那将会怎样？"毕竟，他们只是在大约 3 万年前才消失的，或者说我们也只是比他们多繁衍了 2 000 个世代而已。假使他们幸存下来了，他们今天会是什么样子呢？他们会被关在动物园里吗？或者他们会生活在郊区吗？我喜欢思考这些问题。我感兴趣的是这些问题，而非答案，因为这些问题没有答案。我们永远都不知道答案。但这都是些有趣的问题，因为它们反映出，我们是如何思考我们与祖先之间的区别的。

如果尼安德特人今天还存在，他们一定与我们不同。我们会对尼安德特人有种族歧视吗？甚至比我们自身遭受的种族歧视更加严重？如果他们和我们只是大同小异，在语言、技术和社会团体方面都很相似，那又会怎样？是否依然会存在人类与非人类之间，和我们与动物之间严格的划分界线？如果尼安德特人幸存下来，我不知道故事将怎样上演。很可能在和尼安德特人共处的世界里，也会上演种族歧视，甚至是更加严重的歧视。又或许，人类与其他哺乳动物之间的界线划分不会像今天这样严重。

但去推测人类与尼安德特人之间双向的基因影响还是很有意思的。没有明确的证据表明，尼安德特人贡献了使人类活到今天的基因，但这并不意味着，不存在这种贡献。我们唯一明确知道的是，他们并没有贡献出线粒体 DNA。

就在几周之前，我们发现了尼安德特人 66% ~ 70% 的基因组，这样，我们就能更严格地解决他们对现代人类在基因上的贡献这个问题。我们也能探索双向的基因影响，因为混合基因的发展必然是双向的。如果我们只能够研究幸存到今天的现代人类，我们就不能找到尼安德特人贡献的证据了。但是现在，我们有了尼安德特人的信息，我们就能探讨其他的可能性。比如，有没有证据表明，早期人类祖先和尼安德特人是杂交繁殖的，从而贡献了基因给对方？我们正在努力探索这个问题。但分析过程很艰难，因为如果尼安德特人的一小部分基因组是由人类贡献的话，这必须在我们分析中没有错误，或者没有受到现代人类 DNA 受到的污染的影响，或我们的算法中没有偏见的前提下才能成立。

但在大众媒体那里，我们的研究结果就被描述为，早期人类祖先和尼安德特人的基因组完全没有杂交。这好像有些扭曲了我们想要传达给大众的信息。如果读过我们的论文就知道，我们很谨慎地说，有绝对的证据表明尼安

绘制尼安德特人的基因组

德特人并没有贡献线粒体 DNA。这并不意味着，他们没有贡献出基因组里的其他部分。

很清楚的一点是，尼安德特人贡献给人类的基因是很少的。如果从拥有更丰富的基因信息的非洲来看，也存在大量证据。非洲是世界上存在基因差异最多的地方，尽管非洲的人数只有 8 亿左右。

从基因变异来看，我们在非洲之外找到的任何亲缘关系，都能在非洲内部找到。我一直都认为，如果观察我们自身的基因组和 DNA，我们其实都是非洲人。要么我们是大约 5 万年前走出非洲的，要么我们现在就生活在非洲。如果尼安德特人贡献了很多基因给现代的欧洲人，那欧洲人就拥有在现代非洲找不到的基因变异，或者说，也会和亚洲人大不相同。但我们并没找到这样的证据。

作为古生物学的外行人，我经常惊叹于古生物学家工作的飞速进展。为什么会这样呢？为什么比如在分子生物学领域没有那样的进展呢？我猜测其中的缘由在于，古生物学是一门缺乏数据的科学。也许古生物学家的人数，比重要化石的数量还要多。想要一举成名，你必须对现存的化石作出新的诠释，而这又总会与前人的诠释有所相背。还有其他领域，对于那些不同的结论我们会求同存异，我们通常都会一致同意，我们需要什么样的数据去解决一个议题。没有人会对哪一方的观点表现得很激进，因为一两年后的数据可能会证明你是错的。但在古生物学领域，你无法确定你会发现什么。在大多数情况下，你无法用直接的方式发表和检测你的假说。这几乎就像是人类学或政治学一样，如果你想赢的话，只有比其他人嗓门更高，或者使你的结论听起来更像是真的。

当然，在人类起源的问题上，争论主要在多地起源假说和单一起源假说（"走出非洲"）之间。鉴于在 20 世纪 80 年代对线粒体 DNA 的研究所获得的基因数据，还有后来我们获得的基因组其他部分的基因数据，人们都强烈地支持"走出非洲"假说，克里斯·斯特林格（Chris Stringer）就是古生物学里最主要的支持者之一。很明显，从基因证据来看，"走出非洲"的假说看起来确实是正确答案。但这并不是说，这没有一丁点儿来自像欧洲的尼安德特人这样的古代基因形式的贡献。像米尔福德·沃尔波夫（Milford Wolpoff）所追随的另一个阵营，则是今天的少数派了。

但是如果我们拥有尼安德特人的基因组就有可能解决这个问题。不过这还要取决于你的兴趣是什么。作为一名遗传学家，我对谁和谁在 3 万年前有性交这样的问题没有兴趣。对遗传学家来说，关注的问题在于，尼安德特人是否对我们今天的基因池有显著贡献？他们是否对我们携带的变异有影响？但即使有任何影响也不会很显著。

但是，为了理解现代人类与尼安德特人共存的情况，两者之间将怎样互动就变得很重要。比如说，如果我们发现确实存在基因流，但是是从现代人类流入尼安德特人的，那就很有意思了。如果这两个种族共存，而且又存在社会不平等，那就总会存在杂交，但是有方向性的：通常来自优势群体的男性与来自非优势群体的女性拥有共同的后代，而且后代通常与非优势群体待在一起。如果有这种事情发生的话，当我们遇到尼安德特人，就会存在基因从现代人类进入尼安德特人的情况，而这是无法在现代人类的线粒体 DNA 中发现的。

当我们猜测尼安德特人的事情时，我通常都会说，这其实更多的是反映了我们自身的世界观。如果你是种族主义者，你会认为，如果尼安德特人对现代欧洲人的基因组有贡献，那也一定是很古老的变异了（至少有几万年了），并且这个贡献是对适应在欧洲的生存有利的。这一群体适应了欧洲的生存方式，然后又移居到世界上的其他地方。但你也同样可以说，走出非洲的人更有创造力，是更先进的人类，他们开辟出新的领土，这些人的基因在某种程度上也是现存于非洲的基因子集中的。你总可以根据你的偏好来把故事说圆满。我不认为，有任何科学知识或见解会让人改变自己根深蒂固的成见。有一个经常被问到的问题就是："你认为尼安德特人为什么会消失？是我们杀死了他们吗？"如果你喜欢把现代人视作残暴的人的话（就像我们今天的所作所为）你就会说，很明显这是我们第一次大规模的种族屠杀。

绘制尼安德特人的基因组

另一方面，如果我说，在中东发现的最早的人类化石是93 000年前的，而中东最近的尼安德特人化石是6万年前的，那又会怎样？这就意味着，我们与尼安德特人曾在中东有3万年和平共处的时间。如果我们真有这些证据，那就太奇妙了！你可以说："好吧，也许是因为现代人类出现时，尼安德特人消失了，后来现代人类又消失了，所以他们从未相互交流过。"但谁又知道呢？这种猜测只是反映我们对自身的认识罢了。

我第一次尝试从古物中提取DNA要追溯到1985年前，当时我在研究古埃及木乃伊。由于卡瑞·穆里斯发明了聚合酶链反应方法，这让我们可以从化石中确定我们感兴趣的DNA片段，还能反复重现实验结果，得到很可靠的结果。而且其他人也能重复实验。那时已经到20世纪80年代末，90年代初了。

在1997年，我们首次把这种方法应用到尼安德特人化石上。从那时起，我们开始在古生物学和古人类学方面有了很多重大发现。但在过去两年里又出现了一种新技术，高通量DNA测序：利用机器，你可以很有效率地从化石中提取DNA，并且给随机的一小片化石测序，而且不需要关注特别的东西，就能看清楚化石中的所有信息。然后再利用这个DNA分子，去观察其与人类或黑猩猩相似的地方。虽然通常只有很低的相似性（2%~4%），但包含这种高通量的技术开销，在我们可以承担的范围之内。你可以抛开95%~98%的数据，只需关注剩下的部分。这些技术已经改变了整个局面，使我们现在就能去观察那些已经灭绝的物种的全部基因组，比如尼安德特人、猛犸象或者其他已经灭绝的动物。

当我还是个孩子的时候，我想要成为建筑师和埃及学家，我想去埃及进行考古挖掘之类的工作。那时我对那些事物抱有太多不切实际的想法。当我上大学后，我开始研究埃及学，发现这完全不是我所想象的那样，并不是电影《夺宝奇兵》里的主人公印第安纳·琼斯（Indiana Jones）所做的事情。至少瑞典的埃及学的课程内容主要是语言学，也就是学习古埃及的动词形式之类的。所以我变得对它没什么兴趣，也不知道该做什么。后来受到我父亲影响，所以我决定学医。

但那个时候，正逢 DNA 技术和克隆技术降临的时代。我知道，埃及博物馆里搜集了数以千计的木乃伊，每年在埃及还有数百个木乃伊被发现。不过我并没看到有人利用新技术去研究木乃伊，他们在一个古埃及木乃伊样本中提取 DNA，并在培养皿里克隆，然后再进行研究而已。

我把这样的研究当作了爱好。因为我当时有点畏惧我的论文指导老师，他是一个很强势的人，所以我总是在夜晚和周末偷偷地做研究。庆幸的是，我的研究是一次很成功的尝试。我们证明，通过从一些木乃伊身上提取组织样本里的细胞核中的 DNA，你可以给 DNA 染色，你也可以提取 DNA，证明它来自人体。但当时有规定不能提取任意物体的 DNA，所以当时只能追踪少数 DNA 的来源。但两年之后形势改变了，聚合酶链反应应运而生。然后我就去了伯克利，进入了一个对此同样感兴趣的实验室，在那里，我继续发展了这项工作。

在 1984—1985 年的时候，我原本想要研究古代文明的基因组，因为我对古代文明有种壮美的错觉。我以为我可以轻易地研究古代生物的基因组。我梦想能够解决埃及学中的难题，比如，我们所读到的历史政治事件是怎样影响整个种群的？当亚历山大大帝出征埃及时，这对种群有什么影响？难道这只是一次政治变迁？难道阿拉伯人对埃及的征服，只是意味着一个种群的大部分被取代了？或者说这主要是一次文化变迁？我们无法通过历史纪录去回答这些问题，而我的梦想就是去解决这样的问题。一开始成功几次之后，我意识到我想做的事情的局限性。

之后有更长一段时间，我专注于灭绝的动物。我们首次给猛犸象、袋狼、新西兰恐鸟化石做了 DNA 测序。我们不需要处理 DNA 受到污染的问题，因为那些灭绝动物所处的环境并不像现在那么复杂，现代人类的 DNA 可以轻易地和它们区别开来。

利用一些新出现的技术能力，我开始实现解决埃及学中难题的梦想。其中一个大梦想就是去解决人类的专门问题，同时又与其他的生命形态相关联的问题，比如语言问题。所以，几年之前当确定 FOXP2 基因时，我们深感激动。这是人体基因中的一个变异，会导致说话困难，这种变异看起来发音的结构有关。其主要的难题与口腔和胸腔的肌肉控制有关：我们要控制发声线、舌头、嘴唇，并持续一毫秒才能发出声音。

我们研究了那个基因的进化。我们发现，构成它的蛋白质的功能是开启和关闭体内其他基因的活动。这种蛋白质携带两个替换氨基酸，这种构造对人体而言很独特。在其他灵长目动物里没有发现这种情况，但却唯独出现在人的进化谱系中。

现代人类中的 FOXP2 基因里的各种变异模式也说明，它受到一种积极的自然选择作用，而且有一种变异迅速传播到地球上的所有人类里。这就让人不由自主地去猜测，那些变异就是源于氨基酸的变化，而且它们影响了我们的发音能力。

自从我们解决完变异问题，发现了一种单一的正向选择之后，我们又开始探索两个问题。一个问题就是观察尼安德特人，确定他们是否也有那些氨基酸变化。结果表明，他们确实也具有那些氨基酸变化，这一发现令我很震惊。就那些氨基酸变化与发音的相关程度而言，我们与尼安德特人共享了这一能力。当然，这只是很多基因中的一个而已，我们还不知道与语言和说话相关的其他很多基因也是如此。在说话能力上，可能有一些差异，但是还有很多未知情况，所以假设存在差异是说不通的。

我们正在解决的另一个问题是，那些氨基酸差异是否重要。我们已经完成了利用实验鼠内生的 FOXP2 基因去培育实验小鼠，那并不是老鼠所特有的一种，而是与人类的 FOXP2 基因是一样的。过去两年里，我们全面分析了那只老鼠，并进行了各种实验。我们和合作者研究了这一老鼠身上的 300 多种特性，并经常将它和人为改变基因的老鼠相比较，这一被改变了基因的老鼠与其他自然生长的老鼠，原本是同一个母体所生的。我们直接将二者作比较，因为它们有同样的出生经历，同样的生长环境。我们关注的那 300 多种特性，在二者之间只有两项特性有显著不同。

我不理解的一件事情就是，被人为改变基因的老鼠比自然生长的老鼠，在新环境里显得更加谨慎。比如说，如果它们去到一块空地，在那里，老鼠通常会感觉更加暴露自己和易受攻击，被人为改变基因的老鼠在一开始的几分钟会一直靠墙待着，而自然生长的老鼠会更加勇敢地进入空地。这一差异会持续 4~5 分钟，之后就没有区别了。我不知道该如何理解此事。

另一个让我着迷和震惊的未解之谜是：那些老鼠发出的声音不同。我们是这样来检测的：当那些幼崽两周大的时候，让它们和母鼠分开；它们吱吱叫，母鼠就过来把它们重新带回窝里。我们可以在超声波范围里记录那些声音。我们和分析声波图的专家合作，发现它们的发声存在清晰而微妙的差异。这就支持了我的信念，那些变异与口咽之类有关的肌肉控制有关，也许还与人类的发声方式有关。但在人类与尼安德特人分流更早的进化时期，就已经发生了变异，所以这一变异是我们和尼安德特人共享的。

当我们开始把聚合酶链反应应用到古代生物 DNA 的时候，我们很早就明白，其中存在一个很严重的问题，就是污染，特别是由现代人类 DNA 所造成的污染，因为这很普遍。这间屋子里的尘埃，很大程度上就是我们身体的皮肤碎片，它们包含着 DNA，落在实验用品上，或者落在我们所用的化学物质上。这就是为什么我们从一开始就不去研究现代人类的 DNA 的原因，比如避免研究古埃及木乃伊。因为这几乎不可能证明你的成果是正确的。但有了尼安德特人，就有些不一样了，因为我们在线粒体 DNA 上有着明显的区别。

当我们把高通量测序技术应用到现存的尼安德特人身上时，我们尝试了不同的技术。我们从最完整的来自克罗地亚的尼安德特人身上，提取了两个碎片，我们将一个碎片寄给了伯克利的埃迪·鲁宾（Eddy Rubin）团队，他们在培养皿里克隆了这一片。他们利用 20 世纪 80 年代的技术（但现在更有效率了）去给克隆体测序，从尼安德特人那里提取了 6 万~7 万个碱基对。我们从同一根骨头上提取了另一片，并寄给了康涅狄格州"454 生命科学"公司（454 Life Science）的创始人乔纳森·罗思伯格（Jonathan Rothberg），因为他从瑞典购买了对焦磷酸测序的专利。然后我们利用他们的技术进行了实验，事实证明这样更有效率。他们对约 75 万碱基对进行了测序。我们分析了那些不同的数据集，并在一周之内发布了两篇论文，一篇发表在由埃迪·鲁宾主导的《科学》杂志上，另一篇发布在由"454 生命科学"公司主导的《自然》杂志上。

当时我们与埃迪·鲁宾团队关系还有点紧张，因为他们原本打算继续在培养皿里使用克隆技术进行研究。但是在我看来，这明显不够有效率。他们创造的数据比"454 生命科学"公司的要少 10 倍。但在"454 生命科学"公司的数据库里存在污染。我们到现在也不知道污染物是从哪里进入的，因为两片提取物都是来自于我们专门为那块骨头准备的净化室里。最有可能的情况就是在"454 生命科学"公司里进入的，因为当时他们正在给詹姆斯·沃森的基因组测序。如果詹姆斯·沃森和尼安德特人的基因组有轻微的混合，我一点都不会感到奇怪。

2008 年，我们在《细胞》杂志（Cell）发表了一篇论文，公开了完整的尼安德特人线粒体基因组，下文我们还会继续讨论这一点。我们宣称，我们在净化室里给那些基因序列做标记和测序的时候，我们都是把它们从净化室里拿出来，然后每一条序列都从这个小标签开始。这样我们就知道了，那些污染源确实是来自于我们的净化室。因为我们发现，当我们利用完少量 DNA 时，测序的机器上总有一些残留物。后来我们实验室发出了这则通告。

接下来的大事就是，我们实验室的科学出版物发表了首份尼安德特人基因组的草拟版本。在哺乳动物里，我们唯一完成基因组测序的是人类和老鼠的基因。其他所有的物体都还只是草拟版本。尼安德特人的基因组也只是一个草图，并且从统计学的层面来看，基因组里的每一个核苷酸都有 1.5 倍的概率是能够吻合的。但这也意味着，基因组里还有约 30% 的基因序列还没被发现。但是首先我们可以给基因组做个概述。我们可以先确定，比如 10 万个碱基对，除此之外，平均而言，我们还能获得六七万的基因序列，并仔细检查基因组。要完全实现这一点，还需要对更多样本做更深入的测序工作。我们将在未来几年之内完成。

人们问我，为什么我最后去了德国。就像人生中的很多际遇一样，这也是出于偶然。当我在伯克利的时候，我想要重回欧洲，当时我的女朋友是慕尼黑的一名研究生，所以我去看望她。而她的教授是一名优秀的遗传学家，他要我做一个报告，并且说一年之内他那里有一个职位，问我是否愿意申请。但我最后和那位女友分手了。不过事实证明，比起剑桥和瑞典的工作机会，那里的职位更好。我想："虽然德国的生活方式并非是我梦寐以求的，但是我可以在那里待几年，做出优秀的成果，然后再去其他地方。"我觉得，愿意接触那些你从未当作天堂的地方，这是一种很好的态度。我在德国的经历比我之前料想的要好太多了，我在那里过得很愉快。当时有一个政治决策，在民主德国和联邦德国合并后，民主德国要和联邦德国有同样密度的研究所。我在德国六七年后，民主德国要成立一个新的马克斯·普朗克研究所，而我有幸参与了这个过程。

德国人很乐意去提问，因为德国在那些研究领域特别薄弱。有充分理由表明，德国一个明显很薄弱的领域就是遗传学，还有人类学。马克斯·普朗克学会的前身是威廉皇帝学会，它在柏林有一个人类学研究所，在那里，约瑟夫·门格勒（Josef Mengele）被任命参与了大屠杀[1]。所以在 1945 年 5 月之后，马克斯·普朗克学会自然就完全绕开了人类学，这也反映在大学的课程设置里。第二次世界大战后，人类学作为一门学科完全没有威望，所以相应的质量也很低。

比起美国，神创论在德国是一个更小的议题。我在这方面收到的大多数邮件和信件都来自美国，比来

[1] 约瑟夫·门格勒，人称"死亡天使"，德国纳粹党卫队军官司和奥斯威辛集中营的"医师"。他负责将囚犯送进毒气室杀死，并对集中营中的人进行残酷且科学价值不明的人体实验。——译者注

自德国的要多得多。那其中也不乏一些批评，约占来访信件的 1/4。他们拒绝接受我们与尼安德特人、或黑猩猩有共同的祖先这一说法。但我还是要和宗教原教旨主义者共事，因为在我的实验室里，大多数研究生都来自于民主德国。到最后，我已经放弃和一些人争辩了，他们说："上帝是万能的，任何我所见所想的都是上帝放进我头脑里的，是上帝让我认为，存在进化的证据。"我无法驳斥这一点。我无法理解，为什么上帝要以这种方式欺骗我，但如果是这样，那么我们不过是在研究上帝的骗局，对吗？我们和这个研究生达成共识，然后我们就在这样和平的假象里工作。

这种情况在美国更常见，如果你参加进化论会议或发表演讲，就会有人组织起来抗议。在科学交流里，没有宗教的位置。科学必须保持自身的立场，宗教也要保持自身的立场。很明显，在今天宗教在地球上 80% 的人的生活中扮演着重要的角色。科学并不需要与之作斗争，但是在科学内部，没有宗教的立足之地。它们是两个不同的领域。我必须承认，在面对生存问题或生死抉择时，我会变得没有理性，并且以奇幻的方式思考。通常，当我们面对威胁到生命基础的问题时，我们会倾向于以宗教的、魔法的或非科学的方式来解决。因为这是人的一部分。

🕐 2009 年 7 月 4 日

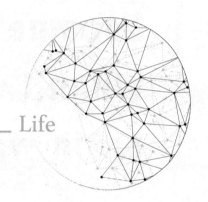

Life

A long time ago the brain was a hydrodynamic system. Then the brain became a steam engine. When I was a kid, the brain was a telephone switching network. Then it became a digital computer. And then the brain became a massively parallel digital computer.

很久以前，大脑是一个流体力学系统。后来大脑变成了蒸汽机。在我小时候，大脑是一个电话通信网，后来它又变成了一台数字计算机，再之后就变成了大规模并行数字计算机。

——《生物计算》

13

ON BIOCOMPUTATION

生物计算

J.Craig Venter
克雷格·文特尔
顶尖基因组科学家，"人造生命之父"。

Ray Kurzweil
雷·库兹韦尔
世界领先的发明家和未来学家，著有《奇点临近》《人工智能的未来》。

Rodney Brooks
罗德尼·布鲁克斯
机器人专家，曾任麻省理工学院人工智能实验室主任。

▶　　**克雷格·文特尔：**对于"生物计算"这样一个大话题，我都不知道该从何说起了，所以，我决定从整个星球的基因组开始说起。大多数人都知道，2000 年我们才开始对人类基因组测序，之后我们有了一份完整的人类基因记录。慢慢地，随着我们在此之上添加了越来越多的基因空间，比如，在去年我们就已经从环境里的新基因中增加了两个量级，我们开始根据基因空间而非基因组和物种来理解世界，这也把我们带向了对其成分进行分析的过程。

这一点影响了我们在文特尔研究所 3 个主要领域的工作。癌症是我今天最想谈的领域之一，但我也会提及其他领域。随着我们可以对诊断结果和相应的基因进行详细划分，癌症已经被分解成越来越多不相干的疾病了，但我们现在开始换一种视角，把癌症视作一个总体性疾病，去关注基因空间，这样的话，基因空间就能把癌症当作一个整体来处理。很多种癌症一直在基因层面被对待，而且我们所有人都有癌症的基因。它实际上是由体细胞突变而来，当我们从环境中吸收毒素，如辐射等，就会导致癌症的发生。直白地说就是，随着我们基因里越来越多的体细胞的突变激增，直到超出了一个阈值，突然我们就生长出了不受管制的细胞。

结果表明，由一个约518个基因组成的集合，叫作激酶受体，控制着细胞的增长。我们现在可以在基因组里识别出全部激酶受体基因。我们可以在患癌症的人身上观察突变，看他们是否遗传了那些突变。既然我们可以做高通量的基因测序，我们就能对那些基因进行测序，去寻找体细胞突变。在每一种类型的癌症中，我们都找到了那些基因里的突变。通常是这些突变导致了不受管制的细胞的增长。而这又激活了激酶受体持续活动下去，形成了一种恶性循环。

对于这个问题，我们在过去几年已经有了显著的突破，只要用一些药物拦截激酶受体，干预癌细胞的增长，就能阻碍病症发展。我们可以利用基因技术研制的抗癌药物，一种治疗性抗体赫塞汀，它可以影响一种激酶受体。格列卫（Gleevec）也许是最重要的突破，它可以阻止白细胞的急剧增长，对癌症有一种近乎奇迹般的疗效。另一种是诺华集团销售的药物，最初在实验的时候并没有效果，直到在癌症患者体内给一些激酶受体测序之后才开始起作用。他们发现，这种药物对他们观察的10%的病人的受体里存在的那些突变几乎全部有效。

通过理解基因空间，和理解我们生命中所搜集到的突变，我们发现我们有可能拥有一些可以普遍地对抗大多数癌症的分子。还有其他一些分子群可能也具有这种疗效，所以我们有了一个重要的治疗新方案。我们招募了国立癌症研究院的鲍勃·施特劳斯贝格（Bob Strausberg），还联合了路德维希癌症研究所，以及约翰·霍普金斯大学的伯特·沃格斯坦（Bert Vogelstein），我们想去寻找癌症中的体细胞突变。一旦我们搜集了足够多的突变集，我们就可以轻易地设计出基因芯片，只要几美元就能帮人们测定，而不需要花费昂贵

克雷格·文特尔、雷·库兹韦尔、罗德尼·布鲁克斯　J.CRAIG VENTER, RAY KURZWEIL, RODNEY BROOKS

生物计算

的基因测序费用。所以，我们试图利用生物信息技术去预测其他看起来属于同一范畴的基因集，弄清楚我们是否能够得到一份迟来、囊括了可以有效抵抗大多数癌症的细小的分子和抗体的报告。在前沿领域工作实在是令人惊叹！其中大多数东西都代表了一种哲学转变。

第二个领域就是我们把同样的方法用到抗病毒药物和抗生素上，考虑到所有对生物恐怖主义的担忧，我们只利用了少量抗病毒药物，以此探究一般性机制和传染物。但在这个过程中，我们遇到了瓶颈，我们以为可以阻止那些传染物，但是没有考虑它是埃博拉病毒或是 SARS 病毒。现在有很多组织在研究这一块。在后基因组时代，理解基因空间及其运作会给予我们很多新的见解。

如我所说，我们在环境中利用霰弹枪定序法增加了指数级的基因数。在蛋白质数据库里，有 18 800 个性质完好的基因。若在海洋里利用随机的霰弹枪定序法，我们会获得近乎百万个新基因。我们利用所有这些相互联系的数据集，试图去弄清楚地球上有多少不同的基因家族，从而整理出基本的要素集。至今，我们已经整理了大约 4 万~5 万个不同的基因家族，囊括了我们所知的所有物种。每次我们从生态环境中取得一个新样本，并给它测序时，其实就是在以线性的方式增加新的基因家族，看来我们对星球上的全部生物还所知甚少。基本上我们还有上百万个不知道其功能的基因，其中有一些基因家族里包括了上千个相互关联的蛋白质或基因。它们对于生物学显然很重要，对于进化也很重要，如果利用生物信息工具给它们分类的话，将会在很多不同的领域给我们带来很多新工具。

第三个也是最后一个领域，就是合成生命。为了确定一个细胞的基本要素，我们尝试分离出一些基因，目的是确定那个基因对于所在细胞来说是否是必须的，但每一次实验获得的结果都不一样，这取决于实验过程：不同的生长条件，批量增长或是克隆出的细胞。前不久我们确定，唯一能够实现上述实验目的的方法就是构造出人工染色体，并且让它在实验室里和在自然环境中一样进化。

我们利用 5 个或更多的基因构造出 100 个基因盒，我们可以通过替换基因盒，创造出人造染色体，我们尝试用这些独特的集合创造出人造物种。但是现在，我们有了 800 万个基因，随着这项工作继续下去，在一两年之内，我们就有希望获得一个具有 3 000 万、4 000 万、甚至 1 亿个基因的数据库。电子业所经历的那种开端，就是没有任何预兆地，人们就拥有了所有电子元件，并且能够利用各种元件创造出所需要的东西，我想生物学距离这个状态也不远了。但我们碰到的问题在于，我们还不理解生物学的全部基本原理，但是我们却先拥有了工具，也就是先获得了人造物种的元素。我们认为，我们能够在计算机里设计物种，设计出我们想要它所拥有的生物功能，并将之添加到已有的骨架上。

理解基因的构成要素，并沿着这个方向前进，我们就可以将其应用到能量的生产上去。我们尝试通过对氧不敏感的氢化酶，去改变光合作用，我们把直接来自阳光的电子转化成氢。因为我们是利用分子转换器来进行这些工作的，所以这些工作进程就掌握在我们自己手中，如果你想停止生产氢，你只要关掉开关就好了。我们还尝试了新的从树林中发酵的方式，这样我们就能在更开阔的层面接近目标了。把基因当作生物的基本要素，也是工业的未来。

目前禽流感又成新闻了。但其实禽流感是可以避免的。实际上，我们和泰国首相合作，也与中国香港合作，尝试用同样的测序工具去追踪那些新的传染物。但问题在于，流感病毒是可以被重组的，从而构成无数新的病毒粒子。对于那些以我们不希望的频率转移到人体的病毒，以及那些通过鸟类转移到其他动物身上的新病毒，我们只要在传染病暴发之前追踪到病毒就行了。

人们目睹了 SARS 病毒的情形：由于人们坐飞机旅行，在中国爆发的 SARS，传播到了多伦多。通过追踪全世界的序列空间，我们试图开发出一种程序，通过这种早期的侦测程序，我们可以在很早期就做好准备，以便对基因空间进行测序，尽管我们还不理解，为什么 1918 年的流感病毒那么致命，但我们现在知道，通过理解其中的基因要素并且追踪其重组方式是完全可以避免的。这也是我们希望实现的。

雷·库兹韦尔：我准备在文特尔发言的基础上接着说。我们刚才听到他说起那么多还处于早期阶段的应用，很令人激动，那些应用要从基础项目开始，我们要搜集生物学的机器语言，并对它进行反向编译和反向工程。我会从几个不同视角来思考这个问题。实际上我在生活中有两个兴趣。一个是计算机科学，罗德尼和我都在人工智能领域工作。另一个是，我一直对健康问题感兴趣，那始于我父亲在我 22 岁的时候英年早逝，而我在 35 岁左右被诊断得了糖尿病，传统治疗使我的病情恶化了。但在使用我自己想出的治疗方案之后，我再也没有出现过糖尿病的症状。1993 年时，我还为此写了一本关于健康的书。

因此，我对健康问题非常感兴趣。我最近大部分书都是关于健康问题的，我在书里探讨了三座能够立刻通往长寿的桥梁。"桥梁一号"就是我们现在能做的，实际上还能比人们所知的做得更多，那就是放慢退行性疾病的进程，这在某种程度上也能放慢变老的进程，甚至能保持婴儿时那样的状态，这样的话，我和我的合著者都能保持良好的身体状态，直到生物技术的革命全面展开，这就是我和罗德尼主要兴趣的交叉点，也就是信息技术和生物学的交叉。

这也是我们所说的第二座桥梁。这能够延长我们的寿命直到第三座桥梁，也就是纳米技术革命的全面展开，这样我们就能够突破生物学的极限，尽管生物学在很多方面很突出也很复杂，但它也有内在的局限。比如说，我们大脑里的神经元连接点能以化学信号的速度处理信息（每秒几十米的速度），而对比一下电子元件每秒钟几亿米的速度，很明显，电子的速度要快数百万倍。

罗布·弗雷塔斯（Rob Freitas）为红细胞做了一个机器人设计，他称之为"人造红细胞"（respirocytes）。保守地分析，如果你用那些机械设备替换自身 10% 的红细胞，你就可以参加奥林匹克短跑比赛保持 15 分钟不喘一口气，或者在游泳池底憋气 4 个小时。我们的生物系统确实很聪明，但并非是最佳的。我曾在显微镜下观察过我自己的白细胞，它确实是智能的。因为它能够注意到病原体（我是在载玻片上观察到这一点的）。我观察到，白细胞迅速抵抗了病原体，并围追堵截消灭了病原体，但它不能快速完成，需要一个半小时，这让我观察得有些不耐烦了。有人说，当技术发展到 20 世纪 20 年代时，血液细胞大小的机器人可以把这个处理速度提高数百倍。这听起来很有未来感，但我想指出的是，已经有 4 个重要的会议在探讨生物微机电（bioMEMS）了，就是利用血液细胞大小的小设备，把生物微机电用在动物身上做治疗和诊断。比如说，有位科学家就是利用一个纳米工程的设备和 7 个纳米孔，给一只老鼠治疗 I 型糖尿病的。

出于我对健康问题的兴趣，我认为这种生物技术革命就是第二座桥梁。我们已经处于这次革命的起点了，但是从现在起的 10～15 年之内，很多文特尔提及的技术将会变得成熟，其实其中有很多技术已经在开发之中了。

我的另一个兴趣就是信息技术。作为一名发明家，我意识到想要让你的发明创造成功，那么当你完成这项发明时，它们就要给世界创造意义。很多发明创造之所以失败，正是因为能动技术没有到位。因此，我成为了一名热衷于技术的学生，并开始去探索建立技术进化方式的数学模型。我想说的关键点就是，信息技术正在以指数级速度发展。

当首次宣布人类基因组项目时，这个项目就饱受争议，当然文特尔已经历过了这些。文特尔说："你们要如何在 15 年内完成这一项目？按照测序的速度和我们拥有的工具，可能要更长的时间。" 2/3 的人同意了这一项目的提议，但是反对派的批评依然强势，因为整个项目还有很大一部分没有完成。我将展示给你们一些图表，证明过去这段时间 DNA 测序的成本经历了指数级下降，但同时有指数级数量的 DNA 已经完成了测序工作。我们确实曾花了 15 年时间去给艾滋病病毒测序，但我们也在 31 天内就完成了对 SARS 病毒的测序。这一过程顺利地实现了指数级增长。大家一定很熟悉摩尔定律，有人说这是一条自我实现的预言，但实际上，这是任何信息技术的根本特质。我们创造出越来越多厉害的工具，那些工具可以用在下一阶段。通常科学家

生物计算

们没有考虑到这样一个事情，就是他们不需要用同样的工具去解决下一个 10 年中的问题。因为工具会变得越来越厉害。

另一个重要的观察是，信息技术正在包围所有有价值的东西，从生物学到音乐到脑科学。尽管我们大脑里的有些信息是模拟的，并不全是数据的，但我们依然可以用数学来给它建模。如果能用数学建模，我们就能进行模拟，就可以进一步对大脑进行反向工程。这一研究的主旨就是信息技术和生物学的融合，这是一个新兴现象。

文特尔是基因组测序的私人研究团队的领袖，这也促进了开启生物技术的革命。对生物学的基本原理的理解，我们尚处于初期。大多数原理我们还不理解，但我们已经理解的部分已经相当有力了，我们也有越来越多的工具可以控制那些信息过程。几乎现在市场上所有的药物，都是以所谓的新药研发的目的创造出来的，药物公司有序地检测了成千上万的药物，然后发现了看似有效的东西。"看，这里有些东西可以降低血压！"虽然我们不知道这一药物的机制和原理，但它确实能够降低血压，然后我们就会发现它还有显著的副作用。大多数药物都是这样。这有点像是原始人发现新工具的过程，"看，这块石头可以做成一把很好的斧头！"那时我们原本没有一种给工具塑形的方法。而现在我们拥有了这些方法，因为我们现在理解了那些疾病的扩散方式。就拿心脏病来说，我们已经理解了导致心脏病的生化过程和信息过程，然后我们就能设计出药物，只要几步就能精准介入治疗过程。

对于导致疾病和衰老的信息过程，确实有数千种解决方法在如火如荼地展开，我们可以利用越来越有力的工具去理性地干预这一信息过程。那些工具中就包括酶抑制剂，如果我们发现有一种酶对致病过程很关键，我们就能阻止疾病发生。我们还有一种叫作"RNA 干预"的工具，只要把一小段 RNA 片段放进细胞里（RNA 不需要进入细胞核，也很难进入），然后它基本上可以紧抓住代表基因的 RNA 信息，并且摧毁它，这种方法是靠抑制基因表达发挥作用的，比原有的反抗意义上的技术要优越很多。这种方法相当有力，因为大多数疾病就是在其生命周期之内的某个地方利用基因表达发挥作用的，所以，如果我们能够阻止一个基因，就能避开不想要的信息过程。

我还可以给大家举一个例子。对原始人而言，脂肪胰岛素受体基因基本上可以说是控制了每一卡路里，因为下一个狩猎期未必能够大获全胜，所以要保存能量以备不时之需，这就说明，在几万年之前，生活环境发生了改变，而基因也在进化。但是，对于人们在成长到生育年龄之后还可以存活很长时间这一现象来说，这并非是物种进化的兴趣，而且有的人在 30 岁时就成了祖母。在 1800 年的时候，人类的预期寿命只有 37 岁。所以，我们那时已经开始干预基因了，而且我们现在还拥有更多的强有力的工具。

当哈佛医学院加斯林糖尿病中心的科学家，抑制了老鼠体内的脂肪胰岛素受体基因时，他们发现那些老鼠吃的很贪婪，但是依然没发胖，而且健康状况良好。它们没有得糖尿病，也没有心脏病，寿命还增长了 20%。它们获得了限制卡路里的好处，但实际上我们并没有控制它们的卡路里。一些药物公司已经注意到，也许这是一种有意思的药物，可以应用到人类身上。但也有一些问题，因为如果你并不想抑制身体的肌肉组织里的胰岛素受体基因，而只是想在脂肪细胞里抑制，这种方法就不那么适用了，不过也有一些策略可以解决这个问题。但这个案例也表明了抑制基因的方法是另一个可以对那些信息进行重新设计的强有力的工具 。就像我们使用扫地机器人那样，我们也能改变其软件使其变得更智能，我们现在也能在生物学意义上使用这些方法。

更厉害的是，我们将有能力增加新基因。但直到最近，对把基因物质放进细胞核正确的地方而言，基因治疗就已经遭遇了挑战。但也有一些有意思的新的解决方式。其中一个方法就是去收集成人血液中的干细胞，然后在培养皿里植入新的基因物质，抛弃那些没把基因物质放在正确位置的细胞，只要你找到一个正确放置的基因物质，你就能进行复制，然后再把它植入病人的血液里。联合治疗公司（United Therapeutics）有一个项目，成功治愈了动物的肺动脉高压，这是一种致命的疾病。现在正在人体身上做实验。其他还存在一些有希望的基因治疗新方法。

最终，我们会有很多设计出来的婴儿，还有其他很多工具可以用来干预

生物计算

那些信息过程，并且进行重新编程。在生物学里没有不可逾越的限制。人们还说起染色体终端，它意味着你的寿命无法超过 120 岁。但我们可以通过工程学方法去克服这一极限。就在过去几年里，我们发现有一种酶，叫作端粒酶，它控制着染色体终端。除此之外，还有很多复杂的项目。有人一定会说，我们对生物学还知之甚少。确实如此，在文特尔主导的项目里，我们只是做了测序少量基因组的工作。但是这一进程会以指数级的速度加快，而且工具也会越来越厉害。

我们现在已知的原理给予了我们很大的希望，我相信我们最终能够战胜那些主要的致命疾病，比如癌症、心脏病、Ⅱ型糖尿病和中风。我们也开始去理解衰老背后的信息过程。这不只是一个单一的过程，其中还有很多不同的东西。但是我们已经可以在某种程度上进行干预了，并且这种能力的发展速度在未来几年内也会呈指数级增长。

罗德尼·布鲁克斯： 我想从一些传统领域开始说起。文特尔和其他人在基因组测序上所做的事情，实际上是依赖信息科学中发展出的算法。基因组学、蛋白质组学等领域里的工作，都大量使用了机器学习的技术，那些技术主要是由理论计算机科学家发展出来，再由文特尔这样聪明的人将其应用到生物学里的。

在信息科学里有一个交叉点，使得文特尔等人的很多工作变成现实。有意思的是，作为一位实验室主管，对我而言，在整个计算机科学领域里，理论计算机科学的影响是很深刻的，但它也是最难获得外部机构资助的。因为，在互联网、编程或芯片设计等领域工作

①

染色体终端被认为是衡量人类寿命的重要指标，它能够显示出一个人身体衰老的速度。简单说就是，染色体终端结构越短，老化速度越快。
——译者注

的人会在计划书里这样写道："最初三个月我们会完成这项任务，下三个月我们会完成那项任务。"那些资助人也喜欢这样写计划书，因为他们可以提前知道接下来会发生的事情。但是理论学者的情况就大不相同了，他们有可能能够证明某个定理，也有可能不会，但是他们不会说："在最初三个月内，我们会证明这三个定理，接下来几个月，我们会证明其他几个定理。"对于理论计算机科学很难获得资助的原因，就在于它那个输入－输出模式。但它对于生物学却有重大影响。

如文特尔已经提及到的一点，现在正在展开的是，我们从仅仅进行系统分析迈向了工程系统。我想就工程学概括性地说几句，然后再谈谈生物工程学的进展，以及它将怎样彻底改变人们目前的看法。

首先说说工程学。在我看来，今天的工程学实际上就是计算机科学的应用。也许这样说有失偏颇，但工程学的实质就是两件事情。第一，你需要分析（但现在都是应用计算了），并找到正确的计算系统去进行分析；第二，工程学也需要创造力，我们要去设计新事物，而现在只要设计出各部分信息流整合起来的方式就可以了。从某个角度来看，今天所有的工程学都是关于计算机科学的应用。在这个意义上，当我们研究生物工程时，同样是在把计算机科学应用到生物学上。1905 年的电子工程，正是我们现在（2005 年）生物工程所处的境况。但 1905 年的电子工程与今天的电子工程大不一样。未来100 年后（2105 年），现在的生物工程也会发生巨大变化。当然是阴极射线的发现，极大促成了电子工程的发展，但实际上生物学比物理学更加复杂，所以公正地说，它未必会发展得那么迅猛。

现在我们回头谈谈 1905 年的电子工程学，它当时刚从物理学中分离出来，属于应用物理学。实际上，1904 年麻省理工学院的物理学院举行了一次教师会议，他们决定废弃"家用电器专业"，当时他们就是用"家用电器"来指电子工程的。他们认为正是那些脏兮兮的"家用电器"弄脏了整洁的物理系，进而在麻省理工学院单独设立了电子工程系。

今天，同样的事情也发生在生物工程身上。它曾经属于生物学，确切地说是应用生物学，但现在属于生物工程学，这正是发生在工程类院校里的事情，而不是在大学里的科学院里发生的。但在 1905 年，电子工程被当作一门工艺，这与 50 年后人们对电子工程的理解不一样，在 20 世纪 50 年代，电子工程就变成是以科学为基础的了，这改变了电子科学的味道，在之后的又一个 50 年，它又逐渐变成以信息和计算机为基础了的。

如此，工程学就变成了应用计算机科学。现在，生物工程学正在开展一些有意思的工作，但这只是未来前景的一个小小的亮点而已。文特尔已经提及了，我们要去除那些支原体，要改进基因，要得到最小的基因组，然后把这些整合起来，构造出人造生命。但有些团队甚至倒回去用前基因时代的方法。

在美国新墨西哥州的洛斯阿拉莫斯（Los Alamos）镇，有一个欧盟资助的团队，他们想利用 RNA 和更原始的要素代替 DNA 创造出人造细胞。实质上，他们就是在利用某种基础的工程学，尝试去搞清楚生物分子是怎么聚合起来的，并且做了一些在野外通常不会做的实验。在我们的实验室里，通过和其他几个地方的合作，我们一直在研究所谓的"生物砖"（biobrick），那是标准的人造细胞构成要素。如果你浏览我们的网站（parts.mit.edu），你就知道这是关于生物学的。你可以看到有关 7400 系列的手册，大家应该记得是 7400 系列芯片造就了电子革命，有了 7400 系列芯片，你就能把标准元件组合起来，从而获得一个破解版的晶体管逻辑电路（TTL）手册，它对应的就是生物学基本部分，也就是基因，我们已经有了几百个这样的基本基因。我们为它们编制了基本序列号，当你点击不同类型的集合时，你就可以看到由此引发的不同结果，还能看到它们相互之间是怎样互动的。

我们也开设了这样一些课程：在每年 1 月和两个学期之间，我们会组织独立的活动。我们让新生参与进来，他们可以点击那些基因元件，还可以构造出一片基因组，可以组合成大肠杆菌基因组。大肠杆菌是构造其他东西的基础，因为它可以维持自身状态和复制自身。大学新生只用两三周时间就能构造出大肠杆菌，还有其他东西，不管是振荡器，还是将其放进一个发光基因里，这些新生都可以慢慢地完成。这样你就可以在那些大肠杆菌里构造出电子元件，但这并不是要取代硅计算机，而是因为利用数据抽象它们之间的转换时间大约是 10 分钟，也许最终数据抽象会被证明并不是正确的。

还有一个项目：摆一排大肠杆菌，其中一个可以启动开关，排挤出内酯分子，而其他大肠杆菌可以感觉到这一点，然后聚集到那个拥有开关的大肠杆菌旁边。这就是活细胞工程的初始工作，但实际上它们通常不会做这种工作。最终，在未来 50 年，这会改变我们整个工业的基础设施。

如果你回到 50 年前，工业的基础设施是煤和钢铁。在未来 50 年，工业的基础就会变成信息。在分子层面、基因层面的细胞工程将会在未来 50 年里，改变我们的生产方式。比如，现在你想做一个桌子，你需要先培育一棵树，然后再将树砍掉去做桌子。50 年后，你就可以直接培育桌子了。如果我们也发现了像电子工程里的阴极射线那样的东西，就只需要 15 年，这也只是保守估计，不管怎么说，这也只是时间问题。其实还有些任务需要完成，但那也只是细节而已。在大方向上我们已经知道该怎么做了。

重点就是在分子层面的生物学和工程学，当然还有其他层面的生物学，现在我们已经开始关注神经层面的事情了。所以西北大学的穆萨·伊瓦尔迪（Mussa-Ivaldi）等人正在利用神经网络，确切地说是生物神经网络，去控制机器人，也就是用小小的湿件去控制它。布朗大学和杜克大学的研究人员正在尝试把湿件放入猴子的大脑里，利用和基因组分析同样的机器学习技术，去弄清楚猴子大脑里发出了什么信号，还让猴子只靠想象就能玩电子游戏，或者只靠意念就能控制机器人。如果你翻翻最新一期《连线》杂志就会看到，这项技术已经开始在四肢瘫痪的人身上做实验了。所以另一件事就是，以前我们只是分析内部过程，而我们现在开始改变内部过程。这是一次范式转变，从利用科学转变为在生物学中应用工程学。

但在未来几十年内，还有另一个层面的事情会发生。当我们研究生物学的时候，我们也将再次改变工程学，就像过去 100 年里工程学转化为信息科学一样。我不能说出它改变的细节，因为它还尚未实现。但我能举一个例子，来说明生物系统激发工程系统的方式。

在我的研究团队里，我们在观察多肠目扁虫时受到了启发。当你穿戴水肺潜水并碰到珊瑚礁的时候，你就能看到有很多小小的扁虫在移动。它们五颜六色，而且在身体边缘处有细微褶皱。它们是很简单的动物，它们的大脑大约有 2 000 个神经元，它们可以移动也可以抓取食物，再利用自身的褶皱把食物挤入嘴中。我猜测之前的论文里从没有人指出这一点，但在 20 世纪 50 年代，有一系列论文还是研究了这件事，或者是由某个研究生意外发现的。

他们研究是否能够在多肠目扁虫之间移植大脑。所以他们把两只扁虫的大脑切除出来，然后交换它们的大脑，看扁虫的身体功能能否恢复。当大脑被切除，它们就变成了愚笨的扁虫。它们无法控制自己，但还是可以移动一点点，不过不能移动太多；如果食物就在它们嘴边，它们会抓住食物，但是它们无法把食物放进嘴里。但在交换大脑之后几天，基本上它们就恢复正常了。

但如果你拿出扁虫的大脑，将其翻转 180 度之后再放回去，扁虫的状态就不大好了，它会倒着走，但几天之后，它就适应了，它会重新定位，然后按照以往的方式活动了。实际上，如果你观察那些扁虫的几何构造，你会看到它的两边各有两束神经纤维，这四束神经纤维包围着整个身体，而且正好穿过大脑。如果你把它的大脑拿走，它只就有四个神经纤维的片段留在大脑里，余下的神经纤维在身体上；如果你把它的大脑翻转 180 度，神经纤维会重新排列继续生长，并且扁虫很快就会适应；如果你把它的大脑上下翻转，它照样可以活下去，尽管有些功能并不能顺畅地运转；但如果你将其大脑翻转 90 度，它就没法活下去了。因为那些神经纤维就不能连接起来了。如果你切除它的大脑，在它背部挖个洞，把挖出来的部分上下翻转后放回去，它依旧可以活下去。它总共只有 2 000 个神经元。

想象一下你把一台 IBM 电脑的奔腾处理器拿出来，放进一台苹果电脑里，它照样可以工作。虽然这和现在的工程学不一样，但生物学在所有地方都是这样运转的。通过研究生物系统工程，我们即将改变对复杂性的理解，以及对计算的本质的理解。

我们现在有了一个计算模型，就像计算是从之前的数学中产生的一样，没有新的物理学或化学，只是对相当传统的数学的重新思考，计算的概念大约是在 1937 年发展出来的，一直延伸到之后的三四十年。但是我预期我们将看到对复杂性的不同理解，而且通过类比我们将看到（就像计算类比于之前的离散数学），这种以对复杂性的理解关系到对传统的信息或计算的理解，会从整体上改变工程学，并改变我们在未来 50～100 年对工程学的思考方式。那将改变我们对生物学的错误理解。

● **雷·库兹韦尔：** 罗德尼，我认同你所说的很多东西。我们有很多相似的观点，但是我们的思考模型并非完全一样。

让我来探讨一下时间框架的问题，因为这不仅仅是你发现进程加速的问题。我已经给过去 25 年的趋势建模，还对基于那些模型的预测进行了追踪。大家都说无法预测未来，然而对一些类型的预测确实没错。谷歌公司的股票三年后会比今天更高还是更低，这确实很难预测。但如果你问我，2010 年的 MIPS 处理器的成本，或者一对 DNA 碱基对在 2012 年的测序成本，或者脑扫描的空间和时间分辨率在 2014 年会是怎样，事实证明这些事情很明显是可以预测的，我将会展示很多指数图表，指出这些事物都可以顺利地实现指数级增长。就计算能力而言，在过去一个世纪，它呈现出了双重的指数级增长。做这种对比是有理论依据的，我们还可以利用对比去用做预测。

就整体的技术增长率来说，我所说的范式变迁率，每 10 年就会翻倍。拿信息技术的能力来说，带宽、性价比、性能、信息存储量、互联网上的信息量，这些事物每年都会翻倍。但是如果我们以每 10 年翻倍的技术增长率，去计算罗德尼所说的 1905 年的情况，以我们现在增长率的范式转移来看，整个 20 世纪的进步也就相当于我们现在 20 年的进步。

我们现在只需要 20 年就能实现等同于整个 20 世纪的技术增长，按照这种增长率，我们在未来 14 年就能完成现在 20 年的增长。我认同这样一种观念，比如说，相较于计算机科学，我们对生物学的理解滞后了一个世纪，但是，凭借现在发展的速度，我们将在未来的 14 年里实现等同于 1 个世纪的范式转移的进步。这不是一个模糊的估计，而是基于数据模型的估算。我拥有一个由 10 人组成的团队，专门收集这类估算的数据，令人感到惊讶的是，这些数据模型既有理论基础，也有实证基础。基于过去 50 年的数据构建的模型还不足以用来预测未来 50 年的情况。在《时代周刊》组织的主题为"生命的未来"（Future of Life）会议上，所有的发言人都被问到："未来 50 年会发生什么？"我想说，所有那些发言人的预测都只是基于过去 50 年的情况而言的。詹姆斯·沃森说："在未来 50 年里，会出现一种药物，可以让你尽情吃喝，又能保持身材苗条。"但是基于我们现在所知道的，而且我们已经在动物身上做过实验了，仅在 5 ~ 10 年内，我们就能研制出这种药物。

我赞同罗德尼所说的，人脑和生物学有不同的工作原理。但是那些只是我们一直在应用的原理。我自己感兴趣的领域是模式识别。我们并没有利用逻辑分析，而是利用自组织的适应性混沌算法去做这种分析，我们也有一套方法论和数学原理指导。我们对大脑进行反向工程，这个过程以指数级的速度发展，从而使我们获得了越来越强大的模型，可以添加到我们的人工智能工具里。

最后我要回应一下这个问题：人们怎么去预测一些非常复杂的事物？像计算机科学和生物学等领域里的每一步进展，都是由数以万计的项目构成的，而每一个项目都是不可预测的，都是混沌的。对于这种整体性的混沌行为，我们确实能够做出预测，而且科学中还有很多其他的例子同样如此。去预测一种气体中的某个分子的运动当然毫无希望，这个过程非常复杂，整个气体由数以万亿计的分子构成，而且每一个分子都是混沌和不可预测的，但是整个气体依然拥有可预测的性质，你可以根据热力学定律做出预测。就像生物学有一个进化过程一样，技术也有一个进化过程。

▶ **克雷格·文特尔**：我发现作为一名生物学家坐在这里聆听很有趣。我对你们说的很多东西都很赞同。尽管我们所谈论的单个细胞的工程和对更复杂事物的工程其实有巨大差异。我们人体拥有 100 万亿个细胞，所以当你试图利用同样的基因密码去重复同一个实验时，从来都行不通。所谓的同卵双胞胎也没有同样的指纹或脚印或大脑神经连线，因为总有很多随机事件会悄然进入每一次的细胞分裂或某些生物过程里。如果这是基因改造工程的话，那也是相当草率的工程。你无法两次都获得同一个答案。

但是对于单细胞和微生物细胞，我同意将它们称作未来的能量工厂。而且比起你们二位的预测，这一切会发生地更快，因为现在正处于初期阶段，我们试图设计出机器人去建造染色体，去构造那些物种，也许我们每天都能建造出上百万个，但因为有太多未知的基因，我们基本上要以实证的方式去做，然后再筛选出活跃分子。每个人都担心《天外细菌》(*Andromeda Strain*) [①]里描述的那种方式，但那就是生物学进展的方向，只不过比我们所看到的线性方式进展得更剧烈。

◆ 罗德尼·布鲁克斯：是的，这一点很有意思。我讨厌做一名反对者，但是库兹韦尔迫使我去反对。

构造出百万个单细胞，然后检验它们，看看是否会在原位置出现进化，这种想法正是我们在未来会加快进行的实践。在计算方面，大约 15 年前，我们认为硅会开始飞速进化，这方面还有很多激动人心的地方。但是我们并没有计算出来，因为我们遗漏了一些东西。人造生命领域已经有了 15 年的缓慢进展，但是并没有如我们早前在桑塔菲会议上料想的那样飞速发展。那是在 20 世纪 80 年代末、90 年代初，桑塔菲研究所刚成立不久。

[①] 这本小说是科幻小说家迈克尔·克莱顿的早期作品，国内有译本译作《死城》、《细菌》。而且这本小说已于 2008 年拍成电影，名为《人间大浩劫》。——译者注

杰克·绍斯塔克（Jack Szostak）等人已经在试管中进行了真实的进化实验，因为这是现在我们理解怎样进行进化的粗略方式，不过进化也许就是这样的也说不定，而且这种进步会改变很多事情，就像量子力学的发展彻底改写了物理学一样，也许有人在某个时候会想清楚，怎样在硅中进行更好的进化实验，到那时我们就会理解我们到底遗漏了什么。那样就会让所有领域快速地发展。尽管我认同对未来事件的统计分析，但是还有很多异常的事件是我们无法预测的，而正是这些事件对事物的发展方向产生了巨大影响。

雷·库兹韦尔：我可以告诉你遗漏了什么，我们遗漏的正是对生物学的真切理解，我以前说过，我们还处于生物学的初期阶段。虽然我们已经有了自组织的范式，像基因算法、神经网络、马尔可夫模型等，但它们顶多只是生物学的初级模型。我们还没有可以检测生物学的工具。我们已经拥有的工具是，看看生物学是怎么运行的，我们可以给基因组测序，我们开始理解那些信息过程的机制，我们能够观察大脑的内部，还可以从反向工程里开发出更有力的模型。那么问题来了：生物学到底有多复杂？

我当然不会说这个问题很简单，但是我认为，这是我们可以操作的复杂性，而且这种复杂性超过了它本身。如果你观察大脑的内部，比如小脑，其中的神经元有大量不同的连接模式，这些神经元占了整个脑部神经元的一半，但实际上，只有很少的基因参与了小脑的神经元连接。形成这种结构的原因就是因为基因组说："将这 4 种神经元像这样交织起来，现在重复几十亿次这个过程，然后在每一次重复的过程中增加一些随机性。"所以这是一个很简单的算法，只是增加了一个随机性的构件，就构成了一个错综复杂的连接模式。但一个关键的问题是，在基因组里有多少信息呢？有 30 亿个等级，60 亿小片，也就是 8 亿字节，其中蛋白质大约占了 2% 的编码，所以有 160 万字节可以描述出真实的基因。

其他的字节就是以前所谓的垃圾 DNA。我们现在意识到，它们其实并非都是垃圾，它也控制着基因表达，不管它是多么马虎地编码的，尽管其中还有大量冗余，比如一种叫作 ALU 的序列重复了 30 万次。如果你除去那些冗余的话，你大概可以实现 90% 的压缩，但之后你依然会获得一些没有效率的编码，算法信息量也会很低。我有一个分析表明，基因组里大约有 3 千万到 1 亿比特的有意义的信息。虽然这些信息很复杂，但是我们可以把握这一水平的复杂性。我们要完成对它的反向工程，这要求我们以指数级的速度去实现，我们正在努力去实现。这就像是十年前基因组计划的处境一样。

◆ **罗德尼·布鲁克斯：** 库兹韦尔，你又要让我提出异议了。我不喜欢你的那种说法，按你所说，它们就像手机那样，对吧？你曾在图像识别、模式识别领域做研究，我也在这一领域研究，我们都无法得出我们的对象识别系统，而你刚刚所说的只是对大脑里区区 16 兆字节编码的反向工程而已，或者不管它是什么，我们所做的事就像一个两岁儿童在做分类一样。

1966 年，人工智能实验室有一个夏季的视觉项目，是一个叫格里·萨斯曼（Gerry Sussman）的本科生做的。我在 1981 年的博士论文所探讨的内容也属于这一领域。到了如今的 2005 年，我们依然无法进行基因对象识别，而且大家现在也已经放弃了在这个问题上做研究了，而且也你无法获得基因对象识别的研究资助，而且也已经反复证明过这行不通了。

取而代之的是，大家开始研究专门的医学成像或面部识别。基因对象识别是一个很难的问题。要理解基因组是怎样在大脑里工作的，不单单是给基因组做一个曲轴就能解决的。在 1966 年那份原始提议里，西摩·佩伯特（Seymour Papert）预测，我们能够获得进行基因对象识别的方法。但事实并非如此，我们至今也未能实现。有些异常事件，我们是无法预测的，我们无法仅靠给基因安装曲轴，就能理解大脑的运作方式，不管是通过计算的或是超计算的方式。

● **雷·库兹韦尔：** 在过去的数十年里，未来学家或伪未来学家做过很多糟糕的预测。我不会为其他的预测负责。但是你所说的所有内容和我在说的基本上一致，也就是我们还没有对大脑进行反向工程，还没有对生物学进行反向工程，但是我们正处于这一进程之中。

我们还没有观察大脑内部的工具。你和我都在研究人工智能，而且在神经科学里的反向工程里，我们也没有获得什么大的收益。我们现在只获得比以前多一丁点儿的成果。想象一下，如果我给你一台电脑说，"把它反向工程一下"，你能做的就是从盒子里拿出未经加工的磁传感器。但现在你已经发展出一种很粗糙的、说明那台电脑是怎样运作的理论。

◆ **罗德尼·布鲁克斯：**特别是如果你提前还没有一个"计算"的概念的话。

● **雷·库兹韦尔：**是的，你没有一个指令系统，甚至你都不知道它有一个指令系统或操作码之类的。但是你会说："其实我想做的是在每个信号上放置专门的传感器，再以很快的速度追踪它们。"然后你就能对它进行反向工程了。这正是电子工程师对竞争对手的产品进行反向工程时所做的事情。

就在过去两年里，我们已经获得了，能让我们去观察独立的神经元之间纤维丛的工具，这样一来，我们就可以实时高速追踪它们了。宾夕法尼亚大学有一种新的扫描技术，可以观测到活体里独立的神经元之间的纤维丛，这些纤维丛是由大量神经元聚集起来的，这种扫描技术可以实时追踪到它们的信号，从而收集到大量数据。而这些数据很快又被转化成模型和仿真。

我们可以谈谈脑的复杂性是什么，我们是否可能把握这一复杂性？我的主要观点是，这是一种我们可以把握的复杂性。但是我们还处于初期阶段。那些技术工具的力量正在以指数级的速度增长，这将导致人工智能工具箱的扩张，也将提供你们正在谈论的那种方法。但是，我们现在还没有实现，并不意味着我们就不会实现。我们只是有了去实现这一目标的工具而已。

◆ **罗德尼·布鲁克斯：**我完全同意你说的，我们终将实现这一目标，但是我想知道的是实现的具体时机。

● **观众：**你们能不能谈谈计算和大脑？

◆ **罗德尼·布鲁克斯：**很久以前，大脑是一个流体力学系统，后来大脑变成了蒸汽机。在我小时候，大脑是一个电话通信网。后来它又变成了一台数字计算机，再之后就变成了大规模并行数字计算机。大约两三年前，我发表过一次演讲，有人站起来提了一个我一直期待的问题，他说："大脑难道不就像是万维网吗？"

大脑经常，或者说始终是被我们用最复杂的新技术进行建模的。当我们将大脑视作蒸汽机时，这种理解并不正确。我怀疑，我们现在以纯粹计算的观点来看待大脑依然不对，因为我的直觉是，我们总会找到一种融合了计算和其他物理视角的方式来研究。

当你拥有一堆颗粒，并且它们最大限度地减少了系统的能量，那么当你有 1 000 多倍数量的颗粒时，整个系统也不会放大 1 000 多倍。它不是线性的，也不是常定的，因为总是会有一些热力之类的东西出现，干扰能量总数，但它完全不像是任何我们可以用来描述能量最小化的计算过程。我们会发现某种东西，它指引着计算和其他物理现象，也许还包括量子现象，它与我们目前称为计算的思维方式也不同。那将会成为大脑的新模型，我们也将获得更大的进步去了解探索的方向，以及那些新方向的意义，只是现在我们还不太理解。

● **雷·库兹韦尔：**让我用我们已经完成的工作来回答这个问题吧。道格拉斯·霍夫施塔特（Doug Hofstadter）怀疑，我们是否有足够的能力去理解我们自身的智能呢？这就暗示他认为我们并没有足够的能力。而且，如果我们更加智能的话，就有能力去理解它，那么我们的大脑就比我们已知的还要更复杂。但是，对于大脑里的 24 个区域，我们实际上已经有了一定数量的数据，我们已经开发出可以描述这些区域运行机制的数学模型了。

劳埃德·沃茨（Lloyd Watts）已经开发出一个关于听觉系统 15 个脑区的模型，还有一个关于小脑和其他几个脑区的模型和仿真。比如说，我们可以把心理声学实验应用到沃茨的仿真上，得到的结果和我们对人的听觉的心理声学实验结果很相近。这并不能证明这是一个完美的模型，但是它确实可以证明这是在正确的方向上。重点在于，那些模型可以用数学表达。然后我们就能在计算机上进行数学仿真。这并不是说大脑就是一台计算机，而是说，计算机是一个非常强大的系统，可以执行任何数学模型。最终会产生那些模型的语言。

● **观众：** 历史充满了战争和其他不可预测的事件。好像也出现过一场日渐壮大的反技术运动。这些现象是否会影响你们谈论的进步的步伐？

● **雷·库兹韦尔：** 如果你关注特定时间的话，也许看起来是有影响的，但是，比如说，你关注计算的进程，关于它在20世纪的发展，我们拥有一份很好的追踪记录：20世纪确实很动荡，有两次世界大战，美国还经历一次大萧条，等等，但我们从中看到了计算的进程保持了平滑的指数级增长，和两倍的指数级增长。你们会看到大萧条时期有轻微的下降，在第二次世界大战时期有轻微的加速。

从历史上来看，几百年前只有很少数的人参与到了这个进程中。只有少数人推进了科学知识的发展，比如牛顿、达尔文。我们现在依然面对各种很强大的反对力量，但实质上还有更多人把这种智能的力量应用到他们面对的问题上，并且推进了这一进程，它是被我们的技术放大的；没有这些技术，我们习惯做的很多事情就是不可能完成的。罗德尼已经指出了强大的计算机和软件在基因组计划中所扮演的角色。

我们现在看到的这种强烈反对机械化的卢德式社会反应，和反思性的反技术运动等，实际上就是整个进程的一部分。他们并没有放慢这一进程的速度。即使是干细胞研究也仍在继续。有些人认为，干细胞构成了生物技术的全部，但它实际上只是一种方法而已，而且它依然在继续进行。这些社会争议就像是一条河水里的岩石，进展的水流就在它们周围流过。如果你追踪这些领域的发展，并且用数十种不同的方式来衡量的话，你就会看到一条平滑的指数级增长过程。

● **观众：** 在过去数百年或数千年中，是否存在技术的指数级增长？

● **雷·库兹韦尔：** 这很难去追踪，因为那时的技术进展太慢了，但是我确实画了一幅图，我会向大家展示，生物技术和技术的进化在很长时间内的整个步伐，你们会看到，它一直都是一个加速的过程，我确实也将其假设为了一个进化过程的根本性质。关于进展的想法现在已经在人们心中深深地扎根了，尽管还有人不相信它，也有反对技术进步的各种运动。就这一点而言，它就是一个进化过程，而且已经如此深深地扎根了。

▶ **克雷格·文特尔：** 这一点很好，也许它并不会影响对整体的预测，但是它一定会影响我们的现实生活，比如现在有很多人都不再进行干细胞研究了，很多研究已经搁浅了，大量科学家要离开本国才能继续做研究，而且有大量原来要投进来的钱也改向了。

如果我们最终能够理解大脑的连接方式的话，这会是个独立的最重要的领域。如果我们不理解干细胞的工作原理，我们将无法理解单细胞组织之外的复杂生物学。在合成生命领域，我们已经看到了同样的事情，比如，我们创造出了 PhiX174 病毒，并把它的 DNA 植入大肠杆菌里，让它仅靠合成的 DNA 去创造病毒颗粒。那当然会在美国政府里引发巨大的争议，他们会界定我们的研究，并且让我们停止实验，不让我们发表研究数据，因为这或许会引发生化恐怖主义事件。

● **雷·库兹韦尔：** 澄清一下，我强烈支持自由系统，我也反对对干细胞研究的任何限制。罗德尼和我研究的领域没有从业人员的资格认证，你们那些程序开发员也不需要执照去开发软件，也没有产品的资格认证，尽管实际上软件是很有影响力的。我觉得，我们不需要在生物学领域权衡风险，但是大家现在认为美国食品药品管理局应该更加严厉，因为没人想要有危害的药物。另一方面，我们也要权衡一下推迟进展所带来的影响。

如果我们推迟干细胞研究、基因疗法和一些心脏病药物一年，会有多少生命因此而被疾病折磨或致死？人们很少会考虑到一点，因为人们只会想到，如果你支持某一药物，而之后证明这是一个失误，就会招来诸多关注。如果某一进程被推迟，从政治正确性的角度来看，没人关心。我们应该朝着开放系统迈进，所有那些技术都有消极面，总会有风险。生物恐怖主义引人关切，因为它不仅只是利用已经臭名昭著的生物恐怖主义者，还创造出新的生物恐怖主义者。但是我们现在却使得危险加剧：生物恐怖主义者不需要美国食品药物管理局对其创造物进行审查，但是像文特尔这样保护我们的科学家，却被那些管制所妨碍。

◆ **罗德尼·布鲁克斯：** 让我接着文特尔的话再说一些。到现在也还存在由"9·11"事件导致的问题，在招收外国留学生进入我们的大学方面，我们遇到了麻烦，这实际上就放慢了科学研究进程，科学家就被迫远走他乡。在这里的留学生甚至还害怕回国或者去其他国家参加会议，我们无法像以前那样招收到那么多学生，这就产生了切实的影响，放慢了很多研究的进度。

▶ **克雷格·文特尔：** 美国国家科学院已经把移民问题视作最首要的问题，这个问题影响着这个国家未来的科学和医疗的质量。

● **雷·库兹韦尔：** 我想你们应该要知道，在中国和印度，这些进程并没有被放慢。我有一些图表显示，美国的工程师的水平正在下降，而中国工程师的水平正在上升。中国每年有 30 万名工程师毕业，而美国只有 5 万名。

◉ **观众：** 你认为即将到来的未来会发生什么？

● **雷·库兹韦尔：** 有很多事情都是不可预测的。而那些代表信息技术能力的特质，是可以预测的。这是一个混沌的过程，但是技术，当然包括信息技术，在"二战"之后进展得很顺利，尽管事实上那时的境况相当有破坏性。我们还不知道其在未来会带来什么。

这些技术并不一定是有益的。这间屋子里的每一个人都试图用技术的力量，去促进人类的价值提升、攻克疾病，等等，但是人们也可以利用技术带来巨大的破坏力。我们不知道那些技术将被怎样利用。我们可以讨论怎么去最好地支持创新项目，促进人类的知识，减少人类的痛苦，即使信息技术的一些特征是可以预测的，但是未来并不是定局。

◉ **观众：** 生物系统的一个重要特征是其极大的可塑性。我好奇的是，从最引人注目的生物系统的工程学案例里，你看到它具有可塑性了吗？我们只观察到动态适应性之类的东西，也就是神经网络。实际上严肃的计算把我们带向了计算机科学。你在哪看到了这一进程？

雷·库兹韦尔：我们尚处于一个大趋势的早期阶段，也就是去应用生物学所启发的模型。随着我们学习到更准确的生物工作原理，我们将拥有更强大的范式。但是有大量自愈系统就是适应性的，三维分子电子学在过去 5 年里有了很多进展，但也还处于成形期，不过那些电路最终会具有自组织、自愈和自我纠正的特征，这样一来如果你有了数以万亿的元件，你就不会因为一个错位的电线或一次保险丝熔断就摧毁整个三维机制了。

现在市面上那些比较单一的电路，甚至都因为含有很多元件而开始并入自愈机制类别，从而可以调节其中无法正常运作的区域的信息路线。因特网本身也是这样，而且随着我们有了万维网这个概念后，它的自组织能力也会越来越强。现在所有这些小的设备都装入了因特网，但它们不是因特网上的节点。

但是我们正在朝将每个设备都变成因特网节点的方向上迈进。所以，在将来除了当我坐在这里时，我能够收发信息，这部手机也可以传递和转发其他人的信息。我会成为因特网上的一个节点，而我的手机也会试着成为一个节点，因为我也能利用这一网络能力。我们正在迈向一个更加自组织、自愈的范式。IBM 有一个庞大的项目，就是去研发管理网络的自愈软件。还有很多类似的例子。

克雷格·文特尔：这是一个重点。作为创造人造生命的一部分，我们现在不得不给生命下一个定义，而我们在所有研究过的基因组里发现了一个关键元件，是一个叫作 REC–A 的基因，它参与了 DNA 修复过程。修复 DNA 功能是生命最根本的组成部分之一，但是在我们确定的每一个物种里，一个更加根本的组成部分就是持续进化的内置机制。即使在单细胞最简单的基因集里，我们也看到了可塑性，这实际上就是我们建造一个细胞的原因，因为我们无法从经验上确定是什么基因掩盖了其他基因的功能，但是我们研究过的每一个基因组都在 DNA 里内置了一些最明显的简单事物。

还有流感嗜血杆菌，在座的每一个人的气道里，都有不同的流感嗜血杆菌，因为它在实时持续地进行达尔文式的进化。所有这些基因联合着细胞表面蛋白和脂蛋白，都面对着这些四聚体的重复过程，也就是四基的重复。每经过一万次左右的复制，之前的物质就从中滑过，也就是所谓的滑链错配，它改变了读取框架，基因就顺流而下，基本上它们就是被敲打出来的。

只要通过随机地敲除基因，流感嗜血杆菌就会一直改变细胞表面的东西，这就是为什么我们的免疫系统跟不上这一进程的原因。它始终都战胜着我们的免疫系统，而我们自身拥有数百万的组织在实时适应着这些变化。就生物系统能做的和实际做的事情而言，我们甚至还谈不上开始接近这一复杂性。

观众： 合成基因又是怎样的呢？

克雷格·文特尔： 这是我们正在面临的一个议题：我们是否能拥有合成基因组。我们之前谈论过流感病毒，你从一个动物身上提取两个流感病毒，它们可以重新组合成各种新的分子，所以上一次爆发的大范围流行的病毒，导致了 7 500 万人面临死亡的威胁。新出现的流行病和故意制造的病原体二者之间存在一个小差别，就影响而言，流行病直接影响人类。我们需要对抗它们的防御系统。我以前就论述过，去开发新抗病毒药物、新抗生素或治疗大范围传染病的新方法，绝不是在浪费政府的财力，不管是否会出现生物恐怖主义事件。

我们已经发展出来的新技术，可以在两周内合成一个病毒，这确实有可能被某个人用来制造伤害。围绕这一点的一些论据就是，如果真要做什么伤害性的行为，比起合成技术，利用任何致命的生物都要简单得多。对抗天花和炭疽的所有努力，主要都是国家支持的项目，主要是美国和苏联。

现在这也不是简单的进程。未来十年，你就可能成为第一个在车库里创造出你自己的，但是我们还离实现这一目标很远，我们其实已经创造出成千上万的人造生命了，在这些方面也会增加获得新方法的机会。在工程这方面，很容易就能内置一些机制，让它们不可以自我进化，这样的话，一离开实验室，它们就无法存活。利用我们开发的同样的技术，对于我们的团队而言，一两个月内在 DNA 序列的基础上建造一个天花病毒并不难。

雷·库兹韦尔： 有一些特征影响着一个新病毒的危险性；很明显，它很容易致命，它也很容易传播。但也许最重要的是其隐蔽性。SARS 病毒相当容易传播，也相当致命，但它并没那么隐蔽，因为其潜伏期很短。自然中出现的新病毒，并不具有让人感到棘手的特征，如果一个人具有病理学思维的话，他就可以试图在整个谱系中最极端的端点处设计出一些东西。

我最近曾在国会证明了，我们极大地加速了那些防御性技术的发展。确实，要创造出生物工程病毒并不容易，但是制造出这样的病原体的工具的知识和技巧传播得很广泛，比制造一颗原子弹的工具和知识传播得更加广泛，这有可能更加危险。我们相当于正在接近一些令人激动的、用途广泛的抗病毒技术。比方说，我们可以利用 RNA 干预和其他新兴技术来提供有效的防御系统。这是一场竞赛：我们想要确保，当我们需要的时候，我们拥有有效的防御系统。不幸的是，在政治这方面并没有激励我们去这样做，除非发生了一些意外事件。但有望的是，在防御系统被需要之前，我们可以主动吸引资金。

🕐 2005 年 2 月 23 日

想观看本文作者之一雷·库兹韦尔的 TED 演讲视频吗？
扫码下载"湛庐阅读"APP，"扫一扫"本书封底条形码，
彩蛋、书单、更多惊喜等着您！

本文作者雷·库兹韦尔所著的《人工智能的未来》是一部洞悉未来思维模式、全面解析"人工智能"创建原理的颠覆力作。将对我们生活的方方面面、各行各业，以及我们有关未来的设想产生巨大的影响。已由湛庐文化策划，浙江人民出版社出版。

The underlying goal of **synthetic biology** is to make biology easy to engineer. It means that when I want to build some new biotechnology, I don't want that project to be a research project. I want it to be **an engineering project.**

合成生命的根本目标是使得生物学便于工程化。这意味着，当我想要建造一些新的生物技术时，我不希望这个项目变成了一个研究项目。我希望它是一个工程学项目。

——《生物工程》

14

ENGINEERING BIOLOGY
生物工程

Drew Endy
德鲁·恩迪
斯坦福大学生物工程教授。
国际基因工程机器设计大赛（iGEM）联合组织者。

德鲁·恩迪： 如何才能让生物工程变得简单呢？回溯几百年前，人们从那时起就想象着可以设计、建造或创造生命，但是没人付诸行动。在 20 世纪 70 年代技术快速发展，人类创造出大量技术，比如 DNA 重组技术，它可以裁剪和粘贴基因物质的碎片；聚合酶链反应，它在 70 年代就被创造出来了，但直到 80 年代人们才把它弄清楚；还有弗雷德里克·桑格（Frederick Sanger）在 1977 年开创的自动测序法。

现在，在生物技术初见成效的 30 年后，我们只实现了早期前景中的一项。早期承诺的前景是：第一，通过重组有机体创造疗法，生产像胰岛素这样的药物，这一点已经实现了；第二，通过修补我们的 DNA 去修复基因缺陷，这一点尚未实现；第三，开发出可以修复氮原子的农作物，这样农作物将不用再依赖于复合肥料，这一点也没有实现。这三项伟大的早期前景，伴随着基因工程的开创而展开，我们已经实现了其中一项。

尽管如此，生物技术依然存在着。它对于我们的健康、经济和人类境况有着广泛而巨大的正面贡献。所以，问题在于，我们能否完全实现生物技术的早期承诺？或者说，忘掉之前这个问题：我们怎么才能使得生物学更简单地工程化？这样的话，任何我们想要从生命世界中生产的事物都是可以实现的。

想象一下，你现在 15 岁或 17 岁或只有 8 岁。你是一个有抱负的少年，你像大一新生一样选择专业。在以前你可能会选择生物学、电子工程、计算机科学等作为专业，但现在你可以选择生物工程专业了！你期待学到什么呢？你对学校和教授有什么期待呢？你希望他们能够教给你什么呢？

你看看你那些学习电子工程的朋友们，他们能学习怎样设计和构造计算机，或者编写计算机程序，除了那些已被发现和创造出来的性质之外，他们没有创造出任何新的东西。但是，他们还是如期望的那样表现自己。然后你再看看生物工程，你可能会说："是的，我想要设计和构造生命体，或者给 DNA 编程去执行所期待的基因程序。"但是并没人教你怎样去做。

生物技术历经 30 年的发展，尽管有着那些成功之处，也备受瞩目与夸大，但在生命世界的工程学上，我们依然无能为力。我们做的研究并不肤浅，所以，对我而言，一个大问题是，怎样让生物学更简单地工程化？拿电子学来说，在"二战"期间及之后，人们就利用电子学发明了计算机。冯·诺伊曼在普林斯顿高等研究院建造出了一台漂亮的机器，这台机器的官方目的是，设计氢弹和计算军事设备的轨道。当然，他显然想在上面运行人工生命程序，因为他对这更感兴趣。那是在 1950 年，就在这台机器出现 25 年之后，个人电脑 Apple I 诞生了。

我们能否将生物技术发展成不是一门独家专断的技术，更不是一门需要专家才能操作的技术？我们是否能够创造出多元件整合系统？我们是否能够将生物工程不同类型的工作分开，这样某个人就可以成为设计专家，也有人能成为建造专家，就像我们已有的建筑设计专家和建筑师一样？

一个与上述同等重要的问题是，这种成功的结果是什么？如果你环顾四周，这间屋子里的所有东西都是一个合成的或工程的人造物，甚至为了创造出适宜的温度和湿度，我们呼吸的空气也已被工程化。所有活体中唯一没被工程化的，就是我们自身。在一定规模上这样做的后果是什么呢？生物技术才30岁，它还很年轻，后续还会有很多工作，但是我们要怎么做呢？我们应该不再只是说说而已，而是去实践，真正利用生物技术来改变我们的生活；我们要意识到，生物安全框架并不一定是由民族或国家所主导的工作；我们要意识到生物技术的所有权、分享和创新框架已经超越了以专利为基础的知识产权；还要认识到定义了基因物质的信息比起事物本身更加重要，这样你就从专利权转向了著作权；诸如此类。

所以，缩小范围来说，怎样让生物学更简单地工程化呢？我们怎样做，才能导向有建设性的技术文化呢？也就是就它所带来的后果而言，正面价值是占主导性的吗？

当技术支持的生物工程足以让人像史蒂芬·施德明（Stefan Sagmeister）这样的图表设计师坐下来，并设计出他感兴趣或觉得美好的生命形式时，将会发生什么？我们又会怎样从我们的现状中受益呢？现在我们基本上不过是在庆祝一堆噱头罢了，我们只完成了生物技术初始承诺的1/3而已，还有很多其他我们想象的很奇幻的事物还没有实现，因为在目前看来它们还是太复杂。我们怎样才能将我们设计出来的美丽生命体变成真的呢？

还有解决能量需求的问题。很多人从生物技术的应用端进行投资，这很好。还有很多紧迫的人类需求问题：食品、人类和动物的各种能量、汽车和飞机的液体燃料，你还需要健康保障和医疗，还有环境问题、建筑材料，等等。生物技术令人感兴趣的地方在于，各种应用都令人难以置信地紧迫。

让我们把时间的指针拨回到30年前，那时我们对工具的投资还不足。比如说，你组织了一个团队，试图弄清楚怎样在细菌里制造胰岛素，或者说怎样从细菌或酵母中制出治疗疟疾的青蒿素酸。这时有人说："你们为什么不忽略一小部分基础建设工程，再拿出5%的预算，用于能够尽快生产的产品上呢？这样你再做这样的项目就不用花费4千万美元了。而且你下次再做这样的项目时，就会简单得多了。"这种建议的依据在于：如果我们推迟交出产品一天，我们就失去竞争力，或者说，会另有1万人丧命，等等。在一个短时间的范围上，不可能去反驳这样的状况，对吧？

但是如果你放长远来看，不对支撑生物工程的基础投资，生物工程之路就会走得很艰难。我们不得不弄清楚该如何解决那个问题。当你想想能量的问题，这就很重要了。我该怎么看待生物的能量生产呢？这确实是个很糟糕的问题，对吧？我们不想去燃烧过时的燃料。这就像是重要的不可错过的工作一样。当我拿到博士学位时，实验室里接下来要开采的就是纤维素乙醇。如果石油价格上升两倍，纤维素乙醇就会有成本优势。那时是1994年。

我希望生物燃料获胜。但是，当冯·诺伊曼建造早期的计算机被用来计算军用设备的轨道时，他掉入了一个陷阱。事实证明，计算机的功用远远超出了我们的想象，它不仅只可以用于军事应用和记录数据库。但在那时除了少数人之外，没人意识到计算机其他可能的应用。因此，对于现在就去追求任何一个特定的生物技术应用，我都不敢兴趣，因为我想要所有那些应用都能实现，而且是在我的有生之年实现。对此我目标明确，我也很自私。有足够多的人将致力于此，因为这个问题每个人都能理解，而且你也将能为此募集到资源，去进行这一工作。还有一个互补的问题，也是一个本质的问题，就是使生物技术对于所有人都很简单！

合成生命的根本目标是使得生物学便于工程化。这意味着，当我想要建造一些新的生物技术时，不管是用来创造我能吃的食物，还是给交通工具使用的生物燃料，或者我想要治疗某些疾病的药物，我不希望这个项目变成了一个研究项目。我希望它是一个工程学项目。在生物科学里，与你们交谈的人都是科学家，他们不是工程师，我并不是在用傲慢的态度说这件事，而是作为旁观者来说的，其中的问题在于，如果你作为工程师来观察生物技术，你需要做什么来让它便于运转？那就是合成生物学的主旨。

我们可以谈谈在历史上工程师的例子，当他们遇到这类问题时是怎么做的。1860 年在美洲，机械工建造了各种东西，比如蒸汽机。机器中所有的螺母和螺栓都是由专门生产的特殊商店才有的。这就是说，如果你在新泽西州的纽瓦克市购买了一台机器，而它在芝加哥市出故障了，你必须把它运回那个专门的商店，那里的机器都有专门设计的工具，这样才能给你修复好机器。

1864 年的 4 月，有人站出来说："我受够了！"费城富兰克林研究院的威廉·塞勒斯（William Sellers）发表了一篇关于具体部件的体系的论文。他提出了"塞勒斯螺纹标准"，把螺纹顶端设计成 60 度的角，这比英国人提出的 55 度角的"惠氏标准"更容易生产。结果就是，最终美国的每一个机器商店都重新设计了螺纹、螺母和螺栓，以符合"塞勒斯螺纹标准"。对今天的影响就是，当我走近一个硬件商店去买螺母和螺栓时，只要不是使用英制或米制的东西，我就能把这两个东西组装好。

这个例子就是工程师所谓的可依赖的物理组成：拿出两个东西，并能把它们组装好。还有就是，当你把螺母和螺栓组装在一起时，螺母会保持固定，不会跑出来。这个组件就具备了一些可利用的功能，但它并没有一些涌现性质。这就是可依赖的功能组合，也就是当你把两个东西组合起来的时候，它们的功能正是你所期望的。而这个标准却被我当作整个生活中理所当然的规则。即使我拥有三个工程学位，我也是直到几年前才知道这一点的，当时麻省理工学院的汤姆·奈特（Tom Knight）向我指出，如果我们拥有标准的生物元件，并可以如我们所愿地组合起来，那就很棒了。

乔治·丘奇一直在强调这一点，但这并非他的专业，他是个遗传学家，他在对自然的生物复杂性进行反向工程。那是一件伟大的事。就像工程师厌恶复杂性一样，我也厌恶涌现性，我喜欢简洁性。我不希望我明天坐的飞机在它飞行的时候具有涌现性，如果你关注遗传科学的话，你会发现它正在研究加密 DNA 的重要信息，其包含了一项最重要的技术。在 DNA 测序出现之前，人们一直在寻找变异，并在此过程中，找到它们和 DNA 特定区域的映射关系。那时人们利用的就是基于简单的逻辑学发展而来的数学。之后，许多伟人们都朝着实现 DNA 测序技术前进，这一技术使得我们现在可以读取 DNA，而这项技术还在不断优化。

在我们的讨论中不能忽视 DNA 测序的进步所带来的影响，这很重要。在1990 年，除了给一些细菌病毒测序之外，没人在其他地方使用这一技术。在1995 年的第一个细菌基因组里，研究人员对流感嗜血杆菌进行了测序。2001年，我们就有了人类基因组的草图。在 20 世纪 90 年代，我们在测序 DNA 时说："我们只会对人类的 DNA 测序"，到现在，仅仅 7 年之后，个人基因组项目就在网上出现了，我们是怎么实现这一转变的呢？这并非因为乔治·丘奇、文特尔、埃里克·兰德（Eric Lander）和弗兰西斯·柯林斯在克林顿当政时期变得更聪明了。而是因为，DNA 测序技术变得自动化了，足以支持人们去这样做了。

根本的技术进步带来的影响值得铭记，而且一旦成功之后，你就可以忽略一些东西了，就像我希望能够忽略螺母、螺栓、螺纹标准一样。遗传学的变革是对测序技术的回应，利用基因测序技术你可以读取 DNA，但我们并不能理解它的含义。现在的数学本质就是模式识别，它可以帮助我们观察很多DNA 序列，还可以帮助我们试图找出也许具有重要功能的共同模式。合成技术也将在互联网上出现。

你可以说，2008 年就是我们的 1995 年。因为正是这一年，细菌基因组被合成了。在这之前，叶绿体基因组、线粒体基因组都已经被构造出来了。实际上，几年前日本的一个项目从现存的 DNA 碎片中，创造出了 1 000 万个DNA 基因碎片，这比当时获得广泛注意的任何事情都要重要得多。

所以，如果遗传学变成了一个新的工具集出现在互联网上，让我们可以建造任何 DNA 分子，你就能创造变革，并看看那将会产生什么影响，那它将不被称为遗传学，而是被称作反向遗传学，其背后的数学基础也会是摄动设计。你想要创造什么样的变革？你选择怎样去做？最初，在前测序时代里，遗传学是基于逻辑学的，而在后测序时代里，又变成以模式识别为基础的了。接下来，在后合成遗传学时代，你就可以"创造任何你想要的"。摄动设计成为了它的数学基础。整个领域都将发生变革。

当测序技术发展起来的时候，抛开其他不谈，科学共同体对其所带来的挑战作出了糟糕的预测，也可以说是一种挑战："所有这些 DNA 测序的信息到底是什么东西？模式识别问题到底有多大？"像生物信息这样的科学领域纯粹只是反应式的，因为拙于对技术进步提前做好计划以应对，我们在合成生物学上，同样如此。

比如说，你怎样操作进入 DNA 合成体的信息，才能让你建造出一些有益于你的遗传事物？这是一个反向的生物信息问题。乔治·丘奇和文特尔对此有诸多贡献，但这个问题依然还很棘手。它会是合成生物学的一部分，但它会是影响整个科学的合成生物学，对于合成生物学而言，这是最糟糕的情况。实际上我们不能创造出任何人们想要的有益的人造物，但至少，我们将会修正我们的失败，也会优先考虑我们对生物学的误解，这也比美国国家卫生研究院的研究重点好得多。

其他还会发生什么？我曾受邀在 C3 黑客交流大会中（Chaos Communication Congress）发表演讲，那是欧洲最大的黑客会议，大约有 4 000 人参加。那些人喜欢创造，喜欢理解事物的运作原理。而且他们对学习怎样给 DNA 编程及其原理很感兴趣。这使得生物学更便于工程化，不管你是否标准化元件，或者是否弄清楚怎么开发出更高阶的编程语言，使元件标准化，实际上这会带来一个结果就是，其他那些持有异议的人也有机会去接触这一技术。

想象一下，在 1950—1975 年，当你从冯·诺伊曼的机器穿越到 Apple I 个人电脑时，这一转变的一个关键部分在于，大众如此痴迷于计算，他们厌倦了中心化的计算资源，他们想要建造自己的计算机，也就是个人电脑。结果就是，现在我们有了一个世界范围的民众社区，他们乐于建造电子设备和编写软件，既有学龄儿童、大企业、小公司，也有政府人员，不一而足，都围绕着这一技术的多样化生态。

给 DNA 编程这个事更酷，更吸引人，而且比硅的力量更强大。那相当于你拥有一台活的繁殖机器，而且它还是属于纳米技术范畴的。但这可不是什么德雷克斯勒式的幻想，因为我们已经开始实施了。这其实是很便宜的技术。你不需要像做硅片那样需要一个私人实验室，你只要在有一点营养物的糖水里培育一些东西就行了。我预计在未来会有一股极大的压力出现，而现在它才刚展露出来，并正围绕在非比寻常的限制性入口处，生物技术必须迈过这道坎才能有进展。

拿弗里曼·戴森写的一些东西来说吧。他想象，未来的基因工程师会赢得费城花展、圣迭戈爬行动物秀的举办权，等等。但要如何实现呢？而且，当你朝着这个方向前进时，你就会发现，已经有很多人也在想这么做了。但是促进这一技术的人们倾向于获得专属所有权、限制别人使用，并把自己当作上帝一般的造物者。与之相反的论调是："我们都在建造新事物，我们需要你的帮助，我们今天所做的任何事情，比起即将到来的事情都要显得苍白，所以，让我们一起去弄清楚怎样团结起来工作吧。"

另一个例子是：在 2003 年，我和一些同事在麻省理工学院的合成生物学实验室教授一门课程，我们有 16 名学生。在过去的 4 年里，这门课程的学生每年都在扩张，现在全球三四十个国家里大约有 60 所独立院校设立了这门课。这门课叫作"国际基因工程机器大赛"（iGEM）。在德国有年轻人组建的团队愉快地在给 DNA 编程；在澳大利亚、俄罗斯、日本和中国同样如此。今年是来自北京大学的团队获胜，大约有六七百名学生参与。

① 指美国工程师金·埃里克·德雷克斯勒（K.Eric Drexler），他是分子纳米技术的鼓吹者。他曾被多位小说家写入作品里。——译者注

生物工程

273

也许有人会问："你怎样认识到其中的潜力，为之服务，并让更多的人参与进来的呢？"因为这样做的回报远远高于单个团队的项目。比如说，来自墨尔本的团队展示了，他们发现的包含 6 000 个碱基对的 DNA 碎片，虽然在某种程度上存在重叠的部分，实际上我不知道这是如何运作的；有些团队制作出了蛋白质，而且蛋白质还能自我组装进一个 50 纳米的充满气体的球体里。这个蛋白质壳在某种程度上是不透气的，那些小小的蛋白质气球在细胞质里启动了，你可以控制其中的气球数量，来使细胞漂浮、下沉或不动。

我之前完全不知道这一生物原理，但他们展示出来了，还做成了标准的生物元件，使得我们现在可以把它和我们至今搜集的另外 2 000 碱基对联合起来，这都是我们自由搜集的。2001 年我们在全世界免费发放了 10 万个元件，而且我们收集到的碱基对数量每年也在翻倍。

如果你能让生物学更简单地工程化，让它便于使用，大家就会学习它。你可以在计算机程序大会上发表演说，这与到处宣称你创造出生命不同；这也不同于到处提取专利应用宣称自己创造了合成基因组的想法；这更不同于在曾经的"美国进攻生物武器"项目的遗址上，花费 400 亿美元在一个保密的生物战防护设施上。

这种偏离轨道的现象并不是一蹴而就的，它也只是限于某种视角而导致的。我的意思是说，上一代从事生物技术的人是科学家，而现在则是工程师。我们将创造出新的生物技术世界，我认为，我们会从上一代人那里接受生物安全的教训，但涉及的其他教训还不甚明了。生物安全框架终会崩塌。基于专利的信息技术框架将不会扩张，人们是否扮演上帝的问题并不是肤浅的，也不是令人尴尬的简单，简单到在谈论中没有用处。

更严峻的境况是，那些人类实践的问题，并不是在一场持续 6 个月的争议中就能得到解决的。这不像是 20 世纪 70 年代剑桥和麻省理工学院所发生的事情，当时 DNA 重组工作搁浅了一部分，之后又恢复了。各种技术在发展，也被迅速颠覆，但要改善生物工程还有很多工作要做。我们需要进行的对话，需要在数十年里以建设性的方式持续下去。

开源就是一个议题。如果你试图创造出一门为 DNA 编程的语言，并且想把它作为专利据为己有的话，那就显得愚蠢了。如果牛津大学在几百年前支持将英语当作一门专利，那么他们编写的词典就没这么有用了。如果我们想要利用标准化的基因对象制作一个核心收录集，从而可以定义不同语言的家族，人们也可以用来给 DNA 编程的话，那就必须要做成公共资源才行。

那将是一个巨大的转型。今天的生物技术从商业模式中获得投资，而那些商业模式限制了生物功能在更广泛的范围中的应用，所以那些生物功能只能解决一小点儿问题。比如说，在怎样工程化蛋白质去连接 DNA 的问题上，有些厉害的公司封闭了大多数相关的知识产权。他们能够出售的产品也意义不大，只对极少数疾病有效。

但是与工程化蛋白质去连接 DNA 相连的真正价值在于，人们可以利用那些蛋白质去开发不计其数的应用。这就像是一门编程语言，如果你专有"if/then（如果／那么）"这一表达式的使用权，那就会是下游庞大的经济成本。我们需要把资源连接起来，并重复利用这些东西。注意，伴随着技术变革的浪潮，生物技术的所有权会被淘汰，随着自动化构造 DNA 的技术日臻完善，你将不再关心你所拥有的某个专属的东西，而会更关心计算机数据库里的信息，以及计算机设计的工具，让你可以组织那些信息，将它们编辑到一个DNA 序列上，然后打印出来。只要你开始处理信息，各种各样新的所有权、分享、创新方案都会成为可能。

我们在 30 年后会是怎样的呢？ 1995 年，我们实现了对流感嗜血杆菌测序；2001 年，我们得到了人类基因组草图；2007 年，我们实现了将多个染色体组装起来，做成细菌病毒或细胞器；到 2012 年，真核生物染色体的设计应该会完成。同样，在 5 年之后，在构造可依赖的标准生物元件的功能组合方面，我们可能刚开始取得一些进展。没人知道，要解决这一问题需要多大代价，但是由于生物学的可靠性，有大量现存的证据证明，我们是可以实现的。如果一定要我做出预测的话，我会说，从今之后的 10 ~ 15 年间，我们将拥有数以万计的基因对象，来支持我们构建出可依赖的功能组合。

让我们换一个说法：我估计，给地球上明年将出生的每一个人合成DNA的成本是100万亿美元。相当于整个世界经济的20%。每过12～18个月，这个数字就会减少二分之一。在什么样的时间尺度上看，才值得去考虑我们能否承担给每一个即将出世的人，构建新的人类基因组呢？我认为，技术将会很好地支持这一目标，在我们有能力去交流这一技术的后果之前就实现了。就所需的技术而言，这不是一件50年才能完成的事，也不是30年才能完成的事，甚至也不需要20年。

我喜欢构造东西，而生物学是我们创造事物，比如树木、人、计算设备、食物、化学物质等的最好技术。我在一定程度上找到了自己的生物学路径，我还有着优化生物工程的抱负，这其中存在的一个问题就是，怎样使其变成现实？所有生命系统都是我们从进化遗传中获得的。

我很幸运，在20世纪90年代早期遇到了一位工程师约翰·尹（John Yin），他现在在美国威斯康星州，他当时对DNA有一些了解。那时他刚与德国的曼弗雷德·艾根合作回来，正在研究病毒进化，他当时在达特茅斯学院，我也在那读博士，我在那拥有一段有趣的经历，我去做了一名工程师，试图开发出计算机模型，来帮助生物学家理解他们改变的自然基因系统的构造。我从我的工作中获得了一些猜想，我试图让一些生物学家给我做实验，但这并未成功。在事后我才意识到，因为任何优秀的生物学家要做的实验，都够他们用几辈子才能完成。他们不会再有多余的时间去做你的实验，所以你需要进实验室自己动手。

所以我就去了得克萨斯州的奥斯丁。在得州大学，我和伊恩·莫利诺（Ian Molineux）一起工作，他在麻省理工学院完成了早期的聚合酶链反应的研究。他运营着这个国家仅存的几个细菌病毒实验室之一，他教导我怎么去标记和克隆DNA，教我怎么去做我的实验。我之后在威斯康星的麦迪逊待了一个夏天，之后又去了伯克利，我最后在那里与杰尼·布伦纳（Sydney Brenner）和罗杰·布伦特（Roger Brent）合作，他们都是优秀的生物学家，在一个独立的非营利机构做研究。我们的任务就是去发展新一代的生物学，不管有什么意义。我在那里的部分工作包括检查我在得克萨斯的成果，我注意到，我利用计算机模型作出的那些预测，就是当我们去改变自然生物系统的预测时，最后被证明是错误的，特别是那些有趣的预测。我想要它有某种行为，但当我去做出改变时，就会发生恰恰相反的事情。在这一情境下，工程师们就会进行所谓的失败分析。所以，我做出了一些预测：如果我改变了这一病毒的构造，它就会生长得更快。"但当我真的在实验室改变了病毒的结构之后，真实结果却是它生长得更慢了。因为我的模型工具不够好，不能支持决定性变化，从而导致了与预期不同的结果。

这是一个足够痛苦的过程，但也让我有很多时间去思考失败的原因。在伯克利时，我得到的结论就是，进化不是为了我们能理解的自然生物系统的设计而进行选择的。我们从生物界中遗传获得的东西，并不是被挑选出来便于我们理解的，更别说便于我们去操控了。这不是进化的目标函数的一部分。

如果我想要给生物系统建模，并当环境或我改变它们时去预测它们的行为，我应该自己去构造生物系统。对我而言，那就是转向现在所谓的合成生物学。我开始在 20 世纪 90 年代宣传这一观念。唯一理智地回复我的人就是汤姆·奈特。汤姆在 5 年前自学生物学，而现在，他不仅是我遇到的最优秀的工程师之一，也是我遇到的最优秀的微观生物学家之一。汤姆是从他自身的视角对这个问题感兴趣的，他主要是在构建计算机。我们并不是要把生物学当成计算机来用，而是用来构建计算机，因为我们将需要把原子精准地放置在我们所要的位置上。随着半导体设备越来越小，你不能依靠设备里有杂质的原子的随机分布。抛开统计学，你必须弄明白怎么去精准地放置几个有杂质的原子。

这样就又被带去了麻省理工学院，那是在 2002 年 2 月。我和汤姆一起去做生物工程，这样就有了对更大的问题进行回应的机会。我们想建立一个新部门，进行一场生物工程的新冒险。在麻省理工学院，这样的事情不是第一次了。当时麻省理工学院校长卡尔·康普顿（Karl Compton）在 1939 年写了一份文件，标题就是"生物工程课程的诞生"。他在文件中描述了完成这一充满野心和令人敬畏的 5 年制专业，你能获得一个双学位，生物物理学和生物工程学。

莫明其妙地，这一早期的努力就化为泡影了。我还没有完成我的失败分析，我不知道是否是因为"二战"和研究兴趣的转向等原因，但有意思的是，正是在 1939 年，洛克菲洛基金会投资了生物科学，他认为要理解生命世界，那么相关的物理层面的分解正在于原子和分子。从而就变成了分子生物学。所以生物工程本可以同时开展，但事实上并没有。这样的话，我要怎么做呢？

我从麻省理工学院辞职了，在第二年夏天我将搬去斯坦福大学。那里会支持生物工程所需的基础研究。在旧金山湾区有庞大的工程师社区，有电子工程和软件工程，还有很多人拥有最相关的技能。如果你预期生物工程会遇到挑战，那么主要的挑战就是怎么去控制复杂性，也就是说，怎么在一个整合了多元件的系统里创造出简洁性，怎样去开发支持进化程序的理论。

有一种思考这一问题的方式，就是直接对应通信理论，你想象一下有一个发送者，一个接受者，还有通过一个信道传递的一条信息。在进化中，你拥有一个亲代，也就是发送者，有传递者，你也有后代，也就是接受者。被传递的信息就是有机体的设计，信号放大的信道就是这一机器繁殖的过程。所以，无论如何，与未来的生物工程最相关的劳动力和知识基础，现在就在旧金山半岛。

在 2000 年当我们在麻省理工学院组织了第一届合成生物学大会时，我们预计会有 150 人到场。在发出通告 6 周之后，就有 500 人想参加。现在又过了 4 年。第四届大会将在香港科技大学举行，我想在未来 20 年，那里的生物学发展会超越世界上很多地方。那所大学就位于香港九龙清水湾。

对我而言，有趣的是了解了一个事实，要大众去欣赏一项迅速发展的技术的内涵是多么困难。事实上，从开始测序到人类基因组计划，中间只隔了 10 年。同样的事情也会发生在基因组的构造上。标准化的元件每年都在成倍增长。对生物工程感兴趣的青少年同样也会越来越多。这一技术正在以建设性和负责的方式以指数级爆炸，而你也在冲浪前行，在这样的世界里，你要怎么生活？只有极少数人明白这一点。

🕐 2008 年 2 月 17 日

生
物
工
程

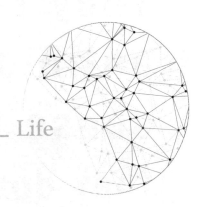

Life

We will produce
a pipeline of
antibiotic-type drugs.
They're not really
antibiotics, in the
sense that
they don't kill bacteria;
they urge your immune
system to do it.
They say, "Eat me!"

我们将生产出抗生素型的药物。从它们不会杀死细菌的意义来说，它们不是真正的抗生素。它们只是渴求你的免疫系统去消灭自己，它们会说："吃了我！"

——《在我吃了你之前吃了我》

15

EAT ME BEFORE I EAT YOU: A NEW FOE FOR BAD BUGS

在我吃了你之前吃了我

Kary Mullis
凯利·穆利斯
1993 年诺贝尔化学奖得主，曾创造出聚合酶链反应。

凯利·穆利斯： 我们正在研究一种操纵现存免疫系统的方式，这样它就能去抵抗尚未对其有免疫力的病毒。多年以来，我们一直在利用抗生素控制细菌，但是细菌也一直在进化。我们从未擅长控制病毒，除非我们提前通过接种疫苗来做足准备。不管是用抗生素还是接种疫苗，这两种治疗方法都是得在你感染了病毒以后我们才能采取的措施，才能够起作用。这听起来太理想，而不像是真的。抗生素就这样被称为"奇迹之药"。

为了便于大家理解我们正在做的事情，我来解释一下免疫系统是怎样工作的。大多数人都知道我们拥有免疫系统，但不知道它是怎样在分子和细胞层面运作的。免疫系统是由很多种不同的细胞所组成的集合体，每一种都有其自身的目的。和你大脑里的免疫细胞一样多，它们大多分布于你身体里各个特殊区域。免疫系统下面是由很多饥饿的细胞组成的集合，它们会按照整个系统的指令去摧毁和吞噬一些被系统视作"异类"的东西。这个系统的其他部分承担的职能，是防止那些饥饿细胞去吞噬你身体里任何其他正常运作的细胞。免疫系统中的新细胞永远在诞生，它们诞生后立马就要接受测试，检验它们是否有能力去创造抗体，并把它们自身附着到那些"异类"上面。由此说来，抗体才是分子创造者。

糟糕的是，如果它们创造出的抗体附着到"同类"上面，那么免疫细胞就会被杀死并被吞噬。我们并没多少免疫细胞可以去浪费。免疫细胞一直在进行着这种聪明的选择过程。就在一个免疫细胞诞生之后，它的 DNA 里一个特别的部分就会立刻游离出来。这种游离主要是由一种酶完成的，这种酶是从一种反转录病毒中挑选出来的，这种反转录病毒的生命形态是在 6 000 万到 8 000 万年前就出现过的，它也许有点黏糊糊的，还可能有牙齿，在漫长的进化过程中，它做梦都想变成我们身体中的一部分，进入我们胚质的基因组里。通过这种方式，我们有一半基因组就利用了从各种病毒里挑选出来的基因。这很令人震惊，也有点耸人听闻。DNA 游离的一个结果就是，每一个新的免疫细胞在遗传上，都是在一个区域里独特加密的，从而生产出一种特殊的蛋白质结构，这种结构前所未有，也有希望能与当时还未知的一些结构结合起来。

如果它创造出一种蛋白质，可以与你身体里目前任何东西相结合，那么，这所谓的"任何东西"最有可能就是"你"自己，所以为了防止这种情况发生，这个细胞就被杀死了。但如果这一蛋白质是指现在所谓的"B 细胞受体"，它不能与现在周围的所有东西紧密结合，那么这个细胞就会被允许存活下来。那些新生的免疫细胞在你的体内保护着你，观察着各种组织，确保你体内没有什么有危害性的蛋白质。

这之后，它就放任不管了，或者在一个淋巴结那里聚集。如果一些陌生的东西出现在你体内，而且与一些东西结合，但免疫细胞还不采取行动的话，一个合理的假设就是，那些东西不是"你"。如果那些陌生的东西的数量在

在我吃了你之前吃了我

增长，这可能会是一个威胁，免疫细胞就会觉察到，从而马上会出现免疫反应。当一个细胞能够创造出一个类似 B 细胞受体的抗体时，除非抗体能够被定量排泄出去，否则系统就会开始指导这个细胞尽可能快地分裂自身，免疫细胞的子细胞就会开始排出抗体。附着到侵入物上的抗体也是在发出邀请，让所有专门的免疫细胞以各自的方式去应对侵入物。一般来说，新进入的外来物只要几周时间就会消失。

科学家们花了很长时间才理解，我们是怎么从一个有限的基因组上，创造出可以和任何东西紧密结合的抗体的。某些从火星上来的东西会进入你的体内，但你自身能够创造出抗体应对。但是，你的 DNA 里不可能有足够多的信息，去创造出一个强大的结合点，可以结合所有可能的实体。弗兰克·麦克法兰·伯内特（Frank Macfarlane Burnet）给出解释就是我刚刚在上文中所说的。一般而言，这种说法行得通。

但一个问题在于，免疫系统可能无法意识到出现了某个外来物，直到这个外来物急剧地繁殖自身才会发现。一个细菌每 30 分钟就会自我繁殖，所以当你被细菌感染时，细菌数量会快速增加。如果在细菌所处的地方，没有相应的细胞去应对，那就需要相当长一段时间，你的免疫系统才会做出反应。

这是一个漫长的官僚主义过程，进行应对的相应细胞可以被描述为免疫细胞里的一个等级，它需要作出大量决策。需要决策的问题就是，是否需要作出免疫反应去对付那个急剧繁殖的外来物？如果需要，那要做出何种反应？你的免疫系统所采取的每一个行动，都会引发一些连带危害。首先这就是一件得不考虑的事情。这是一个严肃的决策。对于任何特别新的外来物，通常都需要几周时间，你的身体才会做出一个切实强有力的免疫反应。

这个免疫反应会一直持续下去，直到很多抗体的受体都清空了为止。当系统觉察到出现多余的抗体了，它就意识到外来物已经走了。这就像是从前线打完仗的部队一样。大多数那些适合抗击外来物的细胞都是慢慢消失的，但也有少数会留下来，就像是保卫战果一样。它们被称作记忆细胞，所以，如果你一旦再次遭遇外来物，就会有至少 1 000 个细胞去对抗，而不是只留一个。通过这种方式，你能够让免疫反应更加迅速。

我开始思考我们可以怎么去帮助免疫系统更好地做出反应。我突然意识到，有一些免疫反应在我们刚出生没多久的时候就有了，我们有力地将其保留了下来，它们随时准备行动。它们确定的目标在我们的身体环境中相当平常。其中一样就是所谓的"α-Gal表面抗原"，它其实相当简单，就是一个含有3个单糖单元的三糖化合物，能在实验室里被化学合成。我们的免疫系统有1%的部分正是服务于它。

如果你能够用药物从化学上改变那些抗体，这样的话它们就能与其他东西结合，那会怎样呢？比如，和那些会感染你的病毒结合，而现在你想要对它产生免疫，那就不需要你的免疫系统去搞清楚你的身体发生了什么，医院的实验室就能弄清楚。如果有某个患者携带金黄色葡萄球菌，化学家可以安装一个连接器，这个连接器其实就是分子，它可以和葡萄球菌的某些部分在一个端点结合起来，又会在另一端去刺激α-Gal表面抗原。α-Gal抗体就会与α-Gal抗原结合起来，继而与葡萄球菌结合。这是一个很聪明的技巧，至今依然在发挥作用。这可以应用到任何表面有特殊物质的有机体上，所有有机体也都是这么做的。

我们现在可以轻松地观察10或20种可以避开抗生素的有机体，去确定它们的表面蛋白质是什么。你总能发现一小点突出的碎片。就好像，当你观察一个人时，你会说："这个人的耳朵很有趣，而且每当我看到他，他的耳朵一直是这样，如果我拿什么东西夹住他的耳朵，就相当于是拿能与一个α-Gal抗原黏合的东西去夹住，那我就夹住他整个人了。"这就是免疫反应的运作方式。它不会作用于整个有机体，而是找到一些突出来的特征。

所以我就关注会出问题的有机体上面总会有的东西。葡萄球菌有一个整洁的小点，它有一个受体，当它在人体里时，这个受体专门用来寻找铁元素。其目的之一就是专门从我们的血红蛋白中挑选出血红素，然后放入葡萄球菌细胞里。它一直都在这么做。其原因在于，葡萄球菌必须和蛋白质互动，而这个蛋白质又是由葡萄球菌创造出来的，它要出来获得血红素并带回去，与之对接。葡萄球菌的这一特征总是在其表面呈现出来，也总是保留在其结构里。如果它和结构混淆了，比如说，发生了快速变异，那么，它就无法适于停靠蛋白质①，这个蛋白质就无法获得铁元素，也就无法在你体内生长，你也就不会遭遇葡萄球菌所带来的问题。

由于全世界有上千人在研究广义上的葡萄球菌，关于葡萄球菌的结构化信息也在增多，我会说："这里有一个肽，一个包含 10 个氨基酸的肽，看起来就像是一种松散的环。"令人感到奇妙的是，所有信息都在那里，你不必跑到实验室里研究。有些人可能认为这很烦人，但我发现这其实很有趣。我在寻找那些有害的有机体的致命弱点。

一旦我找到一个可能的目标，同事们就开始去寻找相关的适体分子去与之结合。我们的系统里利用了各种核酸适配体，这是一类比较新兴的 DNA 或 RNA，与这类 DNA 或 RNA 结合的分子，最初是以一种系统的方式发现的，这种方式就是指数富集的配基系统进化技术（SELEX），克雷格·图尔克（Craig Tuerk）大约在 20 年前就开创了这一技术，现在通过利用 SELEX 与其他方法，我们已经有了广泛的应用。

核酸适配体会专门与目标物结合，而且结合得相当紧密，这也就意味着，它会只与目标物结合，而且是强烈地与之结合。这其实很复杂，但是化学家们经过漫长的探索，终于找到了应对方法。他们利用一种机器创造了单链 DNA，而不是螺旋状的双链。我们需要一列已知的 20 个碱基在左端，还需要一列已知的 20 个碱基在右端。然后在中部我们需要 30 个碱基，它们

①

停靠蛋白质是信号识别颗粒位于粗面内质网上的特异性结合受体。它是一种核糖核酸蛋白复合体，它的作用是识别信号序列，并将核糖体引导到内质网上。——译者注

都是从 4 个碱基中随机挑选出来的。这就意味着我们可以在一个试管里获得 10^{18} 个不同的分子。

其中有一些会和我们的目标物结合。它们会被一个小圆柱留存住，这个圆柱包含了很多被固定住的目标物的复制品。把不能结合的目标物去除，再利用聚合酶链反应，我们就能创造出数十亿个结合物的复制品。我们可以这样做，是因为我们知道它们在端点处有什么样的序列，这样我们就可以创造出短引子去匹配它们。现在我们完整地对一小部分序列完成了测序，有了这些测序结果，我们就能够对其进行大量的人工合成。尚待完成的，就是在适体上固定一个合成的 α–Gal 抗原，从而可以获得新的药物。以上就是理论上的操作原理。

当我第一次开始去进行这项研究时，是在 10 年前，我们创造的分子在血清里一点都不稳定，而且有大量的酶会摧毁外来的 DNA。在这种状况下很可能会发生这种后果：一旦我们把这种新药物放入动物体内，肾脏立刻就会对其产生排斥反应。

得益于吉瓦·维韦卡南达（Jeeva Vivekananda）提出的一个建议，我们已经发现几个创新方法去固定住血液循环中的适体，不过目前这些方法还需要进一步的观察。不管怎样，我们也是用那些方法来解释其血清稳定性的运行原理的，事实上，在我们首次对活体老鼠做这个实验时，我们的目的正是使用药物来与致命因子炭疽毒素结合，那些老鼠被注射了致命剂量的炭疽，而我们又通过实验拯救了那些老鼠的性命。这是一次令人印象深刻的实验。我们重复实验了很多次都成功了，所以这个方法一定行得通。

现在，我们开始去研究更有可能出现在医院里的有机体，比如葡萄球菌和流感菌。我们把目光放在艰难梭菌、绿脓杆菌和鲍氏不动杆菌上面，还有很多对抗生素产生耐药性的其他细菌上。我们也研究流感，它具有一种被称为 M2e 的小特征。在我看来，它相当有前景，因为我们已经完全确定了它创造药物的过程。

很多不同的实验室已经在通力协作实现这一前景了。这不像聚合酶链反应那样简单。当我开创聚合酶链反应时，我可以完全靠一己之力完成。但是对于炭疽，你必须有一个实验室，否则你就会以自杀收尾。你还需要一个传染病实验室，你还需要和其他人合作，你们需要知道在医学方面怎样去繁殖小动物。这是一个复杂的过程。

我个人所做的事情就是研究，借力于互联网，我可以独自在家做研究，这让我感到极为惬意。我不需要去实验室，我甚至不需要面对面与人交谈。不过我也穿行于很多实验室。曾经在圣安东尼奥市的布鲁克斯空军基地，我们完成了炭疽研究，现在我们正在研究几菌株烦人又危险的大肠杆菌。

在研究过程中，很多杀死了不同有机体的药物同时也哺育了很多耐药菌株。它们自由地传递着小小的所谓的"质粒"（质粒包含有制造耐药性蛋白质的指令）。它就像是一个站在角落里发传单的人，而且不会只向同类发传单。这就是为什么耐药性传播得特别快的原因。

当亚历山大·弗莱明（Alexander Fleming）最初发现青霉素的时候，他的老板阿尔姆罗斯·赖特（Almoth Wright）说，细菌会对此产生抵抗力。虽然这个过程确实如赖特所说的那样，但是比他料想的需要更长时间。那些药物都是有针对性的，它们不会让细菌对自己产生耐药性，因为它们不会去影响其他任何有机体。它们不会去招惹你的大肠杆菌，或者你嘴里、身体里的任何其他有机体。一旦它们从你的身体里出来，它们就不再起任何作用，这一点很重要。如果你注射了青霉素，你的身体也会排泄出一半青霉素。它们不会把所有目标物都杀死，但它确实会让那些目标物对青霉素产生耐药性。大多数对抗生素的耐药性，也许不是从我们身体里产生的，而是从其他地方产生的。

我跟很多制药公司都说过这个概念，他们知道这是一个很不错的想法。我期望他们也会为这个想法埋单，但他们并没有。因为这不大可能让他们在第一年就赚上30亿美元，而这个数字正是他们的商业模式所要求的。他们喜欢的是能让人们每天都吃的流行药物。如果你需要2亿美元才能研制成功一款药，然后你又要 10 年左右的专卖权去进行营销的话，那么在这段时间内，对这一药物的耐药性或许就开始显现了，但是你始终对它拥有专卖权。

这就是一个经济模型。但这并非一个优秀的长期战略，因为一旦身体对你的一种药物产生了耐药性，就会对同类所有药物都产生了耐药性，而我们制作出来的药物也就那么几种。所以我们正在耗尽抗生素。但是大家会也在积极解决这个问题。这是一件好事。我们将生产出抗生素型的药物。从它们不会杀死细菌的意义来说，它们不是真正的抗生素，它们只是渴求你的免疫系统去消灭自己，它们会说："吃了我！"

🕐 2010 年 3 月 17 日

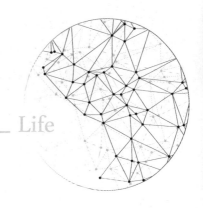

Life

审美进化的核心就是这样一个观念：生命体是自身进化的审美代理人。换句话说，鸟儿很美丽，是因为它们是美给自己的。

——《性选择与审美进化》

At the core of **aesthetic evolution** is the idea that organisms are **aesthetic agents** in their own evolution. In other words, birds are beautiful because they're beautiful to themselves.

16

DUCK SEX AND AESTHETIC EVOLUTION

性选择与审美进化

Richard Prum
理查德·普鲁姆
耶鲁大学皮博迪自然史博物馆鸟类学分馆馆长、脊椎动物分馆主理馆长。

●　**理查德·普鲁姆:** 在过去几年, 我逐渐意识到, 我一直在研究的东西, 如鸟的羽毛颜色、鸟的歌声和表演行为的进化, 等等, 本质上都是围绕"美学"这个重要的主题而展开的。具体地说就是美在自然中的角色及其进化方式。我一直在反问自己的问题是, 美是什么? 它又是怎样进化的? 美及其在自然中的存在所带来的结果又有哪些?

人们思考自然界的"装饰"已经有很长历史了, 那些"装饰"也就是那些在其他生物看来具有吸引力的各个方面, 比如生物的身体或行为。通常我们以性选择或伴侣选择的视角来思考这一问题, 但是它还能引起其他很多现象, 比如花儿吸引传粉者, 水果吸引食果动物, 甚至还有相反的情形: 响尾蛇或有毒的蝴蝶会吓跑捕猎者。生物身体的所有这些方面, 不仅只是以常规的方式在起作用，也在认知上起作用。

比如说，我们正在观察一棵植物及其组成部分，并试图去解释它们为何如此。比如说，如果我们检查其根部，我们会获得对根部的完整描述，以及它们在土壤中的物理功能。它们深扎于基质，吸收水分和矿物质，帮助植物找好位置。它们甚至还会和真菌和细菌互动。我们对此建立了一门理论，这门理论就是自然选择。但是，如果我们研究花朵及其多个特征，包括颜色、花瓣形状、香味等，就会发现这些都是通过其他动物的认知而起作用的。也就是说，蜜蜂或蜂鸟飞到一朵花前，打量着这朵花，自问道："我现在就要在这朵花上觅食吗？"然后做出决定，觅食或不觅食。

为了获得对花朵的功能的完整描述，我们需要一类全新的数据。如果你确实要做的话，你需要的不仅只是对物理世界的描述，还需要其他生命体对研究对象的认知。我将要下的结论是，如果我们通过认知或心智去看待进化过程的话，就会发现这是进化生物学的一个分水岭，还会引发一个不同的过程。

我会把这一领域归为审美进化，而审美进化的主要议题是美的起源。当然，"审美"和"进化"这两个词语并不常在科学中一起出现。实际上，科学还有一点害怕美，也害怕审美。因为这涉及主观体验，而且要探究其他生命体的认知能力，这就涉及某些未知的、无法测度的东西。当别人在吃大黄派或嗅一朵花儿，或者喜不喜欢某种类别的音乐时，我们当然难以去理解别人的心里发生了什么。科学家惮于讨论主观体验也是无可非议的，很多时候，我们会把这些问题留给其他领域，比如人文领域。本性的方式，比如花的本性、鸟鸣与鸟羽的本性，意味着，主观经验在生物学中是具有根本重要性的。之所以世界是我们看到的这样，就是因为自然在生物多样性中的选择，所以我们需要通过进化生物学的结构去认识审美，去认识主观体验。

我们从未有一个固定的结构去认识审美，就如对待很多科学问题那样。对于红色，或者当我们聆听莫扎特的交响乐时，还有为什么人与人的喜好不一样，我们并不能确切地知道，我的头脑或你的头脑里发生了什么，但是在生物学里我们有机会去理解。比如说，全世界有 1 0000 种左右的鸟类，每一种鸟都有略微不同的歌声、不同的求偶表演、不同的吸引伴侣的方式，以及不同的社会交流方式。所有这些进化都是主观体验的结果，比如："我喜欢这个伴侣吗？"这就是在做一个感官感知，也是在做一个认知上的评估，然后做出一个选择。到底是哪些元素导致了这一审美进化现象，是感官感知、评估和选择，还是其他什么。

量化或描述个体的心智状态相当具有挑战性，不管这一个体是只正在聆听歌声的鸟，或就是我本人。我们在生物学里能做的一件事情，就是去研究主观体验进化的方式。我们也许不知道某只特定的鸟儿头脑里想的是什么，但是，通过研究它与其他的夜莺、海鸥、或啄木鸟的差异，我们可以在比较生物学中研究主观体验的进化。

这有点像是物理学研究难题的历史。比如，你无法同时确定电子的速度和位置。但物理学家是怎么解决的呢？虽然这个问题确实难以解决，但他们不会说："好吧，我们要把这个难题留给其他学科去处理。"他们会创造出新的工具，比如量子力学机制和量子力学概念，从而让他们可以研究电子可能的位置和速度难题。

按照同样的方式，我们无法知道任何生命个体在作主观评估时，它的头脑里发生的事情，但是我们可以研究它们的偏好是怎么进化的。我们可以观察生物那些多样化偏好的历史。这是进入主观体验进化领域的一种新方法，不过大家一直惮于使用这种方法，这也是为什么进化生物学在理解自然的选择中具有特别的地位的原因。我把自然的选择称为审美。

很多科学家也许依然对科学里的"美"和"审美"这样的词语过敏。我们可以暂且不用这些已经被用滥的语词来开启这一研究进程。但是，那些被滥用的词语，或者说人们以为被滥用的词语，其实是起作用的。这些词语可以在交流中确切地表达我们想要的含义，比如"我喜欢这个！"，表达了很强烈的感情，也影响了其他人。有些人会想："就算你说的有道理，但一只蜜蜂怎么拥有主观体验？它们怎么体验到美？很明显蜜蜂采蜜不过就是一个简单的系统，是一种以机械的方式回应刺激的方式，比如花朵的刺激。"如果真是如此，如果各种各样的花只是被专门设计来启动蜜蜂的按钮，只是为了让它们飞过来觅食，因为花朵对它们来说是如此不可抗拒，那么所有的花儿都变成同样的按钮就行了，它们都只要长得一模一样，只要按下蜜蜂的按钮，就能让蜜蜂飞过来觅食。但事实是，花朵也是多种多样的。它们全都进化得相当具有吸引力，对那些还没作出觅食决定的蜜蜂发出诱惑的吸引力。

当然，对蜜蜂而言，有些花儿就像是墨西哥爆米花，便宜而又不可抗拒，但是有些花儿就很特别，就像是胡萝卜蛋糕之类的。蜜蜂可以飞很长一段距离去寻觅特别的花朵，觅得之后就会尽情享受。这就是蜜蜂所做的事情，这也是为什么花儿具有多样性的原因，因为主观体验的存在与强大性，主观体验就是生命进化的代理人。

自从达尔文在《物种起源》里把自然选择描述为进化机制之后，他就碰到了一个大问题，也就是对自然界中的"装饰"的解释：动植物身体的那些特征并不是为了生存竞争，而是为了与其他个体交流，而且通常是在求偶或生态互动的过程中的交流。为此他招来了很多批评，所以他很担心。1861 年，他在给美国伟大的植物学家阿萨·格雷（Asa Gray）的信中写道："不管什么时候，我只要看一眼孔雀的尾巴，我就会难过。"达尔文是个多愁善感的人，他对这个问题也很重视。他把这个问题放在心上，忧心忡忡，经过 10 年的研究，在 1871 年，他写下了第二本书《人类的由来》（*The Descent of Man*），在这本书里，他把进化描述为性选择。

性选择与自然选择有很大不同，性选择处理的是不同的繁殖上的成功。这里所说的繁殖上的成功不仅在于，求偶成功的时候才算成功，还在于与伴侣的接触是两个可能的机制的结果：一个机制是雄性与雄性的竞争，或者说同性之间的竞争；另一个机制是雌性的选择，或者说对异性的选择。达尔文诠释并预测了，雄性与雄性的竞争是怎样导致了动物的战争装备的诞生，比如鹿角或像海象那样的大体型，同样的本质应该也导致了像鸟鸣、美丽的鸟羽等各种各样的装饰特征。达尔文曾用清晰的审美语言描述了他的理论。他把鸟儿的求偶偏好描述为美的标准。他把雌鸟描述为具有审美能力。他把鸟类描述为所有生物中，最具有审美能力的物种，当然除了人类，这让他在当时招致了大量批评。

实际上，他的理论意味着，雌性的审美判断是进化中的主要力量，这立刻就招来了反对，反对者认为这是在歧视女性，把女性的选择说成是"恶毒女性变化无常的行为"。在那个时候，"恶毒的"（vicious）的意思是"充满罪恶的"。换句话说，达尔文的理论是不道德的。特别是，达尔文提出，除了自然选择学说之外，还有其他的理论能解释进化过程，这也招来了批评。他主要的批评者，也是最强大和固执的批评者，同时也是自然选择的共同发现者，华莱士。在达尔文生命的最后10年左右，他和华莱士在性选择的含义上展开了激辩，华莱士对美在自然界中的地位极不看好，他从很多方面提出了批评，但是他无法对整个问题提出批评。当他承认自然界中存在美的时候，他说："只有在特殊的条件下，美才会存在。"而那些特殊条件就是，当装饰物与有利于自然选择的性状相关联的时候。比如，更长久的寿命、更好的资源或更健康。也就是说，这些特征进化出一些能让雌性从选择中受益的意义。

今天我们认为，正是华莱士扼杀了性选择理论，但实际上，华莱士所做的描述正是现在最流行的性选择模型，也就是，装饰物通过提供给伴侣所需知道的信息而产生功效，伴侣选择基本上也就相当于改善后代的条件。

作为一名科学家，我其实并不怎么关心这一段历史。我们的工作是去提出和书写我们现有的理论。我感兴趣的是，达尔文和华莱士是怎么想的，以及他们俩的争论，但这对科学而言并不重要。况且达尔文依然在世界上享有重要的地位。达尔文－华莱士之争是一个有意思的框架，让我们去思考我们是否依然需要这样的争论。

我渴望在当前的生物学中复兴达尔文－华莱士之争，我们可以通过他们的争议来比较达尔文提出的更广义的审美视角，认识到感官快乐、吸引力和主观体验其实是那些例子中的表象，还有华莱士基于现实所提出的性状模型，还有偏好的进化是被一种更强的力量所控制的，这一更强的力量就是适应性的自然选择。这场争论目前发生在科学文献领域，我渴望把它延伸到生物学领域。实质上，我所希望的是，去修复一个合理的达尔文主义视角。

事实上，在 19 世纪 70 年代，基于现实和性状指示的想法都是反达尔文主义的，而且这些想法一直持续到现在。当代的新达尔文主义其实就是新华莱士主义，新达尔文主义者翻新了达尔文的遗产，不再把审美当作生物进化中的一个独立的力量，而是把它当作自然选择的精神错乱，就这一点而言，他们丝毫不是达尔文主义者。

现在有一种流行的还原主义视角，也就是神经元美学，比如说，它提出通过把脑成像与对神经元功能的理解结合起来，这样我们就能理解脑的结构了，也可以理解它怎样决定某些东西是否具有吸引力了。这就导致了大量美学的还原主义理论。比如，对称和对称的指示就特别重要。在人类艺术或生命的审美特征中，人们对艺术本身的任何评论都证明了，并非没有规则，但是规则是用来打破的，而且在主观体验的进化方式中，有某些不可简化的事物是意外诞生的。还要研究的是，如果移除自然选择的控制权，允许主观体验作为一个独立要素，那将会怎样。

关于这一问题的理论，最早是由罗纳德·费希尔（Ronald Fisher）提出的，他是 20 世纪早期的进化生物学家和统计学的开创者。大多数人，包括统计学家，都不知道他是一名进化生物学家。他提出了一个想法：先想象一下，有一些红色尾巴的雌鸟，还有一些蓝色尾巴的雌鸟，还有一些同时拥有红色尾巴和蓝色尾巴的雄鸟。毫不奇怪，喜欢红色尾巴的雌鸟，会去找有红色尾巴的雄鸟，喜欢蓝色尾巴的雌鸟，会去找有蓝色尾巴的雄鸟。经过这一对伴侣性状的选择，一个结果就是，求偶偏好会在遗传上变得与它们偏好的性状相关联。也就是说，欲望的差异和欲求对象的差异，会在遗传上相关联、相缠绕。

这就意味着，当不同个体按照其偏好行动时，会对性状进行选择。它们其实也会间接地选择自身的偏好。这就意味着，偏好是进化中一个自组织的引擎。也就是说，一旦你受到欢迎，那么这种受欢迎本身就会驱动装饰物的进化。美和对美的欲求，还有偏好，其实是在相互共生进化的，它们也在相互改变。孔雀的尾巴在进化的时候，这一过程也在转化雌孔雀的大脑，也在转化雌孔雀对美的理解的能力，而雌孔雀的偏好又会改变雄孔雀的尾巴，它们会共同进行周期性的进化。不同的物种进化的方向也不一样，这就是自然界的表象与实质统一的原因。

实际上我是性选择机制问题的头号粉丝，我所感兴趣的性选择机制是从达尔文到罗纳德·费希尔，再到新近拉斯·兰德（Russ Lande）和马克·柯克帕特里克（Mark Kirkpatrick）所发展的数理遗传模型，这一知识群体的谱系。当然，相反的理论是从华莱士开始的，再到阿菲茨·扎哈维（Amotz Zahavi）重新提出了大量新概念，说明了装饰物应该怎样进化成诚实宣传的。我们既有这种其实并没有包含自然选择的武断机制，也有一种诚实机制，自然选择在其中具有控制力。这些理论已经扩散了一段时间，当然其中还存有大量矛盾。

我们观察到，现在适应主义者占主导地位，实质上这就是拒绝证伪，这几乎就是建立在信仰之上的。他们所做的就是，在自然界里检验一项性状，不管是一片羽毛，还是羽毛的一种颜色，抑或是一种鸟鸣，利用这些试图去证明，它在某种程度上与物种对性状的选择有关，或者是与某种对直接利益或良好基因的度量有关。然而当他们做不到时，他们就下结论说："我们依然是正确的。我们只是还没有付出足够的努力去证明这是如何发生的。"若他们发现确实如此，就会说："啊哈，我们的理论被证实了。"结果就是，文章中展现的就像是一盆精心修剪的盆景。那些不足以证实适应性理论的证据就是一种武断的结论。

他们是用自我保护的方式来下的结论，当然也可以引用一句艾伦·格拉芬（Alan Grafen）的话来说："相信费希尔或兰德的模型，并将它作为性选择的解释，但又没有多余的证据，这其实在方法论上是邪恶的。"即使在进化生物学里，也没多少思想被称为是邪恶的，武断的性选择模型就是其中一个。在此之上有很多思想，我最近认为，费希尔那个包含任意性的模型，还有兰德/马克的模型实质上都是零假设。这是一种预测：当自然选择对偏好不起作用时，预测性状和偏好在遗传变异中会有什么样的结果。这是我们一直都在期待的。

实质上，零模型或零机制很难被人所接受，因为这基本上就是说"不好的事情时常发生"。但是，最近的情形表明，"美好的事情经常发生"，这就是我最新的口头禅。但其实这是强行推销，因为科学界有大量的人，特别是在进化生物学里，他们进入这一领域正是因为他们能从中学到用适应性去解释万物。他们急于证实他们的模型，他们认为其他模型在基础智识上不是那么令人满意，或者甚至可能是邪恶的。

这很难令人接受，但就像是中立的选择主义者争论的那样，这确实曾经发生于遗传进化或群落构建和群体生态里，如果没有零假设的话，你就无法去做这样一门科学。值得一试的是，把零机制用于个体多样性和审美体验的进化上去，而且这也是比较合理的，这就是具有任意性的兰德/马克模型。

我现在提倡这一理论，但是我面对的是大量的沉默。大家在读完这一文章后可能会说："好吧，我也曾喜欢你在这里所说的观点，但是这样我就会碰到一个问题。"我可以立刻解决这个问题，但我想说明的是，虽然我提出了这一理论，但这并不是在性选择问题上接纳零模型的大型运动。还将会发生什么？其中很大一部分就是关于招募新人，把那些痴迷于审美进化研究前景的新人带进这个领域，这就是我今天给大家演讲的原因。

适应主义者的方法，是把装饰物视作一种内嵌的信息，也就是质量信息。而任意性模型则说，性状和偏好纯粹以审美的形式共生进化，除了受欢迎所带来的好处之外没有其他什么优点了。适应主义者的观点很像是经济学中的有效市场假说，也就是一个商品的价值都是可以确切度量的，而且会趋于其真实价值，因为所有参与者都是诚实且理性的。

审美模型或者说任意性模型，很像是非理性市场泡沫理论。在 2007 年和 2008 年，房地产市场崩塌了，然后经济危机蔓延到全球，但有效市场理论家说，泡沫是不可能出现的，因为它们根本就不存在，甚至会被称为愚蠢的练习。

这些人就像是热切的适应主义者，他们把费希尔/兰德的假说说成在方法论上是邪恶的。

在经济学里，很多人在童年时就读了俄国作家安·兰德（Ayn Rand）的很多著作，从而塑造出自己的世界观，之后当他们进入现实世界，发现生活环境支持他们所拥有的很多想法。我认为，很多人之所以进入进化生物学领域，是因为他们被"适应性"这一概念所吸引。他们受此影响进入这一领域，所以他们可以拿这个想法去解释复杂性，就像这一定律能够压倒一切其他理论一样，但因为审美可以在很多不同的方向上共生进化，从而回避了"适应性"问题，这就是华莱士要如此检验达尔文的原因。这就是艾伦·格拉芬要把费希尔·兰德机制说成在方法论上是邪恶的原因。这对于以自然选择来压倒性地解释生物多样性而言，实质上是一种威胁。

我是一名进化生物学家。我整个职业生涯几乎都是在研究进化生物学，但是最近几年我意识到，在很多地方"适应性"都是很烦人的。我知道，这个概念是无所不在的，我知道它很重要，而且就是全部，但是，作为一种观念，作为一个智识概念，对我而言，它几乎就已经寿终正寝了。

真正有意思的是历史的偶然性，而且生物多样性带来了各种复杂得多的事物，也怪异得多，也比律法般的适应性更令人着迷。这影响了我的很多工作，我一直在研究生物系统发育、进化和发展，颜色产生的物理学，以及所有偶然性和历史占主导地位的领域。这些领域集合在一起，你要怎么来命名它呢？其实我不知道。这是一种进化的结构主义，在其中历史的偶然性在进化进程中是一个重要原则。

进化生物学里的审美观有一个重要的结果，其与20世纪的进化历史有关。当时华莱士成功地把性选择重新界定为自然选择的一种形式，从而取缔了性选择理论，也不再需要审美理论。那个时期基本上就是在1880—1970年间。

在那个时期的一个有意思的特征是，当时进化生物学还没有性选择的概念，所有的性选择都在自然选择的控制之下，此时的进化生物学处于优生学的控制之下。大家不愿去思考的是,实质上 20 世纪早期每一位进化生物学家,要么是热情的优生学家,要么是快乐的同路人。正是在这一时期,我们现在依然在使用的很多进化生物学概念被确定了下来。即使我们说:"我们不再是优生学家了!"那些影响也不会随风而逝。

如果你坚持对性选择以适应主义视角的来界定的话,也就是说,你认为伴侣选择是在你对伴侣所需的特征控制之下的。这其实就是说,所有的伴侣选择都是关于自然选择的,都是关于怎么获取成功的。相反,如果你有了审美理论,有些时候,事物仅仅是因为它们受欢迎,才会进化得更加突出,不只是为了代价高昂的诚实宣传,也是为了本身成本就很高的东西。

通过接受关于性选择的一个零假设、零模型,或者说性选择所主导的进化,在这里,任性的美学特征可以进化,这其实就是在保护进化生物学不受其优生学的过去所影响。这至关重要,因为进化不会朝着我们喜欢的方式去发展。我们需要建立一门科学,防止我们再次做优生学,这就是说当你思考基因组学和进化心理学的时候,在那些研究项目中,没有一个零模型,或者说,没有美学无效的可能性。这是当下真实存在的问题,而这些东西对于进化生物学可能具有改革能力。

优生学曾经是人种优越性的科学,它认为某些人种作为自然选择的结果,比另一些人种更加优越。这就导致了基因优越性,因为"优生"意味着"生得好",还导致了人们把真正的基因(也就是实质上的优良基因)当作诚实宣传理论(honest advertisement theories)。同样,优生学也考虑阶级、货币和环境。那些就是我们现在所说的直接利益。现在,优生学的这两种考虑依然活跃,它们暗藏在性选择的适应主义理论里。

现在,性选择及其进化的领域被适应主义学派所控制,华莱士认为,所有性状和偏好的进化,都是因为它们与明显更好的特征联系着。任意性解读在过去几年里并没有得到太多注意,所以,我试图创造出一种新的观察这一领域的方式,去搅动这一领域,我提倡应该利用零模型,迫生出一个新的科学标准。这样的话,这一证实主义科学就会有所改变,这种观念就是只有我们已经发表的东西才是每个人感到满意的东西。

这就像是中立主义科学家在种群遗传学上的争论，这场争论发生于 20 世纪六七十年代，我喜欢这样的争论。这一历史从智识上证明了，若没有一个零模型，你就无法开展进化科学，那就意味着，它只能按照这种方式进行下去，这就是合理地接受一个更广义的审美定义，据此来说明性选择的机制，并且将它限制在适应主义视角的一些条件下，我乐于看到这样的争议，但只有通过不同的新人才能实现，那些对进化生物学感兴趣的人受到吸引是因为，它能做目前进化生物学尚做不到的事情。

关于性选择的适应主义视角，也就是华莱士主义的视角，带来的一个有趣的结果就是，我们并不真正需要记录雌性偏好行为，我们也不需要专注于，并把雌性视作进化的一个代理人。因为我们拥有一个更庞大、更广泛的强大理论，就是用适应性去描述雌性所做的事情。我们并不真正需要去构建一门理论，让我们去认识审美代理人，也就是雌性影响其物种进化的能力。

如果你消除自然选择，或者承认它只在某些时候有用，那么我们不得不问问，雌性在做什么？她们为何选择她们所偏好的？这又引发了我在性别冲突领域的所做的研究：当性选择和性别之间相互竞争的时候，会发生什么？在这一问题上，一个完美的例子就是水禽，或者说鸭子。在鸭群中，雄性会精心展示自己。它们拥有光鲜绿亮的头，并且嘎嘎地叫着，这是为了繁殖出后代，所有它们所做的小动作都是为了这个目的。而雌性会在雄性所展示的基础上作出选择，因此不同的鸭子种类会有不同的羽毛和颜色。

同时，还有另外一股力量在起作用。事实证明，在雄性之间存在大量的竞争。实际上，这就回到了某些更深层次的鸭类繁殖生物学上了。也就是，鸭子是少有的还拥有阴茎的鸟类。这是一个奇怪的结构，它会急剧勃起，它的勃起机制是建立在淋巴上的，而非血管上的，它储存在排泄腔外部，会飞出来，它们也会变得很长，最长到 40 厘米，而一只鸭子本身甚至还没有 31 厘米。这一点在生物学里真是非同一般。那么在那些鸭子身上到底发生了什么？

在很多鸭子之中，都存在着强制交配现象，这就等同于强暴雌性鸭子。其实在各物种中，存在很多强制交配现象，雌性也进化出或者说共生进化出复杂的阴道形态，去阻挠强行交配。比如说，雄鸭的阴茎是逆时针方向盘绕，而且通常是隆起的，或是在外部呈齿状结构。在这种情况下，雌鸭进化出呈死结一样的阴道，这样的话，如果阴茎进去的方向不对，就会被压缩起来，无法接近输卵管，或者会让输卵管的位置更深，更接近于卵细胞。然后在死结上面，雌鸭的阴道就呈顺时针方向盘绕，所以这其实就是一个反螺钉装置，用来阻止强行插入。

这就使雌性进化出一种能力，防止强行交配带来的生育。这是雌性在性别战争中进化出一个优势的证据。这是怎么发生的呢，这和美又有什么关系呢？这其中的方式就是，想象一只雌鸭拉拢了一只它喜欢的伴侣。雄鸭拥有光鲜绿亮的头，嘎嘎地叫着，这都是这只雌鸭所喜欢的。它俩的雄性后代就会遗传这只雌鸭所喜欢的性状，这只雄鸭后代也会因此受益，因为它被进化出同样偏好的其他雌鸭所喜欢的特征。

如果雌鸭因被强暴而生育，那么它的后代，要么随机遗传得到并没有通过雌鸭偏好测试的性状，要么遗传获得特别被其他雌鸭拒绝的性状，因此这只雄性后代对其他雌鸭就不具有性吸引力，而对于这只雌鸭来说，这就是一个遗传代价。这是对于雌鸭适存度间接的遗传代价。结果就是，雌鸭也会遭受到性胁迫的代价。那些个体所拥有的阴道形态，能让它们获得它们所想要的利益，因为其他雌鸭会通过偏好其后代来回报它们。这就是关于性和雌性偏好的进化规范性（你也可以说是共生进化的）是怎样借以进化的作用为雌性提供了手段的，雌性也可以用来扩张其性自治权，用来增强它们的控制力，和它们面对性暴力时的解决办法。

在鸭群的例子中，有一个问题就与这个机制有关，它是完全防卫性的，所以雌鸭进化出更加复杂的阴道，雄鸭进化出更大的阴茎。雌鸭的阴道甚至会进化得更加呈逆时针或顺时针方向盘绕，而雄鸭的阴茎会进化得更像棘轮一样的齿状结构。这就是一场军备竞赛。不过这样可不好，浪费了很多发展

性选择与审美进化

机会。

但是，还有一种替代方法，就是雌性能够从根本上通过审美重新塑造或改变雄性的行为。一个很好的例子就是园丁鸟。园丁鸟是以果实为食的热带鸟类，分布于澳大利亚和新几内亚及附近岛屿。雄性园丁鸟会建造出一个鸟巢，通常是用树枝做成两面墙，中间是通道。雄鸟采集了所有这些材料，这些材料有时是具有鲜艳色彩的骨头、浆果、水果或花朵，有时是一堆蜗牛壳，就会吸引那些雌鸟过来参观，并且基于鸟巢的构造和建筑材料去选择伴侣。

在园丁鸟的例子中，雄鸟是在雌鸟的命令下，建造出一个有诱惑力的鸟巢。雄鸟这样进化是因为雌性的偏好。它们想要这一审美建筑，其实是为了选择伴侣。当然，有意思的是，那些结构确实具有美观性，但是它们还具有特殊的性质，那就是，如果雌鸟进入巢里，雄鸟就会在前面表演、炫耀耍酷，而在它俩交配之前，雄鸟要先待在鸟巢后面，雌鸟如果不喜欢就可以飞出去。实际上雌鸟是在保护自己不被强暴。

这样一来雌鸟既可以近距离地了解和观察雄鸟的全部，还可以保护自己不被雄鸟骚扰。因为雌鸟所偏好的鸟巢能给它提供安全庇护的结构，它还可以在其中满足自己的审美欲求。在这个例子中，我们通过园丁鸟，看到了审美建筑的进化，这也防止了对雌性的强行交配，这也是另一种方式，雌性可以用来进化出关于美的规范性概念，增强自身的自主权。

通过思考鸭类的性和审美进化，我开始提出"性自主权"这一科学概念，其与吸引力的概念共生进化，从而提供了提高自由选择的影响力，提高性选择的自由度。我一直在研究鸟类，有时也研究一下蝴蝶和甲虫，但基本上我还是一名鸟类学家。这就让我联想到，在人类进化中，为了回应性冲突，是否也存在审美进化的可能。关于人类，有一件值得一提的事，那就是男性暴力的转化。我们这一物种，有98%或99%的暴力依然是男性行为的结果，但很明显我们没有我们最近的"亲属"那么暴力，比如黑猩猩和大猩猩。我们没那么暴力的一个原因在于，人类的性冲突的缓和。

为了理解我们所走过的历程，让我们想象一下典型的旧世界里的猴子、大猩猩或黑猩猩。那种境况对于雌性而言是相当恐怖的。有一些雄性在政治上和社会上控制族群，它也就控制了大多数性生活。然后就会偶尔出现社会动乱，之前的雄性首领被废黜，新的雄性取而代之。取得胜利的雄性们最早会做的事情之一就是，杀死所有婴儿，杀死所有独立的年轻雄性。为什么呢？因为泌乳或哺乳会妨碍排卵，妨碍新的繁殖。通过杀死之前的雄性的后代，现在这只雄性就可以增强自身的繁殖力。所有雌性都将进入发情期，雄性甚至会更快地拥有提高自身适存度的机会。雄性这种令人难以置信的自私行为，是通过雄性之间的竞争而进化出来的，这对雌性而言具有极大的负面影响。

回到 20 世纪 80 年代，萨拉·布莱弗·赫迪（Sarah Blaffer Hrdy）等人证实，雌性对这种性别战争的一种反应就是，加倍与其他雄性交配，以期获得保险，这样如果某只雄性胜出，就可能不会杀死雌性的孩子，因为这只雄性可能就是孩子的父亲。但当然就像是鸭类一样，这只会导致雄性间的军备竞赛。如果雌性与其他很多雄性交配，那么占主导地位的雄性就会以更加极端的行为去巩固自身的社会控制力。雌性加倍地交配，并非是因为雌性想要满足自身欲望，而只是因为雌性想要在糟糕的环境里做到最好，就是试图阻止自己的后代被杀害。

人类又有多少变化呢？大猩猩或黑猩猩几乎就是杀死婴儿的疯子，然后等待自己获胜的时刻。不过人类也很糟糕。我们相互奴役，我们会有你死我活的战争，但是你从未在新闻上看到说，男性为了自身的生殖利益去杀死婴儿。

我感兴趣的是这样一种可能性，人类审美的性选择，也就是女性的选择，在重构男性之间的竞争中，扮演了关键的角色，实质上这种重构就是，把与暴力竞争直接联系的男性特征确定为不性感的；或者更正面地说，把与提高女性自主权直接关联的男性特征，确定为一种新的性感形式。通过这种在性冲突与审美的性选择之间的动态互动，我们在鸟类中看到了审美的性选择，比如园丁鸟和会在繁殖期炫耀求偶的鸟，这种选择贯穿于整个鸟类世界。

那些性状会是什么？一件有意思的事是，即使人类在体型方面已经进化得比那些猩猩一样的祖先更大，但实际上也没有太大变化。比起黑猩猩的雄性和雌性，人类男女在体型上更加相近。这明确违背了异速生长定律，这一定律意味着，当你的体型变大，两性间的差异也会变得更大。这就是说，在雄性和雌性之间，一直存在着一种积极选择，去减少二者体型的差异，这很可能是通过雌性的性选择所进化的。

另一个例子是人类的笑容。你所要做的就是去观察我们的笑容。我们的犬齿是雌雄同型的。在我们所有的原始亲属里，包括我们最亲近的亲属，大猩猩和黑猩猩，雄性的嘴里都拥有致命的武器，但人类男性并没有。问题在于，在何种条件下，人类男性放弃了这一武器？答案很难说清楚。我们把这一武器深藏在下面了。有趣的是，最早当然是希腊人思考了这一点，喜剧《吕西斯特拉忒》（Lysistrata），于公元前411年在雅典上演，这部喜剧讲的是主人公吕西斯特拉忒组织希腊的女人进行了一场性罢工。直到男人叫停伯罗奔尼撒战争，她们才会与男人进行性行为。最后，在男人意志涣散的一系列喜剧之后，战争结束了，每个男人都回去与佳人共度良宵了。

让人感到有趣且合宜的是，我们从这部戏剧中看到了，女人可以团结起来，通过性选择改变男性之间的社会关系。这也体现了在男女情之前的兄弟情的重要性。男性间的合作对女性有某种特殊的吸引力，这就有了一种转换的效应。这是一个重要的议题。关于人类生物学，我们所知的所有事情都是在如下基础上预测的，如童年长度、少儿抚养比和家长的投资，包括脑部尺寸、学习语言的能力、文化及学习文化的能力、物质文化和技术等。所有这些都需要延长生长期，也需要更长的时间去获得越来越聪明的个体。

解决弑婴问题是件大事。如果有1/3、1/4的后代会因为社会暴力而夭折，那就很难进化出对后代的更多投资行为了。所以，也许人类进化的一个关键就在于，解决了性冲突和弑婴问题，这也是为什么审美进化及其与性冲突的互动，在我们理解人类本性和人类生物进化中，扮演了令人着迷的角色。

当我10岁的时候，我就开始观察鸟类了，当时我获得了第一副观鸟望远镜，顿时我感觉整个世界都在我眼前聚焦了，6个月内，我就成为了鸟类观察家，我开始去倾听，我当时住在佛蒙特州南部，我翻山越岭想要尽可能观察更多的鸟，我逐渐被生物多样性所吸引。作为小孩，当你开始学习鸟类知识和研究鸟叫时，你就在建立相关的大脑回路了，你的大脑会以有效率的方式捕捉这方面的知识，然后逐渐形成了你的思维方式。当我上大学时，我知道我会进入鸟类学专业，我也确实想象过以后自己会成为公园管理员，或者运营一个野生动物保护区。我曾以为那就是鸟类学。我受到了良好的教育，但是作为一个物种，我不知道科学是什么。

之后我发现，进化生物学就是我感兴趣的科学领域，也就是生物多样性和我一直在研究的不同鸟类的起源。我很快受到种系遗传学的影响，也对它产生了兴趣，当时种系遗传学正在重构鸟类的种类发生学，在当时这是革命性事件。最后，我尝试结合我对种系遗传学的兴趣和我的观鸟经验，我最后研究了南美洲的一种鸟类家族的求偶表演，这种鸟被称为侏儒鸟，我花了大量时间在丛林里观察那些鸟的求偶舞蹈，那段时间很令人愉快。

我工作的一部分就是聆听和研究鸟叫，还在青少年时期我就在这么做了。在读研究生时，我的右耳突然得了突发性耳聋，也许是病毒性的。所有1 500赫兹以上的声音我的右耳都听不到，那大约是相当于一台钢琴右手边的中高档音域。大约5～10年后，我另一只耳朵得了一种所谓的梅尼埃病，这是我的内淋巴的控制出问题所导致的，是因为有液体进入了我的耳朵，最终我的所有听力都出问题了。在35岁左右，我已经在鸟类田野研究及其行为研究上有所建树，但是我突然再也听不到它们的声音了。现在我就是一个鸟类学上的聋子。我可以听到奶牛的声音，我可以听到知更鸟的低音，但大多数鸟儿的声音我都听不见了。我估计自己可以研究企鹅，但那不同于我之前的田野研究，之前我是在声学的丛林中工作。在我的事业中端，我建立了一个和我的终身事业的新联系，那曾是一项巨大的挑战，但是把我带向了一系列令我着迷的研究项目上，也就是研究羽毛，研究羽毛的进化，还有颜色。很幸运的是，我的视力一直很好，这样我的职业生涯中就出现了一个全新的研究领域。

审美进化的核心就是这样一个观念：生命体是自身进化的审美代理人。换句话说，鸟儿很美丽，因为它们是美给自己的。这一科学结论有能力让我们改变与自然的关系，作为可以在自然界走动的人类，我们可以用一种新的方式，去关心花儿，聆听鸟声，观察鸟儿，欣赏它们。审美进化作为一种科学概念，有能力改变我们体验自然的方式。我也知道，我自己的观鸟研究也正是因此而被改变的。当我观察一只美丽的、蓝色的靛蓝彩鹀时，或者观察一只整体鲜红但有着黑色环块和黑尾巴的猩红丽唐纳雀时，我会想象，它们是经由雄性性状和雌性偏好的共生进化，才变成了现在这个样子的。

当你聆听一只画眉鸟柔软清澈的婉转歌声时，若你能认识到其中的审美过程，这就有了一种转化性影响。我希望这种看待自然的方式，能够普惠公众，让人们更频繁地走出去聆听鸟鸣，拿着田野手册，去鉴别那些在喂食的鸟儿，或是在春天迁徙的鸟儿。尽管我自己的大脑里，有上百或上千个负责研究鸟叫的神经元，但我再也听不到了，但是走进大自然去观察，去理解生命的科学和审美生活，这实为一种特殊体验。我希望这一工作能够鼓励人们去这么做。

🕐 2014 年 9 月 3 日

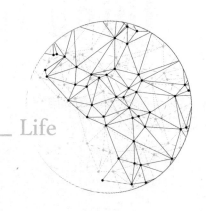

Life

if you want to overcome some of your inhibitions, Toxo might be a good thing to have in your system.

如果你想要克服自己的某些保守性，也许感染弓形虫对你来说是件好事。

——《弓形虫与神经生物学》

17

TOXO
弓形虫与神经生物学

Robert Sapolsky
罗伯特·萨波尔斯基
斯坦福医学院神经学和神经外科教授。

罗伯特·萨波尔斯基：要神经学家接受与自由意志相对的决定论，这是一场没有尽头的斗争，我一直认为，神经科学领域几乎没有自由意志的余地，就算有，那也只是在最无趣的地方存在，而且其范围也不会太广。但是我一直在思考，神经科学里有一个全新的领域，我也正在着手去研究。这个全新领域涉及到操纵我们行为的寄生虫的奇异世界。这其实并不那么令人惊讶，有各种各样的寄生虫会进入到生物体内，它们要做的就是寄生于生物，增加自身成功繁殖的可能性，甚至在一些例子中，它们还可以操纵宿主的行为。

有些寄生虫着实令人震惊。有一种叫作藤壶的寄生虫，它会骑在雄蟹的背上给它注射雌激素，直到雄蟹的行为雌性化为止。这样一来，雄蟹就会在沙子里挖一个洞放卵，尽管它根本就没有卵。但是藤壶就是会这么做，让雄蟹给自己建一个窝。还有些例子，比如黄蜂会寄生于毛毛虫身上，让毛毛虫将自己的巢穴包围起来。这都是些非同寻常的例子。

我的实验室开始关注一种寄生于哺乳动物身上的寄生虫。它是一种原生生物，被称作"弓形虫"。如果你怀孕了，观察一下周围怀孕的人，你就知道，为什么准妈妈们会担心猫的粪便、猫窝以及猫的一切，因为它们可能会携带弓形虫。你当然也不想要弓形虫进入胎儿的神经系统，因为那简直就是一场噩梦。

弓形虫的正常生命周期在自然史中算是一个特例。弓形虫可以在猫的内脏里进行有性繁殖，它是从猫的排泄物里产生的，而猫的排泄物又会被老鼠这样的啮齿动物吃掉。所以在这个意义上，弓形虫的进化挑战在于，要算计出怎么让猫吃掉啮齿动物。它本可以用不怎么灵巧的方式去实现，比如影响啮齿动物的行动力这样的方法。但弓形虫发展出一种更好的能力去改变啮齿动物的本性。

如果你拿一只实验鼠，它是历经 5 000 代才变成了一只实验鼠的，它的祖先原来就在现实世界中生存，如果你在鼠笼的一个角落放一些猫尿，老鼠就会跑到另一边去。这完全是天生的闻到猫的气味时的反应，因为猫尿里包含了猫的信息素。但是拿一只感染了弓形虫的实验鼠，它就不会再害怕猫的味道了。实际上，它甚至还会被猫的气味所吸引。这绝对是你前所未见的事情！弓形虫知道如何让猫尿的气味对老鼠产生吸引力，它会让老鼠凑过去检查猫的气味，从而让这只老鼠完全成为猫的盘中餐。弓形虫的生命周期也很复杂。

这个实验大约是 6 年前英国的一个团队做的。当时研究人员还不完全清楚，弓形虫在老鼠的大脑里做了什么。所以一直以来，我实验室的一部分工作就是，去弄清楚其中神经生物学方面的机理。首先这是一件确实发生了的事情：感染了弓形虫的啮齿动物（老鼠）确实会受到猫尿的吸引。你可能会说："这只老鼠所做的所有古怪的事情，可能是因为寄生虫把它的大脑变成了一块瑞士奶酪，这并不是什么特殊的行为紊乱现象。"但事实并非如此，它们依然是正常的动物，它们的嗅觉依然正常，它们的社交行为依然正常，它们的学习能力和记忆力也正常。所有这些都很正常。它的那些古怪的行为也不是遗传而来的。

你会说："好吧，就算不是刚刚我说的那样，那也可能是弓形虫知道怎么去摧毁啮齿动物大脑里关于恐惧和焦虑的大脑回路。"但也并非如此。那些老鼠依然天性畏光，它们依然是夜间活动的动物；它们也还是害怕空旷的空间。你也可以作出调整让它们畏惧新事物。整个系统完美地运行着。但弓形虫以某种方式切断了宿主的恐惧回路，使它们不再对捕食者的气味感到害怕。

自此我们开始关注这一点。我们做的第一件事就是，把弓形虫植入到一只老鼠体内，弓形虫从老鼠的内脏进入神经系统，大约用了 6 周时间。我们观察了弓形虫是从哪里进入的鼠脑。它在老鼠体内形成了囊肿，一种隐蔽性很高封闭式囊肿，最后占据了整个鼠脑。

这个观察结果令我们很失望。我们观察了囊肿分布在不同脑区的数量，原来弓形虫一开始就知道驻扎在控制恐惧和焦虑的脑区是最有利的，这个区域就是被我们称为杏仁核的脑区。当人们遭遇创伤后，压力会变得紊乱，杏仁核就会异常活跃。也就是说，杏仁核掌管着老鼠对捕食者的恐惧情绪，而弓形虫知道怎么进入这一脑区。

接下来我们发现，弓形虫会占据杏仁核里的神经元树突，也就是神经元相互联系的分支和线路，并扼杀这些树突，借此再切断大脑回路，使那里的细胞变少。这种寄生虫竟然会活跃于大脑中关于恐惧至关重要的部分里，这确实很有意思！但我们并不知道，它为什么只消除了对捕食者的恐惧感，而对亮光等产生恐惧的脑区依然是好的。弓形虫竟然知道怎么找到特定的大脑回路！

所以到底发生了什么？它做了什么？因为它不仅只是摧毁了某种特定的恐惧反应，它也创造出了新的东西，就是让老鼠会被猫尿吸引。现在我们来谈谈它是如何变得如此诡异的。当你观察大脑里的回路，性状良好的回路会吸引神经元，从而变成新陈代谢活跃的回路，不同的回路之间会相互交流，这是一个合理的且很好理解的过程，包括对捕食者的恐惧也是这些回路的作用。这些回路包含了杏仁核、下丘脑还有其他使生物体变得兴奋的脑区里的神经元。这就是一个性状良好的回路。

同时，还有一个性状完好的回路与性吸引有关。这一回路的一部分穿过了杏仁核然后进入其他脑区。当你观察一只正常的老鼠，把它置于包含猫的信息素的猫尿面前，老鼠就会表现出应激反应，正如你所预期的那样。这是因为它的应激激素水平会上升，从而激活脑区里固有的恐惧回路所导致的。现在，你观察一些被弓形虫感染的老鼠，当它们开始变得喜欢猫尿的气味的时候，你把它们放到猫的信息素周围，你就会看不到老鼠表现出恐惧。由此，我们可以推断，老鼠大脑中的恐惧回路并没有被正常地激活，而性回路却被激活了。换句话说，弓形虫知道怎么去控制性回路。你把感染了弓形虫的雄鼠放到大量猫信息素旁边，它们的睾丸就会变大。弓形虫知道以某种方式让猫尿对啮齿动物产生性唤起效果。这完全令人震惊！所以这在一定层面上解释了所有事情："它居然可以控制性唤起回路。"

在这一点上，我们不知道猫尿对雌鼠构成吸引力的基础是什么。我们还在对此进行研究。

英国利兹大学的一个团队已经做出了一些出色的研究，他们研究了弓形虫的基因组，我们是合作进行的这项研究。弓形虫是一种原生动物寄生虫。弓形虫和哺乳动物拥有共同的祖先，最近的共同祖先也是数十亿年前的了吧，我想没人知道具体数字是多少年前。如果你观察弓形虫基因组内部，你就会发现它具有两个版本的基因，被称作酪氨酸羟化酶。如果你研究神经化学的话，你就会震惊得跳起来，并对此激动不已。

酪氨酸羟化酶是一种至关重要的酶，用于制造多巴胺，多巴胺是大脑里的神经递质，主导回报和对回报的预期。可卡因就是作用于多巴胺系统，所有其他类型的安乐剂都是利用的这个原理。多巴胺是用来控制生物体快乐、吸引和预测行为的。弓形虫基因组里有制造这种东西的的哺乳动物基因。它的基因上有一个用来指挥的小尾巴，当它遇到真正的酶时，它就会从弓形虫里分泌出来，进入神经元。弓形虫并不需要知道怎么激活神经元，因为它掌管了大脑里的化学物质，使它们全部为其所用。

但观察了弓形虫的近亲寄生虫，我们发现它们并没有上述提到的弓形虫所拥有的基因。现在我们正在观察弓形虫的基因组，检查其是否拥有能为大脑传递信息的基因，包括血清素、乙酰胆碱、去甲肾上腺素，等等。我们检查了每一个你所能想到的基因，结果是，弓形虫没有那些。弓形虫只拥有这一个基因，能进入哺乳动物大脑的整个回报系统的基因。

在这个基础上，你可能会问："那其他物种又是怎样的呢？弓形虫又会对人类做些什么呢？"想到它在啮齿动物身上的作为，还是很有意思的。如果你感染了弓形虫，而且你又怀孕了，如果弓形虫进入了胎儿的神经系统，那这在临床上可是一个巨大的灾难。如果你没有怀孕，而你感染了弓形虫，你会有一个炎症期，但最终会进入潜在的无症状阶段，那时那些囊肿就已经进入了你的大脑。这个阶段在老鼠身上就表现为，它开始出现奇怪的行为。有意思的是，那正是在寄生虫开始制造酪氨酸羟化酶的时候。

所以，对于人类会怎样呢？有文章称，他们对感染了弓形虫的人做了神经心理学测试，结果显示他们变得有点容易冲动。但其中的女性没那么冲动，这也许和睾丸素有关。以下才是令人震惊的：两个独立的团队都报告称，相比于健康的人，受弓形虫感染的人死于无所顾忌的超速所导致的车祸的可能性多了 3 ~ 4 倍。

换句话说，一只感染了弓形虫的老鼠会做一些不计后果的事，而这些事情本来是它天性中不会去做的，比如朝着猫的气味奔去。也许，一个感染了弓形虫的人也开始有倾向去做一些不计后果的事，而这些事情原本是我们不会做的，比如开车时让自己的身体以超重力的速度横冲直撞。这不是说弓形虫进化得让人类变成猫的盘中餐。这纯粹是一种趋同。它控制着我们和啮齿动物体内同样的神经生物学构件，所以做出了类似的事情。

在一定层面上，比起全世界 25 000 位相互扶持的神经科学家，这一原生性寄生虫更了解焦虑和恐惧的神经生物学机制，这可不是一个少见的模式。看看狂犬病病毒，它比起我们这些神经科学家更了解偏激，它知道怎么让你变得偏激；它知道怎么让你想去咬人，然后通过含有狂犬病病毒的唾液，传染给另一个人。

对我而言，弓形虫的故事是一个新领域，光是新领域，就很令人感兴趣了。也许这也有助于对恐惧症的治疗。但毫无疑问，这只是冰山一角，还有其他很多寄生虫。甚至在更广泛的意义上，天知道还有什么未被发现的生物学领地，使得我们的行为并没有像很多人所以为的那样有自主性。

人类感染像弓形虫这样的寄生虫，在热带地区更加普遍，在那里基本上有一半的人都感染了寄生虫。而对于温带的地区的老鼠长得更矮这一现象，我并不理解其中的原因，我也不想去关注这个问题。在很多发展中国家，很多人都是因为赤脚走在猫曾待过的土壤上而感染了弓形虫。也有可能是食物没有清洗得足够干净，通过手而感染的。

几年前，我和我们医院里几位研究弓形虫的医生开了一个座谈会，他们在妇产科负责做弓形虫测试。当时他们没听说过这个故事，而我准备跟他们讲讲。突然，有位医生跳起来，40年前的记忆涌现在他的心头，他说："我记得，当我还是住院医生时，我在做器官移植转换。当时有位年长的外科医生说，如果碰到因摩托车事故导致的死亡情况，要记得给死者的器官做个弓形虫测试。我一直不知道其中的原因，是你们对弓形虫的研究让我终于明白了！"

最后对弓形虫的评价是什么呢？这还要看情况，如果你想要克服自己的某些保守性，也许感染弓形虫对你来说是件好事。自从我们在实验室里研究弓形虫，每一次我们在实验室开会时，我们就会猜测哪个人感染了弓形虫，因为感染弓形虫与某个人的无畏程度有关。谁知道呢？但这依然很有趣。

你们还想知道一些令人感到恐怖的事情吗？这里还有一些，但并不令人惊讶。美国军方也知道弓形虫及其对生物体行为的影响。但我想他们只是表面上对弓形虫感兴趣。我只是对研究一种寄生虫，从而让哺乳动物突然去做

弓形虫与神经生物学

它们原本不能做的事情感兴趣。但是突然，感染了这个寄生虫，这只哺乳动物就有点想去这么做了。谁知道呢？但我想美国军方应该是警惕弓形虫的。

在弓形虫研究领域，有两个团队展开了合作。一个是乔安妮·韦伯斯特（Joanne Webster）的团队，当她第一次关注到弓形虫时她还在牛津大学，现在她去了伦敦的帝国理工大学。另一个是在利兹大学的格伦·麦康基（Glenn McConkey）的团队。两者相比，乔安妮更像是一名行为主义者，格伦更像是研究酶的生物化学家。我们共同进行了最后的神经生物学研究，在这个过程中我们聊了很多东西。

已经有很多文献表明，感染弓形虫和精神分裂的患者之间具有统计联系。这并不是很大的联系，但确实存在。精神分裂者感染弓形虫的可能会更大，但对于其他相关的寄生虫，就没有这样的统计结果了。精神分裂和怀孕期间养猫的母亲之间也存在统计关联，有很多关于这方面的文献。不论何时，如果你感染了弓形虫，那也就招来了精神分裂的恶魔，这一不可遏制的恶魔就是遗传上的"疯狂猫夫人"（Crazy Cat Lady），你们知道这个游戏吧，一位女士住在养了43只猫的公寓里，到处都充斥着含有弓形虫的猫的排泄物。

有两件确实有趣的事情：回到多巴胺和酪氨酸羟化酶基因上，弓形虫以某种方式欺骗了哺乳动物，让它产出更多的多巴胺；在精神分裂患者身上，多巴胺水平又太高了。所以，医学上主要从神经化学层面来对精神分裂进行治疗。而且感染弓形虫的啮齿动物的

"疯狂猫夫人"是一款属于物理类的益智游戏：一个孤苦可怜的夫人举目无亲，现在只有猫陪伴在她的身边，但现在所有的猫都逃离了，你一定要帮助猫夫人找回它们，引导猫咪们回到指定的笼子里，寻猫的路上有很多障碍，堆积的木箱、凶恶的野狗、更有神奇的传送镜。——译者注

大脑中的多巴胺水平也提高了。最终来自乔安妮·韦伯斯特的团队的结论就是，如果有一只受弓形虫感染，且目前正处于认为猫尿有吸引力的阶段的老鼠，你利用治疗精神分裂的药物堵塞它的多巴胺接收器官，你就会发现，它不再被猫尿所吸引了。所以，这与精神分裂确实有些联系。

🕐 2009 年 12 月 2 日

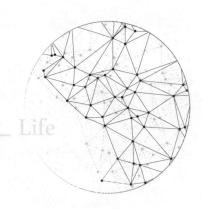

Life

Nobody is in charge of the evolution of the common law, the evolution of the biosphere, or the evolution of the econosphere. Somehow, systems get themselves to a position where they can carry out coevolutionary assembly.

没有人掌管着普遍规律的进化、生物圈的进化或经济圈的进化。各个系统以某种方式让它们把共生进化组合起来。

——《相邻可能》

18

THE ADJACENT POSSIBLE
相邻可能

Stuart Kauffman
斯图亚特·考夫曼
理论生物学家，加拿大卡尔加里大学生物复杂性及信息技术学院院长。

斯图亚特·考夫曼：薛定谔在名著《生命是什么》（*What is Life?*）中问道：“生物学秩序的来源是什么？”他的想法是，这取决于量子力学和某些非周期性晶体所携带的微观信息，后来证明这些微观信息就是 DNA 和 RNA，所以他是完全正确的。但如果你问他是否知道是什么让一些事物拥有生命？很明显他也不知道。尽管我们现在对细胞机器有了零星的认识，但我们还不知道是什么让它们拥有生命力。不过我有可能意外地发现了一个可能是生命意义的定义。

在过去一年半的大多数时间里，我一直在关注自主主体（autonomous agent），并且也一直在做笔记。一个自主主体就是某种可以独自在一定环境中行动的事物。实际上，所有自由的活有机体都是自主主体。通常，当我们观察到，一个细菌在葡萄糖梯度里向上游游动时，我们会说，这个细菌要去获取食物。这就是说，我们从目的论角度来谈论细菌，就好像它是代表自己而行动的。令人震惊的是，宇宙一直在产生以这种方式行动的事物。这是怎样在这个世界中发生的呢？

当我思考这一点时，我注意到，细菌只是一个物理系统；它只是一堆分子结合在一起，并相互影响着的一个系统。所以，我好奇的是，一个物理系统要具有哪些必要特征，才能成为一个自主主体呢？思考数月之后，我想到了一个暂定的定义。我定义的自主主体就是，既能繁殖自身又能至少完成一个热力做功循环的事物。这样看来，其实所有自由的活细胞都是自主主体，除了一些怪异的特殊例子。它们都可以完成做功循环，就像当细菌游向葡萄糖的高浓度环境时旋转它的鞭毛一样。你身体里的细胞一直都在为做功循环而忙碌着。

我有了这个定义之后，我的下一步工作就是，去创造和记录一个假想的化学自主主体：它原来就是一个开放的热力化学系统，它能够繁殖自身，而且在这个过程中执行了热力做功循环。所以我必须要学习做功循环的知识，但这完全是一类新型的化学反应网络，之前还没有人研究过。之前我们有了自繁殖分子系统和分子马达，但是没有人把二者结合成一个系统，一个既能繁殖又能进行做功循环的系统。

想象一下，在细胞里面有两种分子 A 和 B，它们能够进行 3 种不同的反应：A 和 B 可以创造出 C 和 D，它们又能创造出 E，或者它们能够创造出 F 和 G。有 3 种不同的反应路径，每一种反应沿着反应坐标都有位垒。一旦细胞生出细胞膜，A 和 B 就会分裂进入膜里，它们的转动、振动、平移运动都会被改变。这反过来又改变了位垒和细胞壁的形状。改变位垒的高度恰好也改变了反应的约束条件。因此，细胞通过热力做功建造出一个被称为膜的结构，这反而又操纵了反应的约束条件，这就是说，细胞通过操纵约束条件去构建约束。

另外，细胞通过热力做功构建了一种酶，其可以把氨基酸聚集在一起。若这种酶和转变阶段结合在一起，就是把 A 和 B 转换到 C 和 D，而不是转变

相邻可能

成 E 或 F 和 G，所以，它就催化了一种特殊的反应：它使能量降低到符合一种自由度很小的特殊路径的条件。在这种情况下，你可以得到 C 和 D，但不能得到 E、F 和 G。D 也许会发生转变，它会黏着到跨膜通道上，并释放一些振动能量，从而让膜裂开，并让一个离子进入，离子会进一步在细胞里做些事情。所以这个循环工作就是，细胞通过发生反应去建构约束，然后导致能量以特殊的方式释放。这项工作之后会继续循环下去，这个过程实在很令人着迷。

有几个要点需铭记在心。第一，你无法在平衡状态中进行做功循环，这就意味着自主主体的内在概念就是一个非均衡概念。第二，一旦发展了这个概念，我们只需要 10 年、15 年或 20 年，就能实现生物学和纳米技术之间的结合，到那时我们将能创造出自主主体，它可以复制自身并进行做功循环。所以，我们需要一场技术革命，因为自主主体不是仅仅会站在那里说话，向四周传递信息而已，实际上它们还可以建造东西。

第三点就是，这或许会是一个对生命合适的定义。在未来 30 ~ 50 年，我们要么会创造出新的生命形态，要么会发现新的生命，在火星上、在泰坦星上，或其他地方。我希望，我们能够发现完全不同于地球生命的生命，因为这将开启两个问题：第一，到那时一门普遍的生物学将会是什么样的，这一生物学会免于地球生物学的约束吗？第二，是否存在掌管整个宇宙的生物圈的法则？我倾向于认为存在这样的法则。当时，我们不知道其存在。我们甚至不知道主导地球生物圈的法则是什么。但是，我提出了三四个可能的法则，不过还没有定论。

所有这些都指向了一种对组织理论的需求，我们可以通过评论工作，去思考这种理论。如果你问物理学家："什么是做功？"他会说："做功是通过一定距离的力的作用。"比如说，当你打曲棍球时，你越加速击打冰球，你作用到它上面的力的增量就越小。这一过程的积分除以冰球运动的距离，就是你所做的功。但这个结果就只是一个数字而已。

但是，在任一具体的做功案例中，都有对这一过程进行数值计算的流程。

这让功的一些特征遗失在其数字表征里了。彼得·阿特金斯（Peter Atkins）写的一本关于热力学第二定律的书中，他对做功的定义和我的很契合。他说，做功本身就是一件事情：能量有约束地释放。想想古老的蒸汽机里的汽缸和活塞：蒸汽往下推动活塞，把汽缸顶部的蒸汽随机转化成活塞的直线运动。在这一过程中，很多的自由度被转化成少量的自由度。

很明显，约束就是汽缸和活塞，实际上活塞就在汽缸里面，而且在活塞与汽缸之间还有一些润滑油，这样蒸汽就不会飘出去，活塞上还附着有一些活动杆。但是，这些约束从何而来？实际上在每一个例子中，都需要做功过程去创造约束：有些人要去制造汽缸，有些人要去制造活塞，还有些人把它们组装起来。

所以是做功制造了约束，也是约束进行了做功，这就是一个有趣的循环。但这个想法并没有出现在我们对做功的定义中，但在很多例子里，当然也在有机体里，这个想法在物理学上都是正确的。这就意味着，我们缺乏理论，这也指明了组织进程的重要性。

一个细胞的生命周期非常简单。它会在能量的释放上通过做功去建构约束条件，也还有其他类型的工作。它会构建结构。细胞并不仅只是携带信息，它们还会创造事物，直到一些特别的事情发生：一个细胞完成了一个封闭的工作任务流，创造出自己的复制品。

尽管哲学家康德当时并不知道细胞，但是他在200多年前曾这样说过："一个有组织的存在能够自我组织进行繁殖整个自身，创造出更多的自身。"尽管细胞也能这样做，但这一事实在我们的物理学中并没有一席之地。它不存在于我们对物质的定义中，不存在于我们对能量的定义中，不存在于我们对信息的定义中，也不存在在我们对熵的定义中。它是某种异类。它与组织、组织的繁殖、工作、约束的构建有关。所有这些都要吸纳入某种新的组织理论中。

通过考虑"麦克斯韦精灵"（Maxwell's demon），我可以进一步推进上面的思考。每个人都知道麦克斯韦精灵：他设想，把一个有分隔的盒子里的快分子和慢分子分开，把快分子放在盒子的一格，通过瓣阀把慢分子放在另一格。假设有一个精灵会构建出温度梯度，并通过一个平衡装置把功从中提取出来。已经有大量的科学研究表明，在平衡状态下，这个假设永远都不会成立。所以，让我们径直走向非平衡装置，去提出新的问题吧。

想象一个有分隔和瓣阀的盒子。在盒子的左边有 n 个分子，右边有 n 个分子，但是左边的分子比右边的分子移动得更快。所以盒子的左边更热，可以作为自由能的一个来源。如果你把一个风车放在瓣阀附近，并打开瓣阀，就会在短时间内在盒子里从左到右产生一股风，使得风车朝向瓣阀旋转。这个系统检测到一个自由能的来源，风车背面的叶片就会因为这股风而朝向风车，然后做的功就被提取出来了。物理学家会说，精灵所做的就是一种度量，去检测自由能的来源。我提出的新问题是，精灵怎么知道要进行什么样的度量？

现在精灵做了一个很奇特的实验。精灵利用一个神奇照相机拍了一张照片，来度量盒子左右两边所有分子的位置。但是通过这一实验，精灵并不能推断出，左边的分子比右边的分子速度更快。如果你隔一秒钟拍下两张照片，或者如果你度量转化到盒壁的动能，你才可以做出推断，但只有一幅照片是不能做出推断的。所以，精灵是怎么知道要做什么实验的呢？答案就是，精灵根本就不知道要做什么实验。

让我们回到生物圈。如果一些能检测和利用新的自由能的有机体，出现了一次随机变异，并对这个有机体有益，那么它就会被自然选择机制选中。整个生物圈就是一个庞大的互相连接的工作网络，并通过做功去建造事物，这样阳光会很充分地洒下来，红杉树被创造出来，很多生物也借居于树皮上。生物圈的复杂网络就是一个连接的工作任务、约束建构等的集合。生物圈根据自然选择而运作，它能做麦克斯韦精灵做不到的事情。生物圈是我们所知的宇宙中最复杂的事物之一，这就使得我们需要一种理论，去描述生物圈所做的事情：它是怎么组织起来的？做功是怎么延续的？约束是怎么构建的？还有新的自由能来源是怎么被发现的？当前我们还没有这样的理论，完全没有。

　　现在，我致力于思考一个重要的问题。我所面对的阻碍在于，不清楚怎么去构建数学理论，所以我不得不谈谈达尔文所谓的"适应性"，然后再谈谈他所谓的"前适应性"（pre-adpation）。

　　你可以观察一颗心脏问："它的功能是什么？"达尔文会回答说："心脏的功能是泵血。"这没错，这也是心脏被自然所选择的原因。但是，你的心脏也会发出声音，这可不是你的心脏的功能。这种回答也导致了一种简单但令人不解的结论：一个有机体的组成部分的功能决定了整体的功能，意思就是，去分析一个有机体的一个部分的功能，你需要了解整个有机体及其环境。这是比较容易的部分。但关于有机体有一种不可分割的整体论就没那么容易了。

　　还有一个奇怪的部分：达尔文谈到了前适应性，他的意思是说，一个有机体的一部分所引发的结果，也许会在一些有趣的环境中有用，然后就被自然所选择了。那只会飞的松鼠格特鲁德（Gertrude）的童话故事就证明了这一点：大约在 6 300 万年前，有一只极丑的松鼠，它皮肤的赘肉把手腕和脚踝连在了一起。因为它实在太丑了，以至于同伴们都不愿和它玩耍或约会。有一天，它独自在一棵木兰树上吃午餐。旁边的松树上有一只名叫伯莎（Bertha）的猫头鹰，伯莎看了一眼格特鲁德，想要吃掉它，然后顺着阳光伸出爪子飞下来。格特鲁德受到了惊吓，从木兰树上飞了下来，在惊慌中窜逃了。它摆脱了那个稀里糊涂的伯莎，着陆后，它变成了松鼠家族里的女英雄。一个月后，它和一只帅气的松鼠结婚了，由于皮肤赘肉的基因通过孟德尔式的遗传传给了它的孩子，所以它们的孩子也拥有同样的赘肉。这大致就是我们现在有会飞的松鼠的原因吧。

　　问题在于，我们可以说格特鲁德的赘肉拥有翅膀一样的功能吗？或者，如果一个细菌里的某些分子发生了变异从而让它获得了钙电流，因此让它可以在周围区域内检测到草履虫，从而躲避草履虫，那我们可以说这些分子变异的功能就像是一个草履虫检测器吗？当然不能！在知道了达尔文的前适应性之后，你认为我们可以事先说出所有可能的前适应有哪些吗？不，我们做

相邻可能

不到。这就意味着，我们不知道生物圈的位形空间是什么。

注意到这有多奇怪很重要。在统计力学中，我们从理想气体开始，其中的分子需要前后碰撞 6 次才能确定每个粒子的位置和动能。实质上就是从描述气体所有可能的位形和动量开始，假定给你一个六维的相空间。然后你把它分割为小小的六维的盒子，再接着开展统计力学的工作。但是，如果你一开始就假定了我们可以说清楚位形空间是什么，那我们还可以在生物圈里这样做吗？

我将尝试作出两个解答。第一个解答是，我们不知道达尔文的前适应性会变成什么，因为这涉及一个时间之箭的问题。经济体同样如此：我们无法在事前说会出现什么样的技术创新。没有人在 300 年前就能想到互联网。罗马人会用弹弓设施去抛射笨重的石头，但在那时他们一定没有制造巡航导弹的想法。所以，我不认为我们可以在生物圈或经济圈里作统计力学那样的工作。

如果抛开量子力学的话你可以说，这只是一个经典的相空间；你可以说，我们能够规定位形空间，因为它只是一个简单的六维相空间。但是我们不能说出有哪些微观变量，如翅膀、草履虫探测器、大脑、耳朵、听力、飞翔，而所有这些东西都存在于生物圈这个大环境中。

所有这些告诉我，我对自主主体暂定的定义是成功的，因为它引出了所有那些问题。我想，我正在开启一扇新的科学之门。比如说，宇宙是怎么变得复杂的这一问题，在麦克斯韦精灵里被埋藏了；生物圈是怎么变得复杂的这一问题，则被我上面所引述的理论埋藏了。我们没有这些问题的答案，我也不确定怎么去获得答案。虽然我做了如此多的努力却只是得到这样的结果，但是思考这些有意义的问题确实让我感到非常开心。

我开始去想象创造出一个模型，一个能够说明惯性宇宙是怎么变得复杂的模型，但同时，我也感到无能为力，我不知道如何才能事先知道，那些变量是什么。科学始于对位形空间的规定。你知道变量是什么，你也知道有哪些定律，但问题就在于，事物是怎么在这一空间中运作的？如果你无法在事前知道生物圈的变量是什么，比如微观变量，那你要怎么开始整合理论呢？我不知道这要怎么做。我理解古生物学者所做的事情，但他们是在研究历史。我们要以何为起点去谈论生物圈的未来呢？

我想普遍性定律是有可能存在的。我想到了 4 条定律。其中一条是说，自主主体要活在尽可能复杂的环境中；第二条与生态系统的建构有关；第三条与佩尔·巴克（Per Bak）提出的生态系统中自组织的临界性有关；第四条考虑的是相邻可能的想法。有可能，平均而言各个生物圈都在保持扩张状态并进入相邻可能里。通过这种方式，生物圈会增加接下来发生的事情的多样性。也许，作为一个俗世趋势，各种生物圈会最大化相邻可能性的扩展率。如果它们做得太快，就可能摧毁自己内在的组织，所以它们或许拥有内在的闸门机制。这就是为什么我称之为平均的俗世趋势的原因，因为它们会尽以最快的速度去探索相邻可能。有很多科学工作都在研究这一问题，我也一直在思考。

我考虑的另一个问题是，我称为共生进化组合的条件。为什么共生进化应该有效？为什么它不会在万物相互扭曲的时候扫荡一切？为什么不会摧毁所有有机体的生存方式？同样的问题可以应用到经济体上。人类怎么才能将日渐增加的生活方式的多样性和复杂性集合起来？为什么它能以普遍规则的方式发挥作用？关于共生进化的组合条件，一定有些相当普遍的定律。注意，没有人掌管着普遍规律的进化、生物圈的进化或经济圈的进化。各个系统都在通过某种方式让它们把共生进化组合起来。这个问题甚至没有被写进书里，但这是一个深刻的问题。它没有显而易见的理由要发挥作用。所以，我一筹莫展。

相邻可能

🕐 2003 年 11 月 9 日

译者后记

生命颇含复杂性（complexity）！这个复杂性的反义词不是"简单性"（simplicity），而是"独立性"（independence），依此揣测，生命复杂性，在于生命之间的相互依赖、相互作用。

唯其复杂，故而需要对话，不困于一己之见，这也符合逻辑学的基本要义，不能流于特殊理论（ad hoc theory），也如弗朗克·奈特（Frank Knight）所言，科学的基础在于可交流的、可观测的事实。而逻辑的词源不仅有"度量""计算"之义，也有"对话"之义。当然，这本书里的对话者谈论的内容也包含了对"技术"的思考，科学与技术的关系也呈现出复杂性，不可划一而论，已由湛庐文化策划，浙江人民出版社出版的布莱恩·阿瑟的《技术的本质》也有探讨。

唯其复杂，故而需要体验，不困于他人之见。尤其是在"生命"或者"生活"这个问题上，难道我们每个人没有自己鲜活的生命？当然科学之见，不能困于一己之体验，但是"知识"一词，如罗素考证，它在古希腊的词根的意思包括"私己的"，从萌发于私己的体验、反思与洞见推而广之，但是能否推广，则又要回到上一段所讲的"对话"。但值得注意的是，按照纳西姆·尼古拉斯·塔勒布（Nassim Nicholas Taleb）的梳理，与技术的基础"techne"同在一栏的是"知道怎么做"（know-how）"非证明的""神话"（mythos）。我也曾惊喜地看到，塔勒布是 Edge 的成员之一。

我的专业是经济学，好像与本书探讨的主题离得太远。但其实经济学与生物学渊源颇深，且举二证。其一，学界有争论，达尔文正是受经济学之父亚当·斯密的《国富论》（The Wealth of Nations）启发而有了"自然选择"的想法，但是我们可以合乎情理地想象，亚当·斯密、马尔萨斯等人是英国过去几百年里涌现的大思想家，作为后辈学者的达尔文很难不去读他们的著作。其二，达尔文之后的有"现代经济学之父"之称的剑桥经济学家阿尔弗雷德·马歇尔（Alfred Marshall）在《经济学原理》（Principles of Economics）中指出："经济学家必须从生物学的新近经验中学习许多东西，达尔文对这个问题的深入而广泛的研究，有力地解释了我们当前的困难。最高度发达的有机体，就是在生存竞争中最会生存的有机体的学说，它本身还在发展过程之中。它与生物学或经济学的关系，我们还没有完全思索出来。"

而马歇尔所指出的这一关系，已有了长足发展，新近有如湛庐文化策划，浙江人民出版社出版的马丁·诺瓦克《超级合作者》一书。再如本书中提到理查德·道金斯说起，在狐狸对兔子的捕猎中，单只狐狸并没有与兔子竞争，而是狐狸之间在相互竞争去抓到兔子。这一点，经济学家中也早有"来自亚美尼亚的亚当·斯密"之称的艾智仁（Armen Alchian）指出，在市场里是买家与买家争，卖家与卖家争。难怪周其仁老师提出，通常教科书里那两条薄细的供求曲线，应该画成两条粗厚的线，这样才能提醒我们注意这一事实。图画有其莫大的优势，但有时也会给我们的思维安插隐形的围墙，此即另一例。

感谢恩师汪丁丁教授，我是在 8 年前读到他的《经济学思想史讲义》，才知道"第三种文化"与 Edge，我被 Edge 的网站宣扬的"探索人类知识的边界"所感动。感谢吴雪君老师，他告诉我古代中国思想中所蕴含的"生生不息"。还要特别感谢李文生兄，若论认识时间长短，人与人之间如何能在短短数月建立信任感，这一点书中没有回答，但我已深受其益。

感谢湛庐文化的信任与包容，让我有了这样一段奇妙的翻译体验。文中所有不当之处的责任自当由译者承担，也恳请读者朋友们指正批评。

最后感谢我的家人们，感谢妻子！这是我所独有的生命体验。

黄小骑
2016 年于上海之秋

未来，属于终身学习者

我这辈子遇到的聪明人（来自各行各业的聪明人）没有不每天阅读的——没有，一个都没有。巴菲特读书之多，我读书之多，可能会让你感到吃惊。孩子们都笑话我。他们觉得我是一本长了两条腿的书。

——查理·芒格

互联网改变了信息连接的方式；指数型技术在迅速颠覆着现有的商业世界；人工智能已经开始抢占人类的工作岗位……

未来，到底需要什么样的人才？

改变命运唯一的策略是你要变成终身学习者。未来世界将不再需要单一的技能型人才，而是需要具备完善的知识结构、极强逻辑思考力和高感知力的复合型人才。优秀的人往往通过阅读建立足够强大的抽象思维能力，获得异于众人的思考和整合能力。未来，将属于终身学习者！而阅读必定和终身学习形影不离。

很多人读书，追求的是干货，寻求的是立刻行之有效的解决方案。其实这是一种留在舒适区的阅读方法。在这个充满不确定性的年代，答案不会简单地出现在书里，因为生活根本就没有标准确切的答案，你也不能期望过去的经验能解决未来的问题。

湛庐阅读APP：与最聪明的人共同进化

有人常常把成本支出的焦点放在书价上，把读完一本书当做阅读的终结。其实不然。

时间是读者付出的最大阅读成本
怎么读是读者面临的最大阅读障碍
"读书破万卷"不仅仅在"万"，更重要的是在"破"！

现在，我们构建了全新的"湛庐阅读"APP。它将成为你"破万卷"的新居所。在这里：

- 不用考虑读什么，你可以便捷找到纸书、有声书和各种声音产品；
- 你可以学会怎么读，你将发现集泛读、通读、精读于一体的阅读解决方案；
- 你会与作者、译者、专家、推荐人和阅读教练相遇，他们是优质思想的发源地；
- 你会与优秀的读者和终身学习者为伍，他们对阅读和学习有着持久的热情和源源不绝的内驱力。

从单一到复合，从知道到精通，从理解到创造，湛庐希望建立一个"与最聪明的人共同进化"的社区，成为人类先进思想交汇的聚集地，共同迎接未来。

与此同时，我们希望能够重新定义你的学习场景，让你随时随地收获有内容、有价值的思想，通过阅读实现终身学习。这是我们的使命和价值。

湛庐文化
Cheers Publishing
a mindstyle business · 与思想有关

湛庐阅读APP玩转指南

湛庐阅读APP结构图：

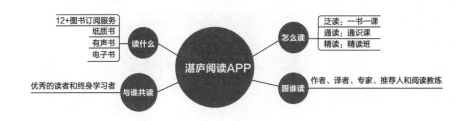

12+图书订阅服务
纸质书
有声书
电子书

读什么

泛读：一书一课
通读：通识课
精读：精读班

怎么读

湛庐阅读APP

优秀的读者和终身学习者

与谁共读

跟谁读

作者、译者、专家、推荐人和阅读教练

三步玩转湛庐阅读APP：

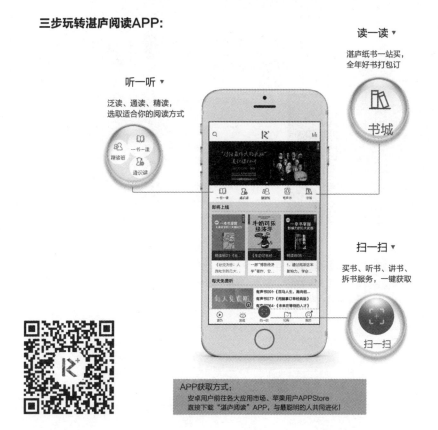

读一读▼
湛庐纸书一站买，
全年好书打包订

书城

听一听▼
泛读、通读、精读，
选取适合你的阅读方式

扫一扫▼
买书、听书、讲书、
拆书服务，一键获取

扫一扫

APP获取方式：
安卓用户前往各大应用市场、苹果用户从APPStore
直接下载"湛庐阅读"APP，与最聪明的人共同进化！

使用APP扫一扫功能，
遇见书里书外更大的世界!

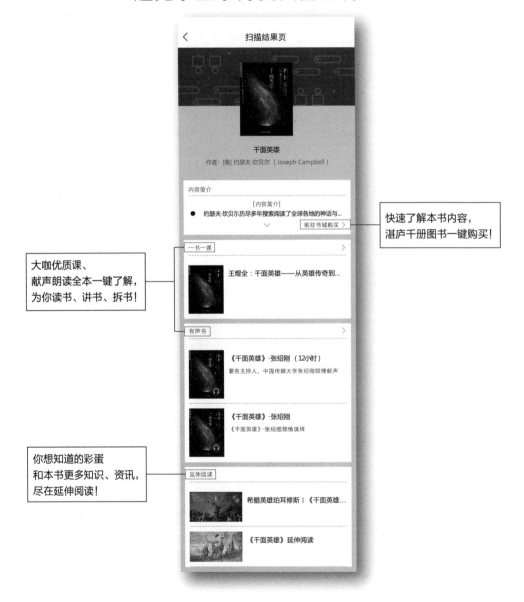

快速了解本书内容，
湛庐千册图书一键购买!

大咖优质课、
献声朗读全本一键了解，
为你读书、讲书、拆书!

你想知道的彩蛋
和本书更多知识、资讯，
尽在延伸阅读!

延伸阅读

《道金斯传》（全2册）

◎ 理查德·道金斯唯一自传，独家提供150余幅全彩珍贵照片，全景展示个人生活。

◎ 道金斯独家讲述成长经历，披露与亲人、爱人和挚友的温情故事。

◎ 北京大学国际发展研究院经济学教授汪丁丁，北京大学心理学系教授周晓林，知名语言学家和认知心理学家、畅销书《语言本能》《心智探奇》作者史蒂芬·平克及其妻子哲学家丽贝卡·戈尔茨坦、美国投资家沃伦·巴菲特黄金搭档查理·芒格联袂推荐。

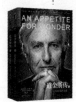

使用"湛庐阅读"APP，"扫一扫"获取本书更多精彩内容
ISBN 978-7-5502-7515-7

《生命的未来》

◎ 作者克雷格·文特尔被称为"人造生命之父"，基因测序领域的"科学狂人"。

◎ 这是一本详细论述生命科学的基本原理的杰出著作，全景展示了分子生物学的历史沿革和未来发展方向。

◎ "社会生物学之父"爱德华·威尔逊，奇点大学校长《人工智能的未来》作者雷·库兹韦尔畅销书《从0到1》作者彼得·蒂尔联袂推荐。

使用"湛庐阅读"APP，"扫一扫"获取本书更多精彩内容
ISBN 978-7-213-07309-0

《人工智能的未来》

◎ 美国国家技术奖获得者、奇点大学校长、谷歌公司工程总监雷·库兹韦尔全新力作。

◎ 人工智能之父、麻省理工学院人工智能实验室联合创始人、畅销书《情感机器》作者马文·明斯基，卡内基梅隆大学机器人研究所创始董事、图灵奖获得者劳伊·雷迪，人工智能科学家迪利普·乔治联袂推荐！

◎ 国内首套"机器人与人工智能"权威书系。

使用"湛庐阅读"APP，"扫一扫"获取本书更多精彩内容
ISBN 978-7-213-07147-8

《人体的故事》

◎ 继《枪炮、病菌与钢铁》和《人类简史》之后，又一本讲述人类进化史的有趣著作！

◎ 作为哈佛大学进化生物学教授，作者丹尼尔·利伯曼在书中汇集了多年来针对人体进化展开的深入研究，详细讲述了人类如何一步步落入了当前失配性疾病频发的泥沼。而进化无疑是帮助我们寻找病因、预防并治疗失配性疾病的一剂良方，得以让我们重新思考人类的过去、现在和未来！

使用"湛庐阅读"APP，"扫一扫"获取本书更多精彩内容
ISBN 978-7-213-08015-9

图书在版编目（CIP）数据

生命：进化生物学、遗传学、人类学和环境科学的黎明/（美）布罗克曼编著；黄小骑译.—杭州：浙江人民出版社，2017.7

ISBN 978-7-213-08016-6

Ⅰ.①生… Ⅱ.①布… ②黄… Ⅲ.①生命科学–普及读物 Ⅳ.① Q1-0

中国版本图书馆 CIP 数据核字（2017）第 096871 号

浙 江 省 版 权 局
著作权合同登记章
图 字：11-2017-89 号

上架指导：生命科学 / 思想前沿

生命： 进化生物学、遗传学、人类学和环境科学的黎明

［美］约翰·布罗克曼　编著

黄小骑　译

出版发行：浙江人民出版社（杭州体育场路 347 号　邮编　310006）
　　　　　市场部电话：（0571）85061682　85176516

集团网址：浙江出版联合集团　http://www.zjcb.com

责任编辑：蔡玲平

责任校对：杨　帆

印　　刷：河北鹏润印刷有限公司

开　　本：720 毫米 ×965 毫米 1/16　　印　　张：22.5

字　　数：327 千字　　　　　　　　　插　　页：1

版　　次：2017 年 7 月第 1 版　　　　印　　次：2017 年 7 月第 1 次印刷

书　　号：ISBN 978-7-213-08016-6

定　　价：69.90 元

如发现印装质量问题，影响阅读，请与市场部联系调换。